高等院校计算机教材系列

VIRTUAL REALITY TECHNOLOGY AND PRACTICE

虚拟现实技术及其实践教程

黄静 主编

方桦 李玫 黄秋颖 周鹏 参编

U0199905

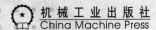

机械工业出版社
China Machine Press

图书在版编目（CIP）数据

虚拟现实技术及其实践教程 / 黄静主编 . —北京：机械工业出版社，2016.9（2018.2 重印）
（高等院校计算机教材系列）

ISBN 978-7-111-55025-9

I. 虚… II. 黄… III. 虚拟现实－高等学校－教材 IV. TP391.98

中国版本图书馆 CIP 数据核字（2016）第 239409 号

　　本书在阐述虚拟现实技术必要理论知识的基础上，重点介绍了 VRP 虚拟现实技术平台、Unity 游戏引擎和 Web3D 技术及其案例讲解，并着重分析了增强现实技术及其应用。本书附有配套实验，使读者能够在较短的时间里由浅入深地了解、认识和掌握虚拟现实技术，并具备运用开发工具制作三维交互、效果逼真的虚拟现实场景的能力。

　　本书可作为高等院校计算机及电子信息类专业、数字媒体技术和教育技术学专业学生的教材，也可作为从事虚拟现实技术的工程技术人员以及虚拟现实技术爱好者的参考书。

出版发行：机械工业出版社（北京市西城区百万庄大街 22 号　邮政编码：100037）

责任编辑：余　洁　　　　　　　　　　　责任校对：殷　虹
印　　刷：三河市宏图印务有限公司　　　版　　次：2018 年 2 月第 1 版第 2 次印刷
开　　本：185mm×260mm　1/16　　　　印　　张：27
书　　号：ISBN 978-7-111-55025-9　　　定　　价：55.00 元

凡购本书，如有缺页、倒页、脱页，由本社发行部调换
客服热线：（010）88378991　88361066　　　投稿热线：（010）88379604
购书热线：（010）68326294　88379649　68995259　　读者信箱：hzjsj@hzbook.com

版权所有 · 侵权必究
封底无防伪标均为盗版
本书法律顾问：北京大成律师事务所　韩光 / 邹晓东

前　言

本书在编写过程中侧重于普及与应用的原则，在阐述虚拟现实技术必要理论知识的基础上，重点介绍增强现实技术及其案例分析，然后以几个代表性虚拟现实技术平台为例，开展虚拟现实技术平台介绍及案例讲解，并配之实验，帮助读者在较短的时间里由浅入深地了解、认识和掌握虚拟现实技术，培养读者运用开发工具制作三维交互、效果逼真的虚拟现实场景的能力。

本书内容首先从概述开始，然后介绍理论基础知识，最后是案例分析、开发工具讲解与制作，理论与实验同步进行。全书内容共7章，第1章为虚拟现实技术概述，由黄静编写；第2章为3D数学基础，由黄静编写；第3章为三维建模技术，由方桦编写；第4章为增强现实技术案例分析，由黄静在虚拟现实技术教学与项目开发的基础上总结整理编写；第5章为虚拟现实平台技术，由中视典公司培训部授权提供，黄静整理而成；第6章为Unity游戏引擎，由黄静主笔，张志稳提供了参考资料，黄秋颖提供了金币游戏案例；第7章为Web3D技术，由李玫和周鹏编写。15个配套实验包括三维建模制作、虚拟现实平台交互操作、游戏引擎技术制作开发、增强现实技术操作等，由黄静根据以往虚拟现实技术教学经验编写而成。全书由黄静统稿。

虚拟现实技术的重点是系统集成技术，这也是当今的热门新技术。本书是目前唯一一本附有配套实验的教材，让学生感到虚拟现实技术不再虚无缥缈、纸上谈兵，而是虚实结合、看得见摸得着的，大大激发了学生的兴趣。

感谢澳门科技大学资讯科技学院的梁延研助理教授，他与我共同开创了"虚拟现实技术"这门课程，并为本书提出了不少实验创意和想法。感谢张志稳、邱泽宇和薛丁丰提供的帮助。同时特别感谢澳门科技大学唐泽圣和齐东旭教授的帮助和支持。

在编写本书的过程中，我们借鉴了国内外许多专家、学者的观点，参考了许多相关教材、专著、网络资料，在此向有关作者一并表示衷心的感谢。

由于编者水平有限且时间仓促，本书难免有不足和错误之处，请各位专家、读者批评指正。

黄静

2016年10月

教 学 建 议

教学章节	教学要求	课时
第 1 章 虚拟现实技术概述	掌握虚拟现实技术概念 了解虚拟现实关键技术 掌握虚拟现实技术分类 了解虚拟现实技术设备 了解虚拟现实技术应用与发展	2
第 2 章 3D 数学基础	了解 3D 向量运算 掌握矩阵运算 掌握 3D 几何变换 掌握 3D 观察与投影变换	4
第 3 章 三维建模技术	了解三维建模工具 了解 3DS Max 的基础知识 掌握三维几何体的修改方法 掌握样条曲线建模方法	2
	掌握材质与贴图 掌握灯光与摄影机	2
	掌握生成动画 掌握烘焙技术 了解综合实例	2
第 4 章 增强现实技术案例分析	了解增强现实眼镜 了解增强现实头盔	2
	了解体感设备 Kinect 的增强现实技术应用	2
	掌握桌面电脑上的增强现实技术应用 了解移动平台上增强现实技术的 3D 画册实现 掌握移动平台上增强现实技术的卡通老虎互动	2
	综合展示实验	2
第 5 章 虚拟现实平台技术	了解 VRP 多通道立体环幕投影系统 掌握 VRP 虚拟现实编辑器 掌握 VRP 的系统配置安装与设计流程 掌握 VRP 项目制作技巧和标准流程 掌握 VRP 界面设计	2
	掌握 VRP 材质编辑器 掌握 VRP-atx 动画贴图	2
	掌握 VRP 相机设置 掌握 VRP 脚本编辑	2
	掌握 VRP 骨骼动画 掌握 VRP 特效处理 掌握 VRP 时间轴设置	2
	VRP 综合实例实验	2

（续）

教学章节	教学要求	课时
第 5 章 虚拟现实平台技术	实验一 实验二 实验三 实验四 实验五 实验六	12
第 6 章 Unity 游戏引擎	了解 Unity 掌握编辑器的结构 掌握游戏元素 掌握 Unity 脚本	2
	掌握 GUI 界面 掌握物理引擎	2
	掌握输入控制 了解持久化数据 掌握多媒体与网络	2
	游戏实例综合实验	2
	实验七 实验八 实验九 实验十 实验十一 实验十二 实验十三 实验十四 实验十五	18
第 7 章 Web3D 技术	了解 Web3D 技术发展、Cult3D 技术、X3D 技术、WebGL、HTML5，以及综合实例	4
总课时	第 1~7 章	36
	实验	36

说明：

1）课堂教学可在教室授课，也可在机房完成。

2）实验全部在机房完成，可适当安排实验室虚拟现实设备参观。

3）不同学校可以根据各自的教学要求和计划学时数对教学内容进行取舍。

目　录

第1章 虚拟现实技术概述

虚拟现实技术是一门综合多学科发展起来的计算机领域新技术,研究内容涉及多个领域,应用十分广泛,被公认为当今世界最热门的发展学科,随着微软、谷歌和三星等知名公司陆续发布系列虚拟现实技术产品,虚拟现实技术在人们生活中的影响越来越大。

1.1 虚拟现实技术概念

1. 定义

虚拟现实(Virtual Reality,VR)技术又称"灵境技术"。它是以计算机技术为核心的现代高科技手段,模拟生成逼真的视、听、触、嗅、味觉等一体化的虚拟环境,用户借助一些特殊的输入与输出设备,通过自然的方式与虚拟世界中的对象进行交互,从而产生身临其境的感受和体验。

2. 基本特征

虚拟现实技术的三个基本特征描述如下:

- 沉浸感(Immersion):指用户感到作为主角存在于模拟环境中的真实程度。
- 交互性(Interaction):指参与者对虚拟环境内物体的可操作程度和从环境中得到反馈的自然程度。
- 想象性(Imagination):指用户沉浸在多维信息空间中,依靠自己的感知和认知能力全方位获取知识,发挥主观能动性,寻求解答,形成新的概念。

以上三个特征可以统称为虚拟现实技术的 3I 特征,用图 1-1 来描述。

3. 发展历史

1965 年,美国的科学家伊凡·苏泽兰(Ivan Sutherland,图 1-2)发表了题为" The Ultimate Display"(终极的显示)的论文。论文中首次提出了对于虚拟现实发展极有意义的交互图形显示及力反馈设备的基本概念,这些概念现在已经实现并在不断发展。可以说,从那时起,人们便开始了对虚拟现实有目的的研究和探索,而不再仅仅是幻想。伊凡·苏泽兰于 1938 年出生于美国,1959 年获得电子工程学士学位,1963 年获得 MIT

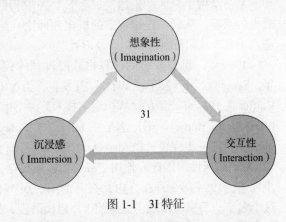

图 1-1 3I 特征

电子工程专业博士学位,伊凡·苏泽兰在《终极的显示》论文中首次提出虚拟现实系统的基本思想,被尊为虚拟现实之父,1988 年获得图灵奖。

1970 年,伊凡·苏泽兰成功研制了带跟踪器的头盔式立体显示器(Head Mounted Display,HMD),这种头盔显示器功能齐全,如图 1-3 所示。该显示器提供立体视觉图像、机械或超声波跟踪方式,用户戴上后可以看见虚拟的立方体房间,其四面墙上还各带有东(E)、南(S)、西(W)、北(N)的方向标记。

图 1-2 伊凡·苏泽兰

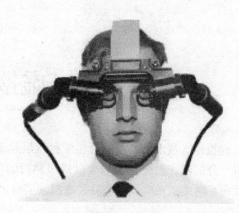

图 1-3 HMD

1980 年，Jaron Lanier 提出了"Virtual Reality"一词，美国的一系列研究成果引起了人们的广泛关注。

1986 年，Robinett 与合作者 Fisher、Scott S、James Humphries、Michael McGreevy 发表了早期的虚拟现实系统方面的论文"The Virtual Environment Display System"，是 NASA 工作站的成果之一。

1987 年，James. D. Foley 教授在具有影响力的《科学的美国》上发表了题为"先进的计算机界面"（Interfaces for Advanced Computing）一文。在这篇文章中虚拟现实是用"Artificial Reality"来描述的，他提出虚拟现实有三个关键元素：Imagination，Interaction，Behavior，即（2I + B）。从理论上阐述了想象（I）、交互（I）和行为（B）的含义，指出沉浸式仍然是虚拟现实未来需要探索的；从硬件上说明了头盔、数据手套、触觉的力反馈器、声音识别装置等的工作原理和在虚拟现实中的应用；从人机界面的角度阐明了虚拟现实系统应有好的交互性、视觉、语音、触觉等功能。

James. D. Foley 教授的这篇文章对虚拟现实的含义、接口硬件、人机交互式界面、应用和未来前景做了全面的论述，加上 NASA 取得的令人瞩目的研究成果，虚拟现实引起了人们极大的兴趣。从此，虚拟现实的概念和理论开始初步形成。正如 James. D. Foley 期望的，它进入了一个从研究到应用的崭新时代。

1990 年，迅速发展的计算机软硬件技术促进了人机交互系统的不断创新与发展。1992 年，Sense8 公司开发了"WTK"开发包，为 VR 技术提供了更高层次上的应用。Burdea G. 和 Coiffet 在 1994 年出版的《虚拟现实技术》一书中描述了 VR 的三个基本特征：3I（Imagination、Interaction、Immersion），这是在 James. D. Foley 教授 1987 年提出的三个关键元素（2I + B）基础上的进一步完善，Burdea 认为在 2I 的基础上增加一个 I（Immersion）能更好地表示任何 VR 系统的属性。因此，他用"3I"精辟地概括了 VR 的特征，这是对 VR 技术和理论的进一步完善。1994 年 3 月在日内瓦召开的第一届 WWW 大会上，与会者首次正式提出了 VRML 这个名字。后来又出现了大量的 VR 建模语言，如 X3D、Java3D 等。

日本于 2004 年开发出一种嗅觉模拟器，2009 年 3 月英国的工程和物理科学研究会上展示了能提供味觉、嗅觉和皮肤温度感受的原型虚拟茧（Virtual Cocoon）。

谷歌公司于 2012 年 4 月发布了一款"拓展现实"谷歌眼镜（Google Project Glass），它具有与智能手机一样的功能，可以通过声音控制拍照、视频通话和辨明方向，以及上网冲浪、处理文字信息和收发电子邮件等。

现在，各学科交叉融合共同发展，新技术如雨后春笋般出现并广泛应用，不断改变着我们的生活，虚拟现实技术正处于迅速发展时期。

4. 关键技术

虚拟现实是多种技术的综合，包括动态环境建模技术，交互技术，实时三维计算机图形技术，广角（宽视野）立体显示技术，对观察者头、眼和手的跟踪技术，以及触觉／力觉反馈、立体声、网络传输、语音输入／输出技术、系统集成技术等。下面对这些技术分别加以说明。

● 动态环境建模技术

对真实的环境建立计算机模型的技术，包括基于图像的建模技术、三维扫描建模技术等，工具建模软件有 3DS Max、AutoCAD、MAYA、Sketchup、UG。

● 实时三维计算机图形技术

相比较而言，利用计算机模型产生图形图像并不是太困难的事情。如果有足够准确的模型，又有足够的时间，我们就可以生成不同光照条件下各种物体的精确图像，但是这里的关键是"实时"。例如在飞行模拟系统中，图像的刷新相当重要，同时对图像质量的要求也很高，再加上非常复杂的虚拟环境，问题就变得相当困难。

● 交互技术

交互技术则是利用一定手段达到交互目的。目前，交互技术已步入多领域应用时代，包括人机界面、人机交互、键盘鼠标交互、语音识别、动作识别、眼动跟踪、电触觉、力触觉、仿生眼镜等。

在用户与计算机的交互中，键盘和鼠标是目前最常用的工具，但对于三维空间来说，它们都不太适合。在三维空间中有六个自由度，我们很难找出比较直观的办法把鼠标的平面运动映射成三维空间的任意运动。现在，已经有一些设备可以提供六个自由度，如 3Space 数字化仪和 Space Ball 空间球等。另外一些性能比较优异的设备是数据手套和数据衣。

● 显示技术

人看周围的世界时，由于两只眼睛的位置不同，因此得到的图像略有不同，这些图像在脑子里融合起来，就形成了一个关于周围世界的整体景象，这个景象中包括了距离信息。当然，距离信息也可以通过其他方法获得，如眼睛焦距的远近、物体大小的比较等。

在 VR 系统中，双目立体视觉起了很大作用。用户的两只眼睛看到的不同图像是分别产生的，显示在不同的显示器上。有的系统采用单个显示器，当用户戴上特殊的眼镜后，一只眼睛只能看到奇数帧图像，另一只眼睛只能看到偶数帧图像，奇、偶帧之间的不同即视差，就产生了立体感。

在人造环境中，每个物体相对于系统的坐标系都有一个位置与姿态，用户也如此。用户看到的景象是由用户的位置和头（眼）的方向来确定的。

在传统的计算机图形技术中，视场的改变是通过鼠标或键盘来实现的，用户的视觉系统和运动感知系统是分离的，而利用头部跟踪来改变图像的视角，用户的视觉系统和运动感知系统之间就可以联系起来，感觉更逼真。另一个优点是，用户不仅可以通过双目立体视觉认识环境，而且可以通过头部的运动观察环境。

● 立体声技术

人能够很好地判定声源的方向。在水平方向上，我们靠声音的相位差及强度的差别来确定声音的方向，因为声音到达两只耳朵的时间或距离有所不同。常见的立体声效果就是靠左右耳听到在不同位置录制的不同声音来实现的，所以会有一种方向感。现实生活里，当头部转动时，听到的声音的方向就会改变。但目前在 VR 系统中，声音的方向与用户头部的运动无关。

● 感觉反馈技术

在 VR 系统中，用户可以看到一个虚拟的杯子。你可以设法抓住它，但是你的手没有真正接触杯子的感觉，并有可能穿过虚拟杯子的"表面"，而这在现实生活中是不可能的。解决这一问题的常用装置是在手套内层安装一些可以振动的触点来模拟触觉。

● 语音输入输出技术

在 VR 系统中，语音的输入输出也很重要。这就要求虚拟环境能听懂人的语言，并能与人实时交互。而让计算机识别人的语音是相当困难的，因为语音信号和自然语言信号有其多边性和复杂性。例如，连续语音中词与词之间没有明显的停顿，同一词、同一字的发音受前后词、字的影响，不仅不同人说同一词会有所不同，就是同一人发音也会受到心理、生理和环境的影响而有所不同。

使用人的自然语言作为计算机输入目前有两个问题：第一是效率问题，为便于计算机理解，输入的语音可能会相当啰嗦；第二是正确性问题，计算机理解语音的方法是对比匹配，而没有人的智能。

● 系统集成技术

所谓系统集成（System Integration，SI），就是通过结构化的综合布线系统和计算机网络技术，将各个分离的设备（如个人计算机）、功能和信息等集成到相互关联的、统一和协调的系统之中，使资源达到充分共享，实现集中、高效、便利的管理。系统集成应采用功能集成、BSV 液晶拼接集成、综合布线、网络集成、软件界面集成等多种集成技术。系统集成实现的关键在于解决系统之间的互连和互操作性问题，它是一个多厂商、多协议和面向各种应用的体系结构。这需要解决各类设备、子系统间的接口、协议、系统平台、应用软件等与子系统、建筑环境、施工配合、组织管理和人员配备相关的一切面向集成的问题。

5. VR 艺术

VR 艺术是伴随着"虚拟现实时代"的来临应运而生的一种新兴而独立的艺术门类，在《虚拟现实艺术：形而上的终极再创造》一文中，关于 VR 艺术有如下定义："以虚拟现实（VR）、增强现实（AR）等人工智能技术作为媒介手段加以运用的艺术形式，我们称之为虚拟现实艺术，简称 VR 艺术。该艺术形式的主要特点是超文本性和交互性。"

作为现代科技前沿的综合体现，VR 艺术是通过人机界面对复杂数据进行可视化操作与交互的一种新的艺术语言形式，它吸引艺术家的重要之处在于，艺术思维与科技工具的密切交融和二者深层渗透所产生的全新的认知体验。与传统视窗操作下的新媒体艺术相比，交互性和扩展的人机对话是 VR 艺术呈现其独特优势的关键所在。从整体意义上说，VR 艺术是以新型人机对话为基础的交互性艺术形式，其最大优势在于建构作品与参与者的对话，通过对话揭示意义生成的过程。

艺术家通过对 VR、AR 等技术的应用，可以采用更为自然的人机交互手段控制作品的形式，塑造出更具沉浸感的艺术环境和现实情况下不能实现的环境，并赋予创造的过程以新的含义。例如，具有 VR 性质的交互装置系统可以设置穿越多重感官的交互通道，使观众体验穿越装置的过程，艺术家可以借助软件和硬件的顺畅配合来促进参与者与作品之间的沟通与反馈，创造良好的参与性和可操控性；也可以通过视频界面进行动作捕捉，存储访问者的行为片段，以保持参与者的意识增强性为基础，同步放映增强效果和重新塑造、处理过的影像；通过增强现实、混合现实等形式，将数字世界和真实世界结合在一起，观众可以通过自身动作控制投影的文本，如数据手套可以提供力的反馈，可移动的场景、360° 旋转的球体空间不仅增强了作品的沉浸感，而且可以使观众进入作品的内部，操纵、观察它的过程，甚至赋予观众参与再创造的机会。

6. 涉及的学科知识

虚拟现实技术是一门多学科交叉集成技术，涉及的学科很多，主要包括人工智能、计算机科学、电子学、传感器技术、计算机图形学、智能控制、心理学和美学等。

1.2 虚拟现实技术分类

1. 桌面虚拟现实系统（Desktop VR）

桌面虚拟现实系统基本上是一套基于普通 PC 平台的小型桌面虚拟现实系统。桌面虚拟现实的参与者是不完全沉浸的，有时要求参与者使用标准的显示器和立体显示设备、数据手套和六个自由度的三维空间鼠标器，戴上立体眼镜坐在监视器前，在一些专业软件的帮助下，可以通过计算机屏幕观察虚拟境界。图 1-4 为某款桌面虚拟现实系统。

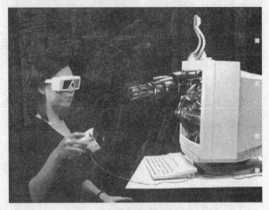

图 1-4　桌面虚拟现实系统

2. 增强式虚拟现实系统（Augmented VR）

真实世界和虚拟对象叠加在一起，部分真实环境由虚拟环境取代，可减少构成复杂真实环境的开销。增强式虚拟现实系统允许用户对现实世界进行观察的同时，将虚拟图像叠加在真实物理对象之上，为用户提供与所看到的真实环境有关的、存储在计算机中的信息，从而增强用户对真实环境的感受，因此又被称为叠加式或补充现实式虚拟现实系统。

增强式虚拟现实系统可以使用光学技术或视频技术实现。光学技术使用的是光学融合镜片，此镜片具有部分透光性和部分反射性，既允许真实世界的部分光线透过该镜片，又能将来自图形显示器的光线反射到用户的眼睛，由此实现了真实世界与虚拟世界的叠加。视频技术则通过摄像机对真实世界进行图像采样，在图形处理器中将其叠加在虚拟图像上，然后再送回显示器。在这种情况下，用户看到的并不是当时的真实环境。

增强式虚拟现实系统主要具有以下特点：真实世界和虚拟世界同时存在；真实世界和虚拟世界是在三维空间中整合的。常见的增强式虚拟现实系统有基于台式图形显示器、单眼显示器（一只眼镜看到显示屏上的虚拟世界，另一只眼镜看到的是真实世界）、光学透视式头盔显示器、视频透视式头盔显示器的系统。

目前，增强式虚拟现实系统常用于医学可视化、军用飞机导航、设备维护与修理、娱乐、文物古迹复原、辅助产品设计等领域，如图 1-5 所示。增强式虚拟现实系统依赖于虚拟现实的位置跟踪技术，因为计算机需要随时知道用户的手与所操作物体之间的相对位置。只有将显

图 1-5　定点式增强现实观察系统

示器中的图像与现实中的物体仔细调校，达到较为精确的重叠时，该类系统才会发挥作用。

3. 沉浸式虚拟现实系统（Immersive VR）

沉浸式虚拟现实系统使用户沉浸在虚拟世界里。沉浸式虚拟现实系统是一种高级的虚拟现实系统，它提供一个完全沉浸的体验，使用户有一种置身于虚拟境界之中的感觉。它利用头盔式显示器或其他设备，把参与者的视觉、听觉和其他感觉封闭起来，提供一个新的、虚拟的感觉空间，并利用位置跟踪器、数据手套、其他手控输入设备、声音等使得参与者产生一种身临其境、全心投入和沉浸其中的感觉。

沉浸性是虚拟现实技术的一个根本特征。沉浸式显示系统也是目前国际上普遍采用的虚拟现实和视景仿真的显示方式，它是一种最典型、最实用、最易于让人投入的虚拟现实系统。在上海世博会上，多家场馆都采用了这种显示方式，的确达到了增强观众多方面感知的目的。

这类系统通常以大幅面甚至是超大幅面的立体投影作为显示方式，为参与者提供团体多人参与、集体观看、具有高度临场感的投入型虚拟空间环境，让所有交互的虚拟三维世界高度逼真地浮现于参与者眼前。

图 1-6 展示的就是 CAVE（洞穴）式沉浸显示系统，图 1-7 为沉浸式立体环幕显示系统。

图 1-6　CAVE（洞穴）式沉浸显示系统　　　　　图 1-7　沉浸式立体环幕显示系统

4. 分布式虚拟现实系统（Distributed VR）

分布式虚拟现实系统是虚拟现实技术和网络技术结合的产物；以沉浸式虚拟现实系统为基础，多个用户或虚拟世界通过网络相连接；多个用户同时加入同一个虚拟空间，共享信息，协同工作达到一个更高的境界。分布式虚拟现实系统利用远程网络将异地的不同用户联结起来，多个用户通过网络同时加入一个虚拟空间，共同体验虚拟经历，对同一虚拟世界进行观察和操作，达到协同工作的目的，从而将虚拟现实的应用提升到一个更高的境界。

四种虚拟现实技术的对比见表 1-1。

表 1-1　四种虚拟现实系统的对比

	桌面	增强	沉浸	分布
所需硬件	PC、中低档工作站配合立体眼镜、3D 控制器或者鼠标、追踪球、力矩球	穿透型头戴式显示器配合其他交互设备	头盔显示器和数据手套、沉浸式虚拟现实系统等各种交互设备	沉浸式虚拟现实系统和互联网络
实现效果	沉浸感不够好，受现实世界影响大	增强参与者对真实环境的感受	完全的沉浸感，真实性好，多感觉性（视、听、触）	完全的沉浸感，多用户共享信息

（续）

	桌　面	增　强	沉　浸	分　布
成本与应用	成本低；应用广泛，实现一般的虚拟现实	成本较高；维修、医学检查、培训等	成本高；应用广泛，如虚拟社区等	成本高；军事仿真、娱乐、多用户环境、电子商务等

1.3　虚拟现实技术设备

1. 硬件设备

● 数据手套

数据手套通过传感器和天线来获得和发送手指的位置和方向的信息，设有弯曲传感器，弯曲传感器由柔性电路板、力敏元件、弹性封装材料组成，通过导线连接至信号处理电路；在柔性电路板上设有至少两根导线，以力敏材料包覆于柔性电路板大部分，再在力敏材料上包覆一层弹性封装材料，柔性电路板留一端在外，以导线与外电路连接。数据手套将人手姿态准确实时地传递给虚拟环境，而且能够将与虚拟物体的接触信息反馈给操作者，使操作者以更加直接、自然、有效的方式与虚拟世界进行交互，大大增强了互动性和沉浸感。数据手套为操作者提供了一种通用、直接的人机交互方式，特别适用于需要多自由度手模型对虚拟物体进行复杂操作的虚拟现实系统。数据手套本身不提供与空间位置相关的信息，必须与位置跟踪设备连用。图 1-8 表示各种外形的数据手套。

图 1-8　数据手套

● 立体眼镜

一般两眼观察物体时，很自然地产生立体感，这是由于人的两眼之间有一定的距离。当观察物体时，左右眼各自从不同角度观察，形成两眼视觉上的差异，反映到大脑中便产生远近感和层次感的三度空间立体影像。

立体眼镜利用了人类左眼与右眼影像的视角间距的视差，因而产生有三度空间感的三维效果，如图 1-9 所示。

● 立体相机

立体相机是一种双镜头或多镜头相机，可以模拟人的双目视觉观察系统，利用两个镜头同时拍摄图像时形成两幅图像之间的视差可以计算出图像的深度信息，进一步得到该图像的三维信息，如图 1-10 所示。这种技术也称为立体影像技术。

但随着计算机科技的飞跃进步，配合数码相机（digital camera）的使用，实物式立体影像的技术与应用有突破性的发展。今天，任何数码相机的使用者，无论有无拍摄立体照片的经验，皆可轻易地在数分钟之内完成一张立体照片的拍摄，并在计算机屏幕上观看到栩栩如生的立体影像。

图 1-9　立体眼镜

图 1-10　立体相机

● 操纵杆、跟踪球和空间球

操纵杆由一个手柄通过一个球形轴承半固定在底座上，在手柄运动时带动一对电位器或电脉冲产生器，产生位置信号，控制屏幕上光标的坐标，一般用在游戏和虚拟现实系统中。操纵杆将纯粹的物理动作（手部的运动）完完全全地转换成数字形式（一连串 0 和 1 组成的计算机语言），当你真正投入到游戏中时会丝毫察觉不出其中的转换，觉得自己完全置身于虚拟世界中。跟踪球和空间球是根据球在不同方向受到的推或拉的压力来实现定位和选择的，从而控制屏幕上光标的坐标，在游戏、虚拟现实系统、动画和 CAD 等应用中一般用作三维定位设备和选取设备。如图 1-11 所示是操作杆、跟踪球和空间球的一些实例。

图 1-11　操纵杆、跟踪球和空间球

● 力反馈装置

力反馈装置代表了人机接触交互技术方面的一种革新。就像显示器能够使用户看到计算机生成的图像，扬声器能够使用户听到计算机合成的声音一样，力反馈装置使用户接触并操作计算机生成的虚拟物体成为可能。力反馈装置在普通的办公室 / 桌面环境下进行操作便可提供高度逼真的三维力反馈能力，并与标准 PC 兼容。如图 1-12 所示为一种用于牙科诊断的力反馈装置，用力反馈装置触及牙齿表面可感受到牙齿的硬度。

● 位置跟踪器

位置跟踪器是作用于空间跟踪与定位的装置，一般与其他 VR 设备结合使用，如数据头盔、立体眼镜、数据手套等，使参与者在空间上能够自由移动、旋转，不局限于固定的空间位置，操作更加灵活、自如、随意。该产品有六个自由度和三个自由度之分。当接收传感器在空间移动时，能够精确地计算出其位置和方位。该设备消除了延迟带来的问题，因为它提供了动态的、实时的六自由度的测量位置（x，y，和 z 笛卡儿坐标）和方位（俯仰角、偏行角、滚动角），无论在虚拟现实应用领域和生物医学的研究中，还是在控制模拟器的投影机运动时，它都是测量运动范围和肢体旋转的理想选择。位置跟踪器快速、精确，而且容易使用，有磁场式、超声波式、红外线式及发光二极管式等，但使用较多的是磁场式及超声波式。如图 1-13 所示是一种位置跟踪器。

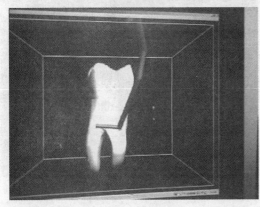

图 1-12　力反馈装置　　　　　　　　　　图 1-13　位置跟踪器

- 虚拟现实头盔

虚拟现实头盔是一种利用头盔显示器将人对外界的视觉、听觉封闭，引导用户产生一种身在虚拟环境中的感觉。头盔式显示器是最早的虚拟现实显示器，其显示原理是左右眼屏幕分别显示左右眼的图像，人眼获取这种带有差异的信息后在脑海中产生立体感。头盔显示器作为虚拟现实的显示设备，具有小巧和封闭性强的特点，在军事训练、虚拟驾驶、虚拟城市等项目中具有广泛的应用。如图 1-14 所示是不同类型的头盔。

图 1-14　虚拟现实头盔

- 洞穴状的投影屏幕（CAVE）

CAVE（Cave Automatic Virtual Environment，洞穴状自动虚拟系统）是一种基于投影的沉浸式虚拟现实显示系统，其特点是分辨率高、沉浸感强、交互性好。CAVE 沉浸式虚拟现实显示系统的原理比较复杂，它以计算机图形学为基础，将高分辨率的立体投影显示技术、多通道视景同步技术、三维计算机图形技术、音响技术、传感器技术等完美地融合在一起，从而产生一个被三维立体投影画面包围的、供多人使用的、完全沉浸式的虚拟环境。图 1-15 为安装在浙江大学的 CAVE 系统。

● 多通道环幕（立体）投影系统

多通道环幕（立体）投影系统指采用多台投影机组合而成的多通道大屏幕展示系统，它比普通的标准投影系统具备更大的显示尺寸、更宽的视野、更多的显示内容、更高的显示分辨率，以及更具冲击力和沉浸感的视觉效果。一般用于虚拟仿真、系统控制和科学研究，近年来开始应用于科博馆展览展示、工业设计、教育培训、会议中心等。其中，院校和科博馆是该技术的最大应用场所。如图 1-16 所示为一个双通道立体环幕投影系统示意图。图中系统配有四台投影机和一个环

图 1-15　安装在浙江大学的 CAVE 系统

幕。右边两台投影机分别投向左边环幕并形成一定视差，而左边两台投影机分别投向右边环幕形成一定视差，通过形成的视差可构成立体影像，而左右环幕拼接在一起构成双通道完整影像。观看影像时需佩戴偏振立体眼镜才能看到立体效果。图 1-17 为深圳中视典数码公司一个多通道立体环幕展示系统的实例。

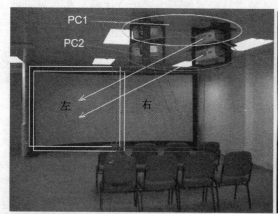

图 1-16　双通道立体环幕投影系统

图 1-17　多通道立体环幕投影系统

● 立体影院

立体电影指的是利用人双眼的视角差和会聚功能制作的、可产生立体效果的电影。放映这种电影时两幅画面重叠在银幕上，通过观众的特制眼镜或幕前辐射状半锥形透镜光栅，使观众左眼看到从左视角拍摄的画面，右眼看到从右视角拍摄的画面，通过双眼的会聚功能，合成为立体视觉影像。3D 立体影院在普通投影数字电影基础上制作片源时，片源画面使用左右眼错位两路显示，每通道投影画面使用两台投影机投射相关画面，通过偏振镜片与偏振眼镜，片源左右眼画面分别对应投射到观众左右眼球，从而产生立体临场效果。3D 立体影院主要由片源播放设备、多通道融合处理设备、投影机（左右通道数 ×2）、投影弧幕、偏振镜片、

偏振影片、音响、立体环幕及其他设备构成。4D 影院是相对 3D 立体影院而言的，就是在 3D 立体影院的基础上，加上观众周边环境的各种特效。环境特效一般是指闪电模拟、下雨模拟、降雪模拟、烟雾模拟、泡泡模拟、降热水滴、振动、喷雾模拟、喷气、扫腿、耳风、耳音、刮风等其中的多项。因此 4D 影院的设备是在 3D 立体影院设备基础上，增加特效座椅以及其他特效辅助设备。例如，专业动感座椅具有更多自由度，更强的动感效果。图 1-18a 和 b 分别为 3D 电影院和 4D 电影院的实例。

a) b)

图 1-18 立体影院

- 3D 显示器

3D 显示器一直被公认为显示技术发展的终极梦想，多年来有许多企业和研究机构从事这方面的研究。日本、欧美、韩国等发达国家和地区早于 20 世纪 80 年代就纷纷涉足立体显示技术的研发，于 90 年代开始陆续获得不同程度的研究成果，现已开发出需佩戴立体眼镜和不需佩戴眼镜的两大立体显示技术体系。如图 1-19 所示为 3D 显示器示意图。

传统的 3D 电影在荧幕上有两组图像（来源于拍摄时互成角度的两台摄影机），观众必须戴上偏光镜才能消除重影（让一只眼只接收一组图像），形成视差，建立立体感。利用自动立体显示（AutoSterocopic）技术，即所谓的"真 3D 技术"，你就不用戴上眼镜来观看立体影像了。这种技术利用所谓的"视差栅栏"，使两只眼睛分别接收不同的图像，形成立体效果。平面显示器要形成立体感的影像，必须至少提供两组相位不同的图像。带有视差栅栏的显示器提供了两组柱图像，而两组图像之间存在

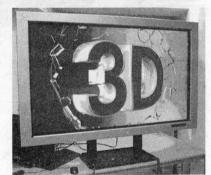

图 1-19 3D 显示器

90° 的相位差。显然，这是一个十分诱人的技术，绝对是未来的一个趋势，目前大品牌的计算机公司纷纷推出 3D 显示器，3D 显示器逐步进入家庭普及的行列。

- 全息投影系统

全息投影技术（Front-projected holographic display）也称虚拟成像技术，是利用干涉和衍射原理记录并再现物体真实的三维图像的技术。全息投影技术不仅可以产生立体的空中幻象，还可以使幻象与表演者产生互动，一起完成表演，产生令人震撼的演出效果。适用于产品展览、汽车服装发布会、舞台节目、酒吧娱乐、场所互动投影等。如图 1-20 所示是一款全息投

影成像系统。

- Kinect

Kinect 是人类计算历史上的最新技术之一，通过简单的手势和语音实现人机自然交互。以影像辨识为核心技术的 Kinect，结合了传统的 2D 平面影像摄影与崭新的 3D 深度影像摄影，通过精确掌握玩家身形轮廓与肢体位置来判断玩家的姿势动作，并将这些动作对应到游戏中的角色或操作，与游戏或电影制作时经常采用的"动作捕捉"性质类似，不过并不需要在身上佩戴专属的感应标记，只要轻松走进感应范围内即可游戏。具体来说 Kinect 是一种 3D 体感摄影机，同时导入了即时动态捕捉、影像辨识、麦克风输入、语音辨识、社群互动等功能。玩家通过这项技术，可以成为在游戏中凭借现实里的实时

图 1-20　全息投影成像系统

操纵来控制虚拟世界的主人。2013 年 11 月 4 日，Kinect 体感外设正式对外售卖，根据现场玩家的反馈，现场排队人数初步估计在 3 万人以上。Kinect 的兴起为游戏开发注入新的动力，也为人机交互的实时性和真实性发展带来了革命。2014 年 11 月 14 日，微软微商发布 Kinect for Windows 2.0。第二代 Kinect for Windows 感应器赋予开发者更多的精准性、响应能力和直觉开发能力。第一代 Kinect for Windows 感应器外观如图 1-21 所示，第二代 Kinect for Windows 感应器外观如图 1-22 所示。

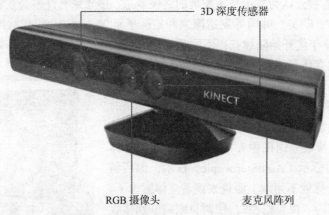

图 1-21　Kinect for Windows 1.0 感应器外观图

- 三维声音系统

三维声音系统在 VR 中的作用：

1）增强空间信息，尤其是当空间超出了视域范围。

2）数据驱动的声音能传递对象的属性信息。

3）声音是用户和虚拟环境的另一种交互方法。

图 1-23 为一种三维声音系统示意图，不同的声源分布在空间的不同位置，形成了三维声音音源。

- 三维扫描仪

三维扫描仪（3D scanner）是一种科学仪器，用来侦测并分析现实世界中物体或环境的形

状（几何构造）与外观数据（如颜色、表面反照率等性质）。收集到的数据常被用来进行三维重建计算，在虚拟世界中创建实际物体的数字模型。这些模型具有相当广泛的用途，工业设计、瑕疵检测、逆向工程、机器人导引、地貌测量、医学信息、生物信息、刑事鉴定、数字文物典藏、电影制片、游戏创作素材等都可见其应用。三维扫描仪的制作并非仰赖单一技术，各种不同的重建技术都有其优缺点，成本与售价也有高低之分。目前并无一体通用之重建技术，仪器与方法往往受限于物体的表面特性。例如，光学技术不易处理闪亮（高反照率）、镜面或半透明的表面，而激光技术不适用于脆弱或易变质的表面。图 1-24 为三维扫描仪分别在测量物体和人体表面尺寸。

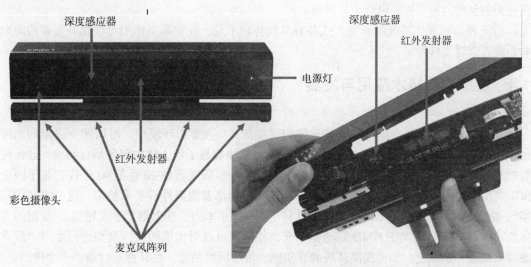

图 1-22　Kinect for Windows 2.0 感应器外观图

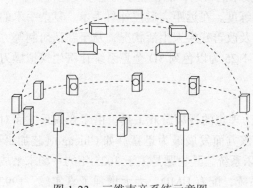

图 1-23　三维声音系统示意图

图 1-24　三维扫描仪

2. 虚拟现实系统开发工具

虚拟现实系统是将各种硬件设备和软件技术集成在一起的复杂系统，开发模式可以归纳为三种：

第一种是从底层做起，如利用 C 或 C++ 等高级语言，采用 OpenGL 或者 DirectX 支持的图形库进行编程。这种方式工作量极大，效率较低，但具有超强的灵活性。

第二种是利用现有成熟、专业的面向对象的虚拟现实开发软件作为开发工具。国内外的虚拟现实引擎已经非常成熟，通用的仿真软件包括 Unity3D、虚幻引擎、VIRGlass、

VRP、Quest3D、Patchwork3D、DVS3D、EON Reality、CoCos3D 手机游戏引擎、Virtools、Cult3D、Converse3D 等。这些开发工具已经为虚拟现实系统开发提供了较为完善的模块化功能，因此开发效率较高。缺点是由于开发工具的非开放性，对于软件尚未提供的功能，制作者没有扩展的余地。这类软件的开发商一般会提供 SDK 作为解决方案，对上述缺点做适当弥补。

第三种介于这两者之间，利用专业的虚拟现实编程开发库或开发包进行二次开发，如 Multigen Vega、Prime OpenGVS、VTree、X3D、Java3D 等。与第一种从底层做起的模式相比，由于很多模块的编程代码都已经是现成的，不用重新编写，效率提高了很多，但对于没有编程能力的创作人员而言，仍会十分困难。

这三种虚拟现实系统的开发方式各有其优势和不足，在实际工作中可根据开发者的能力和系统需求适当选择。

1.4 虚拟现实技术应用与发展

* 医学

VR 在医学方面的应用具有十分重要的现实意义。在虚拟环境中，可以建立虚拟的人体模型，借助于跟踪球、HMD、感觉手套，学生可以很容易了解人体内部各器官结构，这比现有的采用教科书的方式要有效得多。Pieper 及 Satara 等研究者在 20 世纪 90 年代初基于两个 SGI 工作站建立了一个虚拟外科手术训练器，用于腿部及腹部外科手术模拟。这个虚拟的环境包括虚拟的手术台与手术灯、虚拟的外科工具（如手术刀、注射器、手术钳等）、虚拟的人体模型与器官等。借助于 HMD 和感觉手套，使用者可以对虚拟的人体模型进行手术。但该系统有待进一步改进，如需提高环境的真实感、增加网络功能，使其能同时培训多个使用者，或可在外地专家的指导下工作等。

外科医生在真正动手术之前，通过虚拟现实技术的帮助，能在显示器上重复地模拟手术，移动人体内的器官，寻找最佳手术方案并提高熟练度。在远距离遥控外科手术、复杂手术的计划安排、手术过程的信息指导、手术后果预测及改善残疾人生活状况，乃至新药研制等方面，虚拟现实技术都能发挥十分重要的作用。图 1-25 为以色列 3D 全息系统让医生模拟操刀练习示意图。

* 娱乐

丰富的感觉能力与 3D 显示环境使得 VR 成为理想的视频游戏工具。由于在娱乐方面对 VR 的真实感要求不是太高，故近些年来 VR 在该方面发展最为迅猛。如 Chicago（芝加哥）开放了世界上第一台大型可供多人使用的 VR 娱乐系统，其主题是关于 3025 年的一场未来战争；英国开发的称为"Virtuality"的 VR 游戏系统，配有 HMD，大大增强了真实感；1992 年的一台称为"Legeal Qust"的系统由于增加了人工智能功能，使计算机具备了自学习功能，大大增强了趣味性及难度，该系统获该年度 VR 产品奖。另外，在家庭娱乐方面 VR 也显示出了很好的前景。

作为传输显示信息的媒体，VR 在未来艺术领域方面所具有的潜在应用能力也不可低估。VR 所具有的临场参与感与交互能力可以将静态的艺术（如油画、雕刻等）转化为动态的，可以使观赏者更好地欣赏作者的思想艺术。另外，VR 提高了艺术表现能力，如一个虚拟的音乐家可以演奏各种各样的乐器，手足不便的人或远在外地的人可以在他生活的居室中通过虚拟的音乐厅欣赏音乐会等。

2013 年 9 月 12 日，去世 18 年的歌手邓丽君"穿越时空 210 秒"与男歌手周杰伦同台对唱一事（如图 1-26 所示）轰动一时，也让被广泛运用在数字特效中的"虚拟投影"技术成为了网友热议的话题。

图 1-25　以色列医疗 3D 全息系统示意图　　　　　图 1-26　邓丽君复合演出

● 军事航空航天

模拟训练一直是军事与航天工业中的一个重要课题，这为 VR 提供了广阔的应用前景。美国国防部高级研究计划局（DARPA）自 20 世纪 80 年代起一直致力于研究称为 SIMNET 的虚拟战场系统，以提供坦克协同训练，该系统可连接 200 多台模拟器。我国嫦娥系列卫星探月模拟仿真展示系统就借用了虚拟现实技术。图 1-27 为澳门科技大学与北京师范大学珠海分校联合开发的基于嫦娥一号数据源的立体月球环幕投影系统。

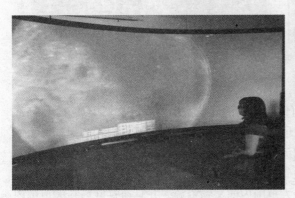

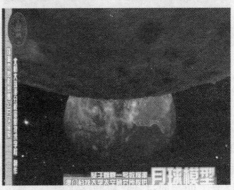

图 1-27　基于嫦娥一号数据源的立体月球环幕投影系统

● 房产开发与室内设计

虚拟现实不仅是一个演示媒体，还是一个设计工具。它以视觉形式反映了设计者的思想，比如装修房屋之前，你首先要做的事是对房屋的结构、外形进行细致的构思，为了使之定量化，你还需设计许多图纸，当然这些室内表现效果图纸只有内行人能读懂，虚拟现实可以把这种构思变成看得见的虚拟物体和环境，将以往传统的设计模式提升到数字化的即看即所得的完美境界，大大提高了设计和规划的质量与效率。运用虚拟现实技术，设计者可以完全按照自己的构思构建和装饰"虚拟"的房间，并可以任意变换自己在房间中的位置，观察设计的效果，直到满意为止。这样既节约了时间，又节省了做模型的费用。

图 1-28 为运用虚拟现实平台展示的法国卢浮宫面貌。

● 工业仿真

当今世界工业已经发生了巨大的变化，大规模"人海"战术早已不再适应工业的发展，先进科学技术的应用显现出巨大的威力，特别是虚拟现实技术的应用正对工业进行着一场前所未有的革命。虚拟现实已经被世界上一些大型企业广泛地应用到工业的各个环节，对企业提高开发效率，加强数据采集、分析、处理能力，减少决策失误，降低企业风险起到了重要的作用。虚拟现实技术的引入将使工业设计的手段和思想发生质的飞跃，更加符合社会发展的需要，可以说在工业设计中应用虚拟现实技术是可行且必要的。

工业仿真系统不是简单的场景漫游，是真正意义上用于指导生产的仿真系统，它结合用户业务层功能和数据库数据组建一套完全的仿真系统，可组建 B/S、C/S 两种架构的应用，可与企业 ERP、MIS 系统无缝对接，支持 SQL Server、Oracle、MySQL 等主流数据库。

工业仿真所涵盖的范围很广，如从简单的单台工作站上的机械装配到多人在线协同演练系统。图 1-29 为在虚拟现实平台上实现的中海油数字信息化平台。

图 1-28　运用虚拟现实平台展示的法国卢浮宫面貌　　图 1-29　中海油数字信息化平台

● 文物古迹

利用虚拟现实技术，结合网络技术，可以将文物的展示、保护提高到一个崭新的阶段。首先表现在将文物实体通过影像数据采集手段，建立起实物三维或模型数据库，保存文物原有的各项数据和空间关系等重要资源，实现濒危文物资源的科学、高精度和永久的保存。其次利用这些技术来提高文物修复的精度和预先判断、选取将要采用的保护手段，同时可以缩短修复工期。通过计算机网络来整合、统一大范围内的文物资源，并且通过网络在大范围内利用虚拟技术更加全面、生动、逼真地展示文物，从而使文物脱离地域限制，实现资源共享，真正成为全人类可以"拥有"的文化遗产。使用虚拟现实技术可以推动文博行业更快地进入信息时代，实现文物展示和保护的现代化。图 1-30 为澳门科技大学与北京师范大学珠海分校联合制作的澳门玫瑰堂漫游系统。

● 游戏

三维游戏既是虚拟现实技术重要的应用方向之一，也对虚拟现实技术的快速发展起到了巨大的需求牵引作用。尽管存在众多的技术难题，虚拟现实技术在竞争激烈的游戏市场中还是得到了越来越多的重视和应用。可以说，电脑游戏自产生以来，一直都在朝着虚拟现实的方向发展，虚拟现实技术发展的最终目标已经成为三维游戏工作者的崇高追求。从最初的文字 MUD 游戏，到二维游戏、三维游戏，再到网络三维游戏，游戏在保持其实时性和交互性的同时，逼真度和沉浸感正在一步步地提高和加强。我们相信，随着三维技术的快速发展和软硬件技术的不断进步，在不久的将来，真正意义上的虚拟现实游戏必将为人类娱乐、教育和经济发展作出新的、更大的贡献。图 1-31 为珠海市图形图像公共实验室开发的基于 Kinect的跑步机游戏界面，图 1-32 所示为 Oculus Rift 公司开拓虚拟现实游戏。

图 1-30　澳门玫瑰堂漫游系统

图 1-31　基于 Kinect 的跑步机游戏

- Web3D

Web3D 主要有四类应用方向：商业、教育、娱乐和虚拟社区。企业将他们的产品发布成网上三维的形式，能够展现出产品外形的方方面面，加上互动操作、演示产品的功能和使用操作，充分利用互联网高速迅捷的传播优势来推广公司的产品。对于网上电子商务，将销售产品展示做成在线三维的形式，顾客通过观察和操作能够对产品有更加全面的认识和了解，决定购买的几率必将大幅增加，为销售者带来更多的利润。

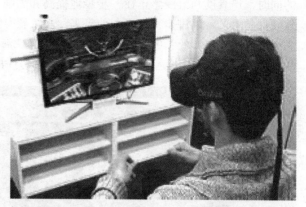

图 1-32　Oculus Rift 开拓虚拟现实游戏新时代

- 道路桥梁

城市规划一直是对全新的可视化技术需求最为迫切的领域之一，虚拟现实技术可以广泛地应用在城市规划的各个方面，并带来切实且可观的利益。虚拟现实技术在高速公路与桥梁建设中也得到了应用。由于道路桥梁需要同时处理大量的三维模型与纹理数据，导致其需要很高的计算机性能作为后台支持，但随着近些年来计算机软硬件技术的提高，一些原有的技术瓶颈得到了突破，使虚拟现实的应用得到了前所未有的发展。

- 地理

应用虚拟现实技术，将三维地面模型、正射影像和城市街道、建筑物及市政设施的三维立体模型融合在一起，再现城市建筑及街区景观，用户在显示屏上可以很直观地看到生动逼真的城市街道景观，可以进行诸如查询、量测、漫游、飞行浏览等一系列操作，满足数字城市技术由二维 GIS 向三维虚拟现实的可视化发展需要，为城建规划、社区服务、物业管理、消防安全、旅游交通等提供可视化空间地理信息服务。

电子地图技术是集地理信息系统技术、数字制图技术、多媒体技术和虚拟现实技术等多项现代技术为一体的综合技术。电子地图是一种以可视化的数字地图为背景，用文本、照片、图表、声音、动画、视频等多媒体为表现手段展示城市、企业、旅游景点等区域综合面貌的现代信息产品，它可以存储于计算机外存，以只读光盘、网络等形式传播，以桌面计算机或触摸屏计算机等形式供大众使用。由于电子地图产品结合了数字制图技术的可视化功能、数据查询与分析功能，以及多媒体技术和虚拟现实技术的信息表现手段，加上现代电子传播技术的作用，它一出现就赢得了社会的广泛关注！

- 教育

虚拟现实应用于教育是教育技术发展的一个飞跃。它营造了"自主学习"的环境，传统的"以教促学"的学习方式被学习者通过自身与信息环境的相互作用来得到知识、技能的新型学习方式所取代。

目前，学校的教学方式，不再是单纯地依靠书本和教师授课。计算机辅助教学（CAI）的引入，弥补了传统教学的许多不是。在表现一些空间立体化的知识，如原子和分子的结构、分子的结合过程、机械的运动时，三维展现形式必然使学习过程形象化，学生更容易接受和掌握知识点。许多实际经验告诉我们，"做"比"听"和"说"能接受更多的信息。使用具有交互功能的 3D 课件，学生可以在实际的动手操作中得到更深的体会。同时虚拟仿真校园、虚拟演播室在教育培训领域广泛应用并发挥其重要作用。

对计算机远程教育系统而言，引入 Web3D 内容必将达到很好的在线教育效果。现今，互联网上已不是单一静止的世界，动态 HTML、Flash 动画、流式音 / 视频使整个互联网生机盎然。动感的页面较之静态页面能吸引更多的浏览者。三维的引入必将造成新一轮的视觉冲击，使网页的访问量提升。

纵观虚拟现实技术这么多年来的发展历程，VR 技术的未来研究还是遵循"低成本、高性能"这一主线，从软件、硬件上分别发展，有以下几个主要发展方向：

1）动态环境建模技术。虚拟环境的建立是虚拟现实技术的基础内容，而动态环境建模技术的目的就是获取实际环境的三维数据，从而建立对应的虚拟环境模型，创建出虚拟环境。

2）实时三维图形生成和显示技术。在生成三维图形方面，目前的技术已经比较成熟，关键是怎么样才能够做到实时渲染生成，在不对图形的复杂程度和质量造成影响的前提下，如何让显示速度得到有效的提高是今后重要的研究内容。

3）智能化人机交互设备的研制。虽然手套和头盔等设备能够让沉浸感增强，但在实际使用中的效果并不尽如人意。交互技术应该朝使用最自然的视觉、听觉、触觉和自然语言方向发展，才能够让虚拟现实的效果得到有效提高。

4）大型网络分布式虚拟现实的研究与应用。分布式虚拟现实可以看成一种基于网络的虚拟现实系统，可以让多个用户同时参与，让不同地方的用户进入同一个虚拟现实环境当中。目前，分布式虚拟现实系统已经成为信息技术等领域的研究热点之一。

1.5 本章小结

现在虚拟现实技术的发展速度越来越快，内容和应用范围也扩大了很多。本章从虚拟现实技术的概念出发，对虚拟现实技术的特征、发展历史、关键技术、分类、硬件设备、开发工具和应用逐一展开进行了充分论述，并展望了虚拟现实技术的发展趋势。

习题

1. 什么是虚拟现实技术？它有什么技术特征？
2. 虚拟现实技术一般分为哪几类？有什么区别？
3. 什么是增强现实技术？
4. 国内外有哪些虚拟现实技术公司？它们的主要产品是什么？
5. 试举例说明现实生活中虚拟现实技术的应用。

第 2 章　3D 数学基础

　　3D 数学是研究空间几何的学科，广泛应用在使用计算机来模拟 3D 世界的领域，如虚拟现实、图形学、游戏、仿真、机器人技术和动画等。

2.1　3D 向量运算

　　向量是 3D 数学研究的标准工具，在 3D 游戏中向量是基础。

1. 向量的数学定义

　　向量就是一个数字列表，对于程序员来说一个向量就是一个数组。向量的维度就是向量包含的"数"的数目，向量可以有任意正数维，标量可以被认为是一维向量。书写向量时，用方括号将一列数括起来，如［1，2，3］。水平书写的向量称为行向量，垂直书写的向量称为列向量。

2. 向量的几何意义

　　从几何意义上说，向量是有大小和方向的有向线段。向量的大小就是向量的长度（模），向量有非负的长度。向量的方向描述了空间中向量的指向。向量定义的两大要素——大小和方向，有时候需要引用向量的头和尾，如图 2-1 所示，箭头是向量的末端，箭尾是向量的开始。向量中的数表达了向量在每个维度上的有向位移，如 3D 向量列出的是沿 x 坐标方向、y 坐标方向和 z 坐标方向的位移。

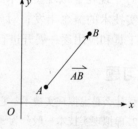

图 2-1　向量

3. 向量与点的关系

　　"点"有位置，但没有实际的大小或厚度，"向量"有大小和方向，但没有位置。所以使用"点"和"向量"的目的完全不同。"点"描述位置，"向量"描述位移。任意一点都能用从原点开始的向量来表达。

4. 零向量与负向量

　　零向量非常特殊，因为它是唯一大小为零的向量。对于其他任意数 m，存在无数多个大小（模）为 m 的向量，它们构成一个圆。零向量也是唯一一个没有方向的向量。负运算符也能应用到向量上。每个向量 v 都有一个加性逆元 $-v$，它的维数和 v 一样，满足 $v + (-v) = 0$。要得到任意维向量的负向量，只需要简单地将向量的每个分量都变负即可。

　　几何解释：向量变负，将得到一个和向量大小相等、方向相反的向量。

5. 向量大小（长度或模）

　　在线性代数中，向量的大小用向量两边加双竖线表示，3D 向量 V 的大小就是向量各分量平方和的平方根，如式（2-1）：

$$\| V \| = \sqrt{x^2 + y^2 + z^2} \qquad (2\text{-}1)$$

6. 标量与向量的乘法

　　虽然标量与向量不能相加，但它们可以相乘，结果将得到一个向量，其与原向量平行，但长度不同或者方向相反。标量与向量的乘法非常直接，将向量的每个分量都与标量相乘即可。如 $k[x, y, z] = [kx, ky, kz]$。向量也能除以非零标量，效果等同于乘以标量的倒数。如 $[x, y, z]/k = [x/k, y/k, z/k]$。标量与向量相乘时，不需要写乘号，将两个量挨着写即表示相乘。标量与向量的乘法和除法优先级高于加法和乘法。标量不能除以向量，并且向量不能除以另一个向量。

负向量能被认为是乘法的特殊情况，即乘以标量 –1。

几何解释：向量乘以标量 k 的效果是以因子 $|k|$ 缩放向量的长度，如为了使向量的长度加倍，应使向量乘以 2。如果 $k < 0$，则向量的方向被倒转。

7. 标准化向量

对于许多向量，我们只关心向量的方向不在乎向量的大小，如"我面向的是什么方向？"，在这样的情况下，使用单位向量非常方便，单位向量就是大小为 1 的向量，单位向量经常被称为标准化向量或者法线。对于任意非零向量 V，都能计算出一个和 V 方向相同的单位向量 k，这个过程被称作向量的"标准化"。要标准化向量，将向量除以它的大小（模）即可，如式（2-2）：

$$k = V/\|V\|, \quad V \neq 0 \tag{2-2}$$

数学上不允许零向量被标准化，因为将导致除以零，零向量没有方向，这在几何上没有意义。

几何解释：在 3D 环境中，如果以原点为尾画一个单位向量，那么向量的头将接触到球心在原点的单位球。

8. 向量的加法和减法

两个向量的维数相同，那么它们能相加，或者相减，结果向量的维数与原向量相同。向量加减法的记法和标量加减法的记法相同。减法解释为加负向量，向量不能与标量或维数不同的向量相加减。和标量加法一样，向量加法满足交换律，但向量减法不满足交换律。几何解释如图 2-2 所示，向量 a 和向量 b 相加的几何解释为：平移向量，使向量 a 的头连接向量 b 的尾，接着从 a 的尾向 b 的头画一个向量。这就是向量加法的"三角形法则"。

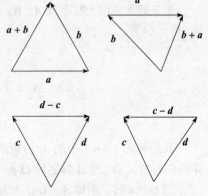

计算一个点到另一个点的位移是一种非常普遍的需求，可以使用三角形法则和向量减法来解决这个问题，如图 2-2 中的（$d - c$）为 c 到 d 的位移向量。

9. 距离公式

距离公式用来计算两点之间的距离。从上面可以得

图 2-2　向量加减法示意图

知两点间的位移向量通过向量减法可以得到，既然得到了两点间的位移向量，那么求出位移向量的模，就能计算出两点间的位移距离（a, b）：

$$\|b - a\| = \sqrt{(b_x - a_x)^2 + (b_y - a_y)^2 + (b_z - a_z)^2} \tag{2-3}$$

10. 向量点乘

标量和向量可以相乘，向量和向量也可以相乘。有两种不同类型的乘法，即点乘和叉乘。点乘的记法为 $a \cdot b$。与标量和向量的乘法一样，向量点乘的优先级高于加法和减法。标量乘法和标量与向量的乘法可以省略乘号，但在向量点乘中不能省略点乘号。向量点乘就是对应分量乘积的和，其结果是一个标量。

$$[x,y,z] \cdot [a,b,c] = ax + by + cz \tag{2-4}$$

几何解释：一般来说，点乘结果描述了两个向量的"相似"程度，点乘结果越大，两个向量越相近，点乘和向量间的夹角相关，计算两向量间的夹角 $\theta = \arccos (\boldsymbol{a} \cdot \boldsymbol{b})$。

11. 向量投影

给定两个向量 $\boldsymbol{v}$ 和 $\boldsymbol{n}$，能够将 $\boldsymbol{v}$ 分解成两个分量，它们分别垂直和平行于向量 $\boldsymbol{n}$，并且满足两分向量相加等于向量 $\boldsymbol{v}$，一般称平行分量为 $\boldsymbol{v}$ 在向量 $\boldsymbol{n}$ 上的投影。

$$平行分量 = \boldsymbol{n}(\boldsymbol{v} \cdot \boldsymbol{n})/ \|\boldsymbol{n}\|^2$$
$$垂直分量 = \|\boldsymbol{v}\| - \boldsymbol{n}(\boldsymbol{v} \cdot \boldsymbol{n})/ \|\boldsymbol{n}\|^2$$

12. 向量叉乘

向量叉乘得到一个向量，并且不满足交换律。它满足反交换律 $\boldsymbol{a} \times \boldsymbol{b} = -(\boldsymbol{b} \times \boldsymbol{a})$。

叉乘公式表述如式（2-5）：

$$[x,y,z] \times [a,b,c] = [yc - zb, za - xc, xb - ya] \tag{2-5}$$

当点乘和叉乘在一起时，叉乘优先计算，$\boldsymbol{a} \cdot \boldsymbol{b} \times \boldsymbol{c} = \boldsymbol{a} \cdot (\boldsymbol{b} \times \boldsymbol{c})$。因为点乘返回一个标量，并且标量和向量间不能叉乘。

几何解释：叉乘得到的向量垂直于原来的两个向量。$\boldsymbol{a} \times \boldsymbol{b}$ 的长度等于向量的大小与向量夹角的正弦值的积，$\|\boldsymbol{a} \times \boldsymbol{b}\| = \|\boldsymbol{a}\| \|\boldsymbol{b}\| \sin \theta$。$\|\boldsymbol{a} \times \boldsymbol{b}\|$ 也等于以 $\boldsymbol{a}$ 和 $\boldsymbol{b}$ 为两边的平行四边形的面积。叉乘最重要的应用就是创建垂直于平面、三角形、多边形的向量。

2.2 矩阵运算规则

1. 矩阵的定义

一般而言，所谓矩阵就是由一组数的全体，在括号"（ ）"内排列成 m 行 n 列（横的称行，纵的称列）的一个数表，并称它为 $m \times n$ 矩阵。

矩阵通常是用大写字母 $\boldsymbol{A}$、$\boldsymbol{B}$、$\cdots$ 来表示。例如一个 m 行 n 列的矩阵可以简记为 $\boldsymbol{A} = (a_{ij})$，或 $\boldsymbol{A}_{m \times n} = (a_{ij})_{m \times n}$。即：

$$\boldsymbol{A}_{m \times n} = (a_{ij})_{m \times n} = \begin{pmatrix} a_{11} & a_{12} & \cdots & a_{1n} \\ a_{21} & a_{22} & \cdots & a_{2n} \\ \cdots & & & \\ a_{m1} & a_{m2} & \cdots & a_{mn} \end{pmatrix} \tag{2-6}$$

我们称式（2-6）中的 a_{ij} 为矩阵 $\boldsymbol{A}$ 的元素，a 的第一个注脚字母 i ($i = 1, 2, \cdots, m$)，表示矩阵的行数，第二个注脚字母 j ($j = 1, 2, \cdots, n$) 表示矩阵的列数。

当 $m = n$ 时，则称 $\boldsymbol{A} = (a_{ij})$ 为 n 阶方阵，并用 $(a_{ij})_{nn}$ 表示。当矩阵 (a_{ij}) 的元素仅有一行或一列时，则称它为行矩阵或列矩阵。设两个矩阵，有相同的行数和相同的列数，而且它们的对应元素一一相等，即 $a_{ij} = b_{ij}$，则称该两矩阵相等，记为 $\boldsymbol{A} = \boldsymbol{B}$。

2. 三角形矩阵

由 $i = j$ 的元素组成的对角线为主对角线，构成这个主对角线的元素称为主对角线元素。如果在方阵中主对角线一侧的元素全为零，而另外一侧的元素不为零或不全为零，则该矩阵叫作三角形矩阵。例如，以下矩阵都是三角形矩阵：

$$\begin{pmatrix} a_{11} & a_{12} & a_{13} \\ 0 & a_{22} & a_{23} \\ 0 & 0 & a_{33} \end{pmatrix} \begin{pmatrix} b_{11} & 0 & 0 \\ b_{21} & b_{22} & 0 \\ b_{31} & b_{32} & b_{33} \end{pmatrix} \begin{pmatrix} -5 & +1 & +2 \\ 0 & +1 & +3 \\ 0 & 0 & +3 \end{pmatrix} \begin{pmatrix} +2 & 0 \\ +3 & +1 \end{pmatrix}$$

3. 单位矩阵与零矩阵

在方阵 $(a_{ij})_{nn}$ 中，如果只有 $i = j$ 的元素不等于零，而其他元素全为零，如：

$$\begin{pmatrix} a_{11} & 0 & \cdots & 0 \\ 0 & a_{22} & \cdots & 0 \\ \cdots & \cdots & \ddots & \vdots \\ 0 & 0 & \cdots & a_{nn} \end{pmatrix}$$

则称为对角矩阵，可记为 $A = \mathrm{diag}\,(a_{11}, a_{22}, \cdots, a_{nn})$。如果在对角矩阵中所有的 a_{ij} 彼此都

相等且均为 1，如 $\begin{pmatrix} 1 & 0 & \cdots & 0 \\ 0 & 1 & \cdots & 0 \\ \cdots & \cdots & \ddots & \vdots \\ 0 & 0 & \cdots & 1 \end{pmatrix}$，则称为单位矩阵。单位矩阵常用 E 来表示，即：

$$E = \begin{pmatrix} 1 & 0 & \cdots & 0 \\ 0 & 1 & \cdots & 0 \\ \cdots & \cdots & \ddots & \vdots \\ 0 & 0 & \cdots & 1 \end{pmatrix}$$

当矩阵中所有的元素都等于零时，叫作零矩阵，并用符号 "0" 来表示。

4. 矩阵的加法

矩阵 $A = (a_{ij})_{m \times n}$ 和 $B = (b_{ij})_{m \times n}$ 相加时，必须要有相同的行数和列数。如以 $C = (c_{ij})_{m \times n}$ 表示矩阵 A 及 B 的和，则有：

$$A + B = C = \begin{pmatrix} c_{11} & c_{12} & \cdots & c_{1n} \\ c_{21} & c_{22} & \cdots & c_{2n} \\ \cdots & \cdots & \ddots & \vdots \\ c_{m1} & c_{m2} & \cdots & c_{mn} \end{pmatrix}$$

式中：$c_{ij} = a_{ij} + b_{ij}$。即矩阵 C 的元素等于矩阵 A 和 B 的对应元素之和。由上述定义可知，矩阵的加法具有下列性质（设 A、B、C 都是 $m \times n$ 矩阵）：

1）交换律：$A + B = B + A$。

2）结合律：$(A + B) + C = A + (B + C)$。

5. 数与矩阵的乘法

我们定义用 k 右乘矩阵 A 或左乘矩阵 A，其积均等于矩阵 $A = (a_{ij})_{mn}$ 中的所有元素都乘上 k 之后所得的矩阵。如：

$$kA = Ak = \begin{pmatrix} ka_{11} & ka_{12} & \cdots & ka_{1n} \\ ka_{21} & ka_{22} & \cdots & ka_{2n} \\ \cdots & \cdots & \cdots & \cdots \\ ka_{m1} & ka_{m2} & \cdots & ka_{mn} \end{pmatrix}$$

由上述定义可知，数与矩阵相乘具有下列性质：设 A、B 都是 $m \times n$ 矩阵，k、h 为任意常数，则：

1）$k\,(A + B) = kA + kB$。

2）$(k + h)\,A = kA + hA$。

3）$k(hA) = khA$。

6. 矩阵的乘法

若矩阵 $\underset{m\times t}{A}$ 乘矩阵 $\underset{t\times n}{B}$，则只有在前者的列数等于后者的行数时才有意义。矩阵 $\underset{m\times n}{C}$ 的元素 C_{ij} 的计算方法定义为第一个矩阵第 i 行的元素与第二个矩阵第 j 列元素对应乘积的和。若：

$$\underset{m\times t}{A} \cdot \underset{t\times n}{B} = \underset{m\times n}{C}$$

则矩阵 $\underset{m\times n}{C}$ 的元素由定义知其计算公式为：

$$C_{ij} = a_{i1} \cdot b_{1j} + a_{i2} \cdot b_{2j} + \cdots + a_{it} \cdot b_{tj} = \sum_{r-1}^{t} (a_{ir} \cdot b_{rj}) \tag{2-7}$$

【例 2-1】 设有两矩阵为：$\underset{2\times 2}{A} = \begin{pmatrix} a_{11} & a_{12} \\ a_{21} & a_{22} \end{pmatrix}$，$\underset{2\times 3}{B} = \begin{pmatrix} b_{11} & b_{12} & b_{13} \\ b_{21} & b_{22} & b_{23} \end{pmatrix}$，试求该两矩阵的积。

【解】 由于 A 矩阵的列数等于 B 矩阵的行数，故可乘，其结果设为 C：

$$\underset{2\times 3}{C} = \begin{pmatrix} C_{11} & C_{12} & C_{13} \\ C_{21} & C_{22} & C_{23} \end{pmatrix}$$

其中：

$$C_{11} = a_{11}b_{11} + a_{12}b_{21} \quad C_{12} = a_{11}b_{12} + a_{12}b_{22} \quad C_{13} = a_{11}b_{13} + a_{12}b_{23}$$
$$C_{21} = a_{21}b_{11} + a_{22}b_{21} \quad C_{22} = a_{21}b_{12} + a_{22}b_{22} \quad C_{23} = a_{21}b_{13} + a_{22}b_{23}$$

【例 2-2】 已知：$A = \begin{pmatrix} 1 & 1 & 0 \\ 3 & 2 & 1 \end{pmatrix}$，$B = \begin{pmatrix} 0 & 3 & 1 \\ 1 & 0 & -1 \\ -2 & 2 & 1 \end{pmatrix}$，求 A、B 两个矩阵的积。

【解】 计算结果如下：

$$\underset{2\times 3}{A} \cdot \underset{3\times 3}{B} = \underset{2\times 3}{C} = \begin{pmatrix} 1 & 1 & 0 \\ 3 & 2 & 1 \end{pmatrix} \begin{pmatrix} 0 & 3 & 1 \\ 1 & 0 & -1 \\ -2 & 2 & 1 \end{pmatrix} = \begin{pmatrix} 1 & 3 & 0 \\ 0 & 11 & 2 \end{pmatrix}$$

矩阵的乘法具有下列性质：

1）通常矩阵的乘积是不可交换的。

2）矩阵的乘法是可结合的。

3）设 A 是 $m\times n$ 矩阵，B、C 是两个 $n\times t$ 矩阵，则有：$A(B+C) = AB + AC$。

4）设 A 是 $m\times n$ 矩阵，B 是 $n\times t$ 矩阵。则对任意常数 k 有：$k(AB) = (kA)B = A(kB)$。

【例 2-3】 用矩阵表示的某一组方程为：

$$\underset{n\times 1}{V} = \underset{n\times t}{A} \underset{t\times 1}{X} + \underset{n\times 1}{L} \tag{2-8}$$

式中：

$$\underset{n\times 1}{V} = \begin{pmatrix} V_1 \\ V_2 \\ \vdots \\ V_n \end{pmatrix} \quad \underset{n\times t}{A} = \begin{pmatrix} a_1 & b_1 & \cdots & t_1 \\ a_2 & b_2 & \cdots & t_2 \\ \cdots & & & \\ a_n & b_n & \cdots & t_n \end{pmatrix} \quad \underset{t\times 1}{X} = \begin{pmatrix} x_1 \\ x_2 \\ \vdots \\ x_t \end{pmatrix} \quad \underset{n\times 1}{L} = \begin{pmatrix} l_1 \\ l_2 \\ \vdots \\ l_n \end{pmatrix} \tag{2-9}$$

试将矩阵公式展开，列出方程组。

【解】 现将式（2-9）代入式（2-8）得：

$$\begin{pmatrix} V_1 \\ V_2 \\ \vdots \\ V_n \end{pmatrix} = \begin{pmatrix} a_1 & b_1 & \cdots & t_1 \\ a_2 & b_2 & \cdots & t_2 \\ \cdots & & & \\ a_n & b_n & \cdots & t_n \end{pmatrix} \begin{pmatrix} x_1 \\ x_2 \\ \vdots \\ x_t \end{pmatrix} + \begin{pmatrix} l_1 \\ l_2 \\ \vdots \\ l_n \end{pmatrix} \tag{2-10}$$

将上式右边计算整理得：

$$\begin{pmatrix} V_1 \\ V_2 \\ \vdots \\ V_n \end{pmatrix} = \begin{pmatrix} a_1 x_1 + b_1 x_2 + \cdots + t_1 x_t + l_1 \\ a_2 x_1 + b_2 x_2 + \cdots + t_2 x_t + l_2 \\ \cdots \\ a_n x_1 + b_n x_2 + \cdots + t_n x_t + l_n \end{pmatrix} \tag{2-11}$$

可得方程组：

$$\begin{cases} V_1 = a_1 x_1 + b_1 x_2 + \cdots + t_1 x_t + l_1 \\ V_2 = a_2 x_1 + b_2 x_2 + \cdots + t_2 x_t + l_2 \\ \cdots \\ V_n = a_n x_1 + b_n x_2 + \cdots + t_n x_t + l_n \end{cases}$$

可见，上述方程组可以写成式（2-8）的矩阵形式。上述方程组就是测量平差中的误差方程组，故知式（2-8）即为误差方程组的矩阵表达式。式中 $\underset{n \times 1}{V}$ 称为改正数阵，$\underset{n \times t}{A}$ 称为误差方程组的系数阵，$\underset{t \times 1}{X}$ 称为未知数阵，$\underset{n \times 1}{L}$ 称为误差方程组的常数项阵。

【例2-4】 设由 n 个观测值列出 r 个条件式如下，试用矩阵表示。

$$a_1 V_1 + a_2 V_2 + \cdots + a_n V_n + W_a = 0$$
$$b_1 V_1 + b_2 V_2 + \cdots + b_n V_n + W_b = 0$$
$$\cdots$$
$$r_1 V_1 + r_2 V_2 + \cdots + r_n V_n + W_r = 0$$

【解】现记：

$$\underset{r \times n}{A} = \begin{pmatrix} a_1 & a_2 & \cdots & a_n \\ b_1 & b_2 & \cdots & b_n \\ \cdots & & & \\ r_1 & r_2 & \cdots & r_n \end{pmatrix} \quad \underset{n \times 1}{V} = \begin{pmatrix} V_1 \\ V_2 \\ \vdots \\ V_n \end{pmatrix} \quad \underset{r \times 1}{W} = \begin{pmatrix} W_1 \\ W_2 \\ \vdots \\ W_r \end{pmatrix} \tag{2-12}$$

则条件方程组可用矩阵表示成：

$$\underset{r \times n}{A} \cdot \underset{n \times 1}{V} + \underset{r \times 1}{W} = 0 \tag{2-13}$$

式（2-13）中 $\underset{r \times n}{A}$ 称为条件方程组的系数阵，$\underset{n \times 1}{V}$ 称为改正数阵，$\underset{r \times 1}{W}$ 称为条件方程组的闭合差列阵。

2.3 3D 几何变换

三维几何变换主要包括平移、旋转、比例缩放、对称和错切这几种变换，图2-3为茶壶进行三维旋转变换的例子。

图 2-3　茶壶的旋转变换

2.3.1　三维基本几何变换

1. 三维平移变换

如图 2-4 所示，空间的点 $P(x, y, z)$ 在空间 x, y, z 轴方向分别平移 (tx, ty, tz) 距离至 $P'(x', y', z')$ 点，有：

$$x' = x + t_x, \quad y' = y + t_y, \quad z' = z + t_z$$

参照二维平移变换，很容易得到三维平移变换矩阵：

$$\begin{pmatrix} x' \\ y' \\ z' \\ 1 \end{pmatrix} = \begin{pmatrix} 1 & 0 & 0 & t_x \\ 0 & 1 & 0 & t_y \\ 0 & 0 & 1 & t_z \\ 0 & 0 & 0 & 1 \end{pmatrix} \begin{pmatrix} x \\ y \\ z \\ 1 \end{pmatrix} \tag{2-14}$$

或 $P' = T \cdot P$。

在三维空间中，物体的平移是通过平移物体上的各点，然后在新位置重建该物体而实现的，如图 2-5 所示，空间四面体 $ABCD$ 平移到新的位置 $A'B'C'D'$。

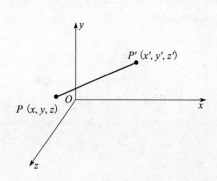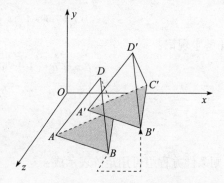

图 2-4　三维平移变换　　　　　　图 2-5　物体的平移

2. 三维比例变换

空间的点 $P(x, y, z)$ 相对于原点的三维比例缩放是二维比例缩放的简单扩充，只要在变换矩阵中引入 z 坐标的比例缩放因子：

$$\begin{pmatrix} x' \\ y' \\ z' \\ 1 \end{pmatrix} = \begin{pmatrix} 1 & 0 & 0 & 0 \\ 0 & 1 & 0 & 0 \\ 0 & 0 & 1 & 0 \\ 0 & 0 & 0 & s \end{pmatrix} \begin{pmatrix} x \\ y \\ z \\ 1 \end{pmatrix} \tag{2-15}$$

或 $\boldsymbol{P'}=\boldsymbol{S}\cdot\boldsymbol{P}$。

当 $sx=sy=sz>1$ 时，图形相对于原点作等比例放大；当 $sx=sy=sz<1$ 时，图形相对于原点作等比例缩小；当 $sx<>sy<>sz$ 时，图形作非等比例变换。图 2-6 是一个立方体进行比例缩放的例子。

3. 三维旋转变换

三维旋转变换是指将物体绕某个坐标轴旋转一个角度，所得到的空间位置变化。我们规定旋转正方向与坐标轴矢量符合右手法则，与二维一样，绕坐标轴逆时针方向旋转为正角，假定我们从坐标轴的正向朝着原点观看，逆时针方向转动的角度为正。如图 2-7 所示。

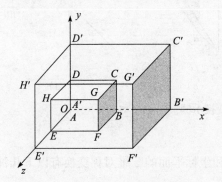

图 2-6　三维比例缩放

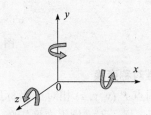

图 2-7　三维旋转变换

由此得出绕三个基本轴的旋转变换矩阵：

1）绕 z 轴旋转 θ 角。空间物体绕 z 轴旋转时，物体各顶点的 x、y 坐标改变，而 z 坐标不变。绕 z 轴旋转矩阵为：

$$\begin{pmatrix} x' \\ y' \\ z' \\ 1 \end{pmatrix} = \begin{pmatrix} \cos\theta & -\sin\theta & 0 & 0 \\ \sin\theta & \cos\theta & 0 & 0 \\ 0 & 0 & 1 & 0 \\ 0 & 0 & 0 & 1 \end{pmatrix} \begin{pmatrix} x \\ y \\ z \\ 1 \end{pmatrix} \tag{2-16}$$

或简写为 $\boldsymbol{P'}=\boldsymbol{R}_z(\theta)\,\boldsymbol{P}$，$\theta$ 为旋转角。

2）绕 x 方向旋转 θ 角，同理，空间物体绕 x 轴旋转时，物体各顶点的 y、z 坐标改变，而 x 坐标不变。绕 x 轴旋转变换矩阵为：

$$\begin{pmatrix} x' \\ y' \\ z' \\ 1 \end{pmatrix} = \begin{pmatrix} 1 & 0 & 0 & 0 \\ 0 & \cos\theta & -\sin\theta & 0 \\ 0 & \sin\theta & \cos\theta & 0 \\ 0 & 0 & 0 & 1 \end{pmatrix} \begin{pmatrix} x \\ y \\ z \\ 1 \end{pmatrix} \tag{2-17}$$

或简写为 $\boldsymbol{P'}=\boldsymbol{R}_x(\theta)\,\boldsymbol{P}$，$\theta$ 为旋转角。

3）绕 y 方向旋转 θ 角，同理，空间物体绕 y 轴旋转时，物体各顶点的 x、z 坐标改变，而 y 坐标不变。绕 y 轴旋转变换矩阵为：

$$\begin{pmatrix} x' \\ y' \\ z' \\ 1 \end{pmatrix} = \begin{pmatrix} \cos\theta & 0 & \sin\theta & 0 \\ 0 & 1 & 0 & 0 \\ -\sin\theta & 0 & \cos\theta & 0 \\ 0 & 0 & 0 & 1 \end{pmatrix} \begin{pmatrix} x \\ y \\ z \\ 1 \end{pmatrix} \tag{2-18}$$

或简写为 $\boldsymbol{P'} = \boldsymbol{R}_y(\theta)\,\boldsymbol{P}$，$\theta$ 为旋转角。

图 2-8 表示一个物体分别绕 x、y、z 轴作旋转变换的例子，a 为原图，b 为绕 z 轴旋转，c 为绕 x 轴旋转，d 为绕 y 轴旋转。

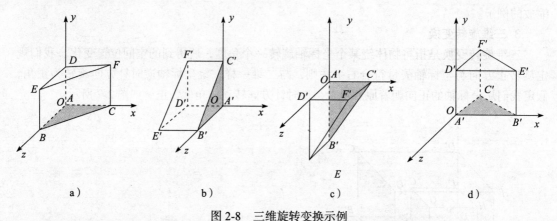

a)   b)   c)   d)

图 2-8 三维旋转变换示例

4. 三维对称变换

空间的点 $P\,(x, y, z)$ 相对于坐标原点、坐标轴和坐标平面的三维对称变换有以下几种情况，和前面一样，不难推出变换矩阵：

1）绕坐标原点对称，有 $x' = -x$，$y' = -y$，$z' = -z$，所以

$$
\begin{pmatrix} x' \\ y' \\ z' \\ 1 \end{pmatrix} = \begin{pmatrix} -1 & 0 & 0 & 0 \\ 0 & -1 & 0 & 0 \\ 0 & 0 & -1 & 0 \\ 0 & 0 & 0 & 1 \end{pmatrix} \begin{pmatrix} x \\ y \\ z \\ 1 \end{pmatrix} \tag{2-19}
$$

2）绕 xoy 平面对称，有 $x' = x$，$y' = y$，$z' = -z$，所以

$$
\begin{pmatrix} x' \\ y' \\ z' \\ 1 \end{pmatrix} = \begin{pmatrix} 1 & 0 & 0 & 0 \\ 0 & 1 & 0 & 0 \\ 0 & 0 & -1 & 0 \\ 0 & 0 & 0 & 1 \end{pmatrix} \begin{pmatrix} x \\ y \\ z \\ 1 \end{pmatrix} \tag{2-20}
$$

3）绕 yoz 平面对称，有 $x' = -x$，$y' = y$，$z' = z$，所以

$$
\begin{pmatrix} x' \\ y' \\ z' \\ 1 \end{pmatrix} = \begin{pmatrix} -1 & 0 & 0 & 0 \\ 0 & 1 & 0 & 0 \\ 0 & 0 & 1 & 0 \\ 0 & 0 & 0 & 1 \end{pmatrix} \begin{pmatrix} x \\ y \\ z \\ 1 \end{pmatrix} \tag{2-21}
$$

4）绕 xoz 平面对称，$x' = x$，$y' = -y$，$z' = z$，所以

$$
\begin{pmatrix} x' \\ y' \\ z' \\ 1 \end{pmatrix} = \begin{pmatrix} 1 & 0 & 0 & 0 \\ 0 & -1 & 0 & 0 \\ 0 & 0 & 1 & 0 \\ 0 & 0 & 0 & 1 \end{pmatrix} \begin{pmatrix} x \\ y \\ z \\ 1 \end{pmatrix} \tag{2-22}
$$

5）绕 x 轴对称，$x' = x$，$y' = -y$，$z' = -z$，所以

$$\begin{pmatrix} x' \\ y' \\ z' \\ 1 \end{pmatrix} = \begin{pmatrix} 1 & 0 & 0 & 0 \\ 0 & -1 & 0 & 0 \\ 0 & 0 & -1 & 0 \\ 0 & 0 & 0 & 1 \end{pmatrix} \begin{pmatrix} x \\ y \\ z \\ 1 \end{pmatrix} \qquad (2\text{-}23)$$

6）绕 y 轴对称，$x' = -x$，$y' = y$，$z' = -z$，所以

$$\begin{pmatrix} x' \\ y' \\ z' \\ 1 \end{pmatrix} = \begin{pmatrix} -1 & 0 & 0 & 0 \\ 0 & 1 & 0 & 0 \\ 0 & 0 & -1 & 0 \\ 0 & 0 & 0 & 1 \end{pmatrix} \begin{pmatrix} x \\ y \\ z \\ 1 \end{pmatrix} \qquad (2\text{-}24)$$

7）绕 z 轴对称，$x' = -x$，$y' = -y$，$z' = z$，所以

$$\begin{pmatrix} x' \\ y' \\ z' \\ 1 \end{pmatrix} = \begin{pmatrix} -1 & 0 & 0 & 0 \\ 0 & -1 & 0 & 0 \\ 0 & 0 & 1 & 0 \\ 0 & 0 & 0 & 1 \end{pmatrix} \begin{pmatrix} x \\ y \\ z \\ 1 \end{pmatrix} \qquad (2\text{-}25)$$

图 2-9 是一个对称变换的例子，a 为关于 xoz 平面对称，b 为关于 yox 平面对称，c 为关于 yoz 平面对称。

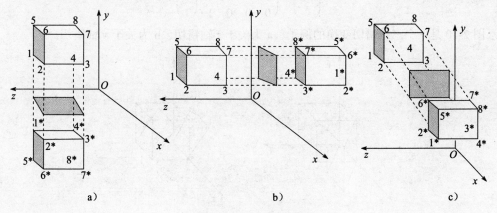

图 2-9　对称变换示例

5. 三维错切变换

1）沿 x 轴错切，有

$$\begin{cases} x' = x + dy + gz \\ y' = y \\ z' = z \end{cases} \qquad (2\text{-}26)$$

所以：

$$\begin{pmatrix} x' \\ y' \\ z' \\ 1 \end{pmatrix} = \begin{pmatrix} 1 & d & g & 0 \\ 0 & 1 & 0 & 0 \\ 0 & 0 & 1 & 0 \\ 0 & 0 & 0 & 1 \end{pmatrix} \begin{pmatrix} x \\ y \\ z \\ 1 \end{pmatrix} \qquad (2\text{-}27)$$

2）沿 y 轴错切

$$\begin{cases} x' = x \\ y' = bx + y + hz \\ z' = z \end{cases}$$ （2-28）

所以

$$\begin{pmatrix} x' \\ y' \\ z' \\ 1 \end{pmatrix} = \begin{pmatrix} 1 & 0 & 0 & 0 \\ b & 1 & h & 0 \\ 0 & 0 & 1 & 0 \\ 0 & 0 & 0 & 1 \end{pmatrix} \begin{pmatrix} x \\ y \\ z \\ 1 \end{pmatrix}$$ （2-29）

3）沿 z 轴错切，有

$$\begin{cases} x' = x \\ y' = y \\ z' = cx + fy + z \end{cases}$$ （2-30）

$$\begin{pmatrix} x' \\ y' \\ z' \\ 1 \end{pmatrix} = \begin{pmatrix} 1 & 0 & 0 & 0 \\ 0 & 1 & 0 & 0 \\ c & f & 1 & 0 \\ 0 & 0 & 0 & 1 \end{pmatrix} \begin{pmatrix} x \\ y \\ z \\ 1 \end{pmatrix}$$ （2-31）

图 2-10 是一个三维错切变换的例子，a 为关于 z 轴错切，b 为关于 x 轴错切。

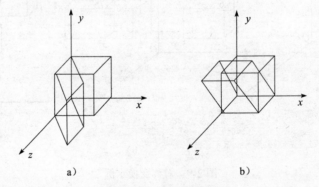

a)   b)

图 2-10   三维错切变换

2.3.2   三维组合变换

与二维图形的组合变换一样，三维立体图形也可通过三维基本变换矩阵，按一定顺序依次相乘而得到一个组合矩阵（称级联），完成组合变换。同样，三维组合平移、组合旋转和组合比例变换与二维组合平移、组合旋转和组合比例变换具有类似的规律。

1. 相对于空间任意一点的旋转变换

相对于空间任意一点作旋转变换，可以通过以下三个步骤来实现：

1）先将物体连同参考点平移回原点。

$$T(-t_x, -t_y, -t_z) = \begin{pmatrix} 1 & 0 & 0 & -t_x \\ 0 & 1 & 0 & -t_y \\ 0 & 0 & 1 & -t_z \\ 0 & 0 & 0 & 1 \end{pmatrix} \qquad (2\text{-}32)$$

2）相对于原点作旋转变换。

$$R(\theta) = \begin{pmatrix} \cos\theta & -\sin\theta & 0 & 0 \\ \sin\theta & \cos\theta & 0 & 0 \\ 0 & 0 & 1 & 0 \\ 0 & 0 & 0 & 1 \end{pmatrix} \qquad (2\text{-}33)$$

3）再进行平移逆变换。

$$T(t_x, t_y, t_z) = \begin{pmatrix} 1 & 0 & 0 & t_x \\ 0 & 1 & 0 & t_y \\ 0 & 0 & 1 & t_z \\ 0 & 0 & 0 & 1 \end{pmatrix} \qquad (2\text{-}34)$$

整个过程的组合变换矩阵 M 可以表示为

$$M = T(t_x, t_y, t_z)R(\theta)T(-t_x, -t_y, -t_z) \qquad (2\text{-}35)$$

2. 相对于空间任意一点的比例缩放变换

与以上相对于空间任意一点的旋转变换一样要经过三个步骤，不同的是旋转变换矩阵换成了比例缩放矩阵，整个过程的组合变换矩阵 M 可以表示为

$$M = T(t_x, t_y, t_z)S(S_x, S_y, S_z)T(-t_x, -t_y, -t_z) \qquad (2\text{-}36)$$

$S(S_x, S_y, S_z)$ 表示比例变换矩阵，S_x、S_y、S_z 表示 x、y、z 三个方向的比例因子。

3. 绕空间任意轴线旋转

可由以下步骤实现：

1）平移物体使得旋转轴通过坐标原点。

2）旋转物体使得旋转轴和坐标轴相吻合。

3）再围绕相吻合的坐标轴旋转相应的角度。

4）逆旋转回原来的方向角度。

5）逆平移回原来的位置。

我们可以将旋转轴变换到 3 个坐标轴的任意一个。但直观上看，变换到 z 轴与 2D 情况相似，容易被接受，图 2-11 表示了物体绕空间任意轴旋转的过程。

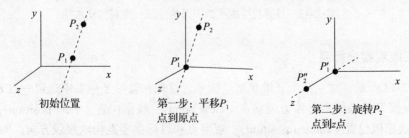

图 2-11　物体绕空间任意轴旋转

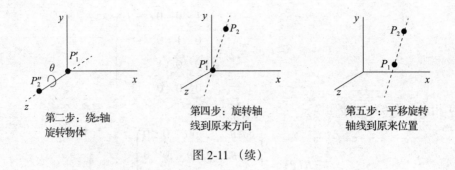

第二步：绕z轴　　　第四步：旋转轴　　　第五步：平移旋转
旋转物体　　　　　线到原来方向　　　　轴线到原来位置

图 2-11　（续）

2.4　三维观察与投影变换

2.4.1　三维观察流程

　　计算机图形的三维场景观察有点类似于拍照过程，如图 2-12 所示，需要在场景中确定一个观察位置，确定相机方向，相机朝哪个方向照？如何绕视线旋转相机以确定相片的向上方向？最后根据相机的裁剪窗口（镜头）大小来确定生成的场景大小。

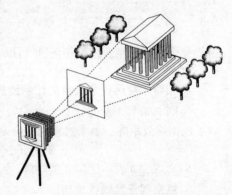

　　图 2-13 给出了计算机生成三维图形的一般三维观察流程。首先，在建模坐标系完成局部模型的造型，其次通过建模变换，完成模型在世界坐标系中的定位。在世界坐标系中确定观察位置、观察方向，通过观察变换完成从世界坐标系到观察坐标系的变换，沿着观察方向完成投影变换，进入投影坐标系，经过对坐标的规范化变换，裁剪操作可以在与设备无关的规范化变换完成之后进行，以便最大限度地提高效率。最后，在规范化坐标系下经过视区到设备的变换，最终将图形输出到设备。

图 2-12　对场景取景

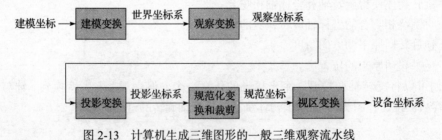

图 2-13　计算机生成三维图形的一般三维观察流水线

2.4.2　三维观察坐标系

　　如图 2-14 所示，建立一个三维观察坐标系，首先在世界坐标系中选定一点 $P_0 = (x_0, y_0, z_0)$ 作为观察坐标系原点，称为观察点（view point）、观察位置（view position）、视点（eye position）或相机位置（camera position）。观察点和目标参考点构成视线方向，即为观察坐标系的 z_{view} 轴方向。观察平面（View Plane，投影平面）与 z_{view} 轴垂直，选定的观察向上向量 V 方向应与 z_{view} 轴垂直，一般当作观察坐标系的 y_{view} 轴方向，而剩下的 x_{view} 轴就通过右手法则来确定。

　一般来说，精确地选取 V 的方向比较困难，选取任意的观察向上向量 V，只要不平行于 z_{view}，对其作投影变换，使得调整后的 V 垂直于 z_{view}。一般先取 $V = (0, 1, 0)$（世界坐标系），如图 2-15 所示。

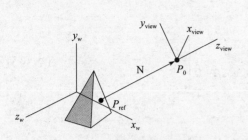
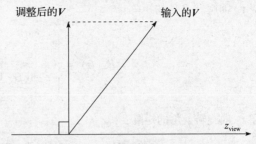

图 2-14　三维观察坐标系的确定　　图 2-15　调整观察向上向量 V 的输入位置使其与 z_{view} 垂直

2.4.3　从世界坐标系到观察坐标系的变换

　从世界坐标系到观察坐标系的变换可以通过以下系列图形变换来实现。

　1）平移观察点到世界坐标系的原点。

　2）进行旋转变换，使得观察坐标轴与世界坐标轴重合：

- 绕 x_w 轴旋转 α 角，使 z_v 轴旋转到 $(xoz)_w$ 平面
- 绕 y_w 轴旋转 β 角，使 z_v 轴旋转到与 z_w 轴重合
- 绕 z_w 轴旋转 γ 角，使 x_v、y_v 轴旋转到与 x_w、y_w 重合

以上系列变换可用图 2-16 来描述，其中图 2-16a 表示原观察坐标系在世界坐标系的位置，图 2-16b 表示观察坐标系已经平移到世界坐标系原点，图 2-16c 表示观察坐标经过三次旋转变换后与世界坐标系重合。

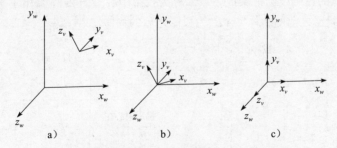

图 2-16　从世界坐标系到观察坐标系的变换

设观察点在世界坐标系的坐标为 $P_0(x_0, y_0, z_0)$，则平移变换矩阵为：

$$T(-x_0, -y_0, -z_0) = \begin{pmatrix} 1 & 0 & 0 & -x_0 \\ 0 & 1 & 0 & -y_0 \\ 0 & 0 & 1 & -z_0 \\ 0 & 0 & 0 & 1 \end{pmatrix} \qquad (2-37)$$

绕 x_w 轴旋转 α 角的矩阵：

$$R_x(\alpha) = \begin{pmatrix} 1 & 0 & 0 & 0 \\ 0 & \cos\alpha & -\sin\alpha & 0 \\ 0 & \sin\alpha & \cos\alpha & 0 \\ 0 & 0 & 0 & 1 \end{pmatrix} \qquad (2\text{-}38)$$

绕 y_w 轴旋转 β 角的矩阵：

$$R_y(\beta) = \begin{pmatrix} \cos\beta & 0 & \sin\beta & 0 \\ 0 & 1 & 0 & 0 \\ -\sin\beta & 0 & \cos\beta & 0 \\ 0 & 0 & 0 & 1 \end{pmatrix} \qquad (2\text{-}39)$$

绕 z_w 轴旋转 γ 角的矩阵：

$$R_z(\gamma) = \begin{pmatrix} \cos\gamma & -\sin\gamma & 0 & 0 \\ \sin\gamma & \cos\gamma & 0 & 0 \\ 0 & 0 & 1 & 0 \\ 0 & 0 & 0 & 1 \end{pmatrix} \qquad (2\text{-}40)$$

则从世界坐标系到观察坐标系的组合变换矩阵 $M_{wc,vc}$ 可以表示为：

$$M_{wc,vc} = R_z(\gamma) \cdot R_y(\beta) \cdot R_x(\alpha) \cdot T(-x_0, -y_0, -z_0) \qquad (2\text{-}41)$$

用 P_w 表示世界坐标系的点，P_v 表示观察坐标系的点，以上变换可以写为：

$$P_v = M_{wc,vc} \cdot P_w \qquad (2\text{-}42)$$

2.4.4 投影变换

众所周知，计算机图形显示是在二维平面内实现的。因此，三维物体必须投影到二维平面上才能显示出来。投影变换一般分为平行投影（parallel projection）和透视投影（perspective projection）。在平行投影中，光线平行照射在物体上，再沿投影线投射到观察平面。而在透视投影变换中，物体的投影线会汇聚成一点，称为投影中心。图 2-17 给出了平行投影和透视投影的例子，AB 为投影之前的物体，A′B′ 为投影之后的物体。

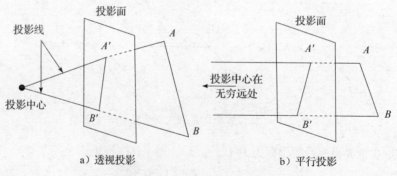

a）透视投影   b）平行投影

图 2-17　平行投影和透视投影

平行投影和透视投影的对比如下：

1）平行投影：

● 平行光源。

● 物体的投影线相互平行。

- 物体的大小比例不变，精确反映物体的实际尺寸。

2）透视投影：

- 点光源。
- 物体的投影线汇聚成一点：投影中心。
- 离投影面近的物体生成的图像大，真实感强。

平行投影和透视投影根据投影属性和用途可以再细分，如图 2-18 所示。

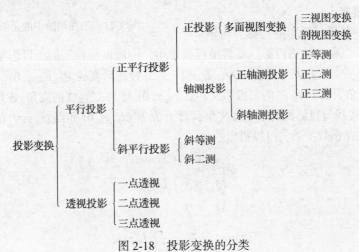

图 2-18　投影变换的分类

2.4.5　平行投影

如图 2-18 所述，平行投影中又可以分为正平行投影（orthogonal projection）和斜平行投影（oblique parallel projection）。在正平行投影中，投影方向垂直投影平面；而斜平行投影的投影方向不垂直于投影平面，如图 2-19 所示。

1. 正平行投影

正平行投影也称为正投影或正交投影，因为可以准确反映物体的尺寸比例，因此常用于工程制图中的三视图变换，如图 2-20 所示，三视图中顶部视图称为俯视图，正面投影的称为正视图，侧面投影的称为侧视图。

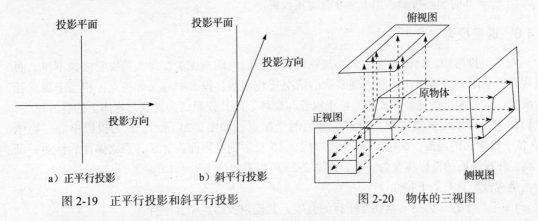

图 2-19　正平行投影和斜平行投影　　　　　图 2-20　物体的三视图

工程制图中还常用正轴测投影同时反映物体的不同面，立体感较强。正轴测图也是正交投影，只是它的投影面不跟坐标平面重合。图 2-21 就是一个正轴测投影图的投影过程。对图中所示的立方体，若直接向 V 面投影就得到图 2-21a V 面投影；若将立方体绕 z 轴正向旋转一个角度，再向 V 面投影，就得到图 2-21b 旋转后的 V 面投影；若将其再绕 x 轴反向旋转一个角度，然后再向 V 面投影就可得到图 2-21c 正轴测投影；这个平面图形就是正轴测投影图。

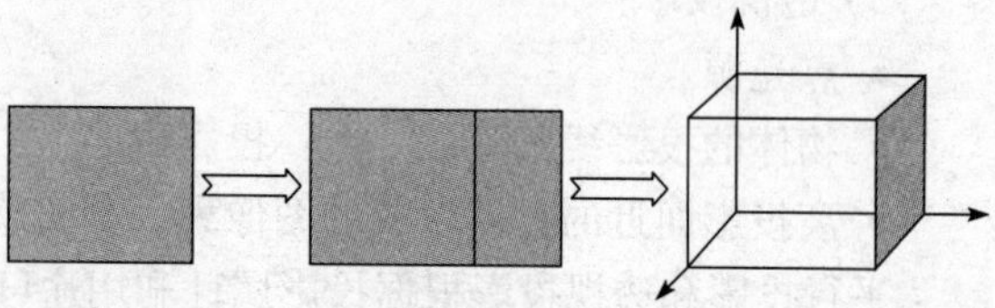

图 2-21　工程制图中的正轴测投影

2. 斜平行投影

如前所述，斜平行投影的投影方向不垂直于投影面，也称斜轴测投影。在斜平行投影中，一般取坐标平面为投影平面。如图 2-22 所示，已知投影方向，投影平面为 xOy，点 $P(x, y, z)$ 投影后变成 $P'(x_p, y_p, 0)$，$(x, y, 0)$ 为点 P 的正投影点。α 角为从 P 到 P' 的斜投影线和点 $(x, y, 0)$ 与 P' 点连线的夹角，ϕ 角为 $P'(x_p, y_p, 0)$ 和点 $(x, y, 0)$ 的连线与投影面的水平线夹角，设 L 为 $P'(x_p, y_p, 0)$ 和点 $(x, y, 0)$ 的连线长度，根据直角三角形三角函数关系，可以得出：

$$\begin{cases} x_p = x + L\cos\varphi \\ y_p = y + L\sin\varphi \\ z_p = 0 \end{cases} \tag{2-43}$$

$$\because \tan\alpha = \frac{z}{L} = \frac{1}{L_1}, L = zL_1$$

$$\therefore \begin{cases} x_p = x + zL_1\cos\varphi \\ y_p = y + zL_1\sin\varphi \\ z_p = 0 \end{cases} \tag{2-44}$$

整理式（2-44），可以得出斜投影变换矩阵一般形式为

$$M_{\text{par}} = \begin{pmatrix} 1 & 0 & L_1\cos\phi & 0 \\ 0 & 1 & L_1\sin\phi & 0 \\ 0 & 0 & 0 & 0 \\ 0 & 0 & 0 & 1 \end{pmatrix} \tag{2-45}$$

当 $L_1 \neq 0$ 时为斜投影；当 $L_1 = 0$ 时为正投影。

2.4.6　透视投影

在平行投影中，物体投影的大小与物体到投影面的距离无关，与人的视觉成像不符。而透视投影采用中心投影法，与人观察物的情况比较相似。投影中心又称视点，相当于观察者的眼睛，也是相机位置处。投影面位于视点与物体之间，投影线为视点与物体上的点的连线，投影线与投影平面的交点即为投影变换后的坐标点。如图 2-23 所示，O 为投影中心，物体 AB 位于投影面的前面，OA 和 OB 为投影线，AB 投影到投影面为 A_1B_1，当物体往后移动一段距离，在投影面的投影将变为 A_2B_2，由图 2-23 可以看出，$A_1B_1 > A_2B_2$。

透视投影具有如下特性：

1）平行于投影面的一组相互平行的直线，其透视投影也相互平行。

2）空间相交直线的透视投影仍然相交。

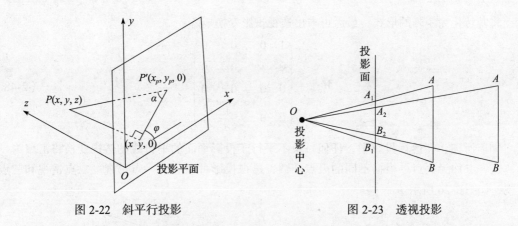

图 2-22　斜平行投影　　　　　　　　　　　　图 2-23　透视投影

3）空间线段的透视投影随着线段与投影面距离的增大而缩短，近大远小，符合人的视觉系统，深度感更强，看上去更真实。

4）不平行于投影面的任何一束平行线，其透视投影将汇聚于灭点。

5）不能真实反映物体的精确尺寸和形状。

图 2-24 为一个透视投影的例子，由此例可以看出透视投影的特性。

如图 2-25 所示，视点（$0, 0, d$）在 z 坐标轴上，投影平面为 XOY 平面，空间 P（x, y, z）点经过透视投影后在投影平面上的投影点为 P'（x', y', z'）或记为（x_p, y_p, z_p）。

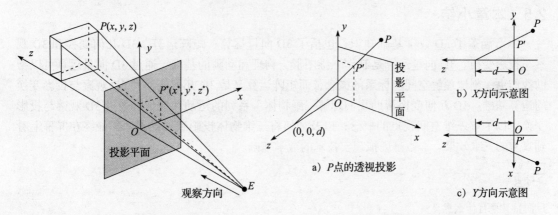

图 2-24　透视投影实例　　　　　　　　　　图 2-25　点的透视投影

根据直线 PP' 的参数方程，我们可以得出

$$
\begin{cases}
x' = xu \\
y' = yu \\
z' = (z - d)u + d
\end{cases}
\qquad (u \text{ 为参数}, u \in [0, 1]) \qquad (2\text{-}46)
$$

因为 $z' = 0$，所以 $u = \dfrac{d}{d - z}$，进一步化简式（2-46），我们可以得到：

$$
\begin{cases}
x_p = x' = x\left(\dfrac{d}{d - z}\right) = x\left(\dfrac{1}{1 - z/d}\right) \\
y_p = y' = y\left(\dfrac{d}{d - z}\right) = y\left(\dfrac{1}{1 - z/d}\right) \\
z_p = z' = 0
\end{cases}
\qquad (2\text{-}47)
$$

将其转化为矩阵的形式，最后可求出透视投影变换矩阵：

$$
M_{per} = \begin{pmatrix} 1 & 0 & 0 & 0 \\ 0 & 1 & 0 & 0 \\ 0 & 0 & 0 & 0 \\ 0 & 0 & -\dfrac{1}{d} & 1 \end{pmatrix}
\qquad （2-48）
$$

如前所述，在透视投影中，任何一束不平行于投影平面的平行线的透视变换将汇聚为一点，这一点称为灭点。根据不同的灭点个数，透视投影可以分为一点透视、二点透视和三点透视，如图 2-26 所示。

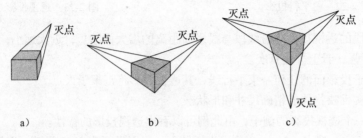

图 2-26　透视投影的分类

2.5　本章小结

本章涵盖了 3D 数学基础知识，包括了 3D 向量运算、矩阵运算、3D 几何变换和 3D 观察与投影变换。3D 向量运算是制作三维图形、物理和动画的基础，通过 3D 向量运算可以帮助我们更深刻地理解空间坐标系的概念，而矩阵运算又是 3D 几何变换和 3D 观察与投影变换的运算基础。3D 几何变换帮助我们理解三维物体一系列的运动和变形，通过 3D 观察与投影变换可以了解三维空间视点的概念，以及如何将三维物体投影到二维平面，最终在屏幕上看到真实的三维效果。本章是虚拟现实技术的数学基础。

习题

1. 向量叉乘有什么意义？
2. 矩阵运算有什么规则？
3. 简述基本几何变换的概念。
4. 三维观察流程中包含几个坐标系的变换？
5. 试述观察坐标系如何建立。
6. 从世界坐标系到观察坐标系的变换一般经过哪些变换？
7. 什么叫正交投影？你认为工程上使用正交投影的主要原因是什么？
8. 平行投影与透视投影有哪些本质区别？斜平行投影与正交投影的主要区别是什么？
9. 试用立方体为例画图描述透视投影近大远小，以及与投影面平行的平行直线透视投影后仍然平行，空间相交的直线透视投影后仍然相交，不与投影面平行的平行直线透视投影后汇聚成一点。

第3章 三维建模技术

在虚拟现实领域，利用三维建模技术建立正确的模型和表现事物的各种属性，是展现事物本身发展及运行规律的一个重要方法。本章主要介绍三维建模工具和常用的几何建模技术。

3.1 三维建模工具简介

三维建模技术除了用数字化仪器及设备的实际应用，常用的三维建模技术还有基于几何的手动建模。常用的建模工具有很多。

1. 3DS Max

美国 Autodesk 公司的 3DS Max，是基于 PC 系统的三维建模、动画、渲染的制作软件，常用于建筑模型、工业模型、室内设计、虚拟现实等行业。3DS Max 因其强大的功能、广泛的用途、友好的工作界面及其新增特性，为广大用户群最喜欢的 3D 建模软件之一，图 3-1 为 3DS Max 2012 启动界面。

图 3-1　3DS Max 2012 启动界面

2. MAYA

MAYA 也是 Autodesk 公司出品的世界顶级的 3D 软件，它集成了早年的两个 3D 软件——Alias 和 Wavefront。相比于 3DS Max，MAYA 是电影级别的高端制作软件，在工业界，应用 MAYA 的多是影视广告、角色动画、电影特技等行业的从业人员，图 3-2 为 MAYA 2014 启动界面。

图 3-2　MAYA 2014 启动界面

3. Softimage

Softimage 曾经是加拿大 Avid 公司旗下专业的 3D 动画设计软件，后被 Autodesk 公司收购。它在影视动画方面，特别是其角色功能非常强大。许多电影，比如《泰坦尼克号》《失落的世界》《第五元素》等，都曾使用 Softimage 来制作大量惊人的视觉效果。不过在 2014 年 3 月，Autodesk 公司发布停产声明，Softimage XSI 2015 将成为最后的发行版本。

4. LightWave

LightWave 是美国 NewTek 公司开发的一款 3D 动画制作软件，在生物建模和角色动画方面功能异常强大，广泛应用在电影、电视、游戏、网页、广告、印刷、动画等领域。在电影《泰坦尼克号》中细致逼真的船体模型及其他众多游戏的场景和动画都曾使用 LightWave 来制作。

5. Rhino

Rhino（犀牛）是美国 Robert McNeel 公司开发的专业 3D 造型软件，它对机器配置要求很低，安装文件才几十兆，但"麻雀虽小，五脏俱全"，其设计和创建 3D 模型的能力是非常强大的，特别是在创建 NURBS 曲线、曲面方面的功能很强大，得到了很多建模专业人士的喜爱。

6. Cinema 4D

Cinema 4D（C4D）是德国 Maxon 公司的 3D 创作软件，在苹果机上用得比较多，是欧美和日本最受欢迎的三维动画制作工具。

7. Creator

MultiGen-Paradigm 公司开发的 Creator 是专门创建用于大型 3D 虚拟仿真的实时三维模型的软件。其强大之处在于管理 3D 模型数据的数据库，使得输入、结构化、修改、创建原型和优化模型数据库非常容易。

3DS Max 和 MAYA 在 3D 建模方面各有特色，前者更为大众化些，相对容易掌握，后者在专业级的行业应用更为广泛，特别在制作动画和高质量渲染方面强于前者。学校教学一般使用 3DS Max 和 MAYA 软件，包括建模、渲染和动画制作。本章重点讲述这两个软件的三维建模技术。

3.2 3DS Max 的基础知识

3DS Max 是一款非常成功的三维建模软件，现在的最新版本是 2016 版本，本教材选用 3DS Max 2012 版本。通过本章学习主要了解 3DS Max 在虚拟现实领域的常用建模技术，掌握工具栏中常用工具的使用方法、几何建模与二维图形建模技术，以及材质与灯光摄影等基础知识。

1. 认识操作界面

启动 3DS Max 2012 即可进入用户界面，如图 3-3 所示。3DS Max 2012 用户界面可分为：菜单栏、工具栏、视图区、命令面板、动画控制区和视图控制区 6 部分。

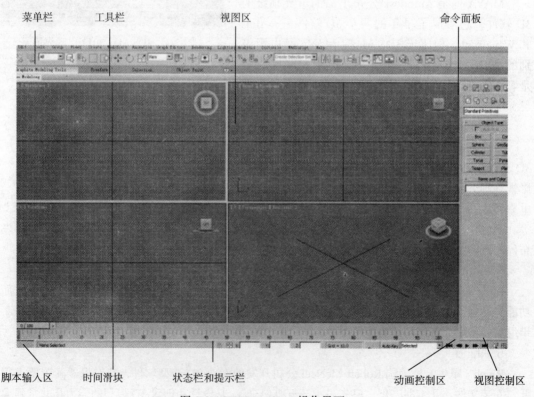

图 3-3 3DS Max 2012 操作界面

2. 功能区介绍

（1）菜单栏

主界面最上方就是 3DS Max 2012 标准的菜单栏，其中包括"文件"（File）、"编辑"（Edit）、"工具"（Tools）、"组"（Group）、"视图"（Views）、"创建"（Create）、"修改器"（Modifiers）、"角色"（Character）、"动画"（Animation）、"图表编辑器"（Graph Editors）、"渲染"（Rendering）、"自定义"（Customize）、MAXScript 和"帮助"（Help）菜单。

（2）工具栏

工具栏位于菜单栏的下方，由多个图标和按钮组成，它将命令以图标的方式显示在工具栏中，此工具栏包括用户在制作过程中经常使用的工具，图 3-4 表示这些工具的图标和名称。

（3）命令面板

在操作界面的右侧是命令面板区，如图 3-5，这里是 3DS Max 2012 的核心工作区。在这一区域中包括了大部分的工具和命令，用于完成模型的建立和编辑、动画的设置、灯光和摄像机的控制，外部插件的使用也要通过命令面板。

（4）视图区

在使用 3DS Max 2012 的时候一定要先对视图有充分的认识和掌握，因为如果不能把三个正视图（顶视图、前视图和左视图）之间的关系搞清楚，就会给以后的创建过程带来很多麻烦。在默认情况下 3DS Max 视图分为"顶"（Top）、"前"（Front）、"左"（Left）和"透视"（Perspective）四个视图，如图 3-6 所示。

图 3-4　工具栏中工具的图标及名称

图 3-5　命令面板

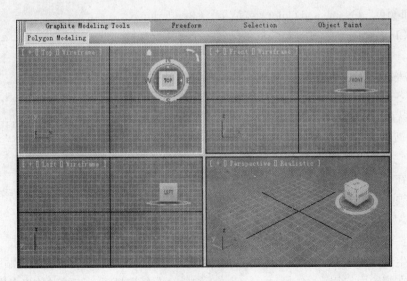

图 3-6　视图区

在进行对象创建时一定要结合四个视图来进行，建议在创建完对象后要多观察对象在每个视图中的状态。当然视图是可以进行改变的，可以通过热键把选中的当前视图变为需要的视图，从而方便用户操作。切换视图热键如图 3-7 所示。

（5）视图控制区

视图控制区位于整个面板的右下角，如图 3-8 所示。视图控制面板上的工具可以在视图中直接使用，通过拖动鼠标就可以对视图进行放大、缩小、旋转等操作。注意：如果不是特殊需要，建议旋转视图工具不要在顶视图、前视图、左视图中使用。

热键	视图
T	顶（Top）视图
B	底（Bottom）视图
L	左（Left）视图
F	前（Front）视图
P	透视（Perspective）图
C	摄像机（Camera）视图
U	用户视图
Shitf+$	Spot 视图

图 3-7　切换视图热键一览表

（6）动画控制区

在 3DS Max 中，用于制作和播放动画的工具位于软件界面的右下方，在本书中将这一区域定义为动画控制区。图 3-9 即为动画控制区。

图 3-8　视图控制区

图 3-9　动画控制区

3.3　基础建模

3DS Max 2012 中自身包含许多基本的二维图形和三维造型。通过本节学习了解各种造型对象的参数，掌握基本的二维建模和三维建模的方法。

1. 二维样条曲线建模方法

3DS Max 2012 提供了"线""矩形""圆""椭圆""弧""圆环""多边形""星形""文本""螺旋线"和"截面" 11 种二维基本样条线，如图 3-10 所示。

（1）卷展栏参数介绍

"名称和颜色"（Name and Color）、"渲染"（Rendering）和"插值"（Interpolation）三个卷展栏是任何一个基本样条线所共有的。接下来说明一下它们的主要参数。

1）"名称和颜色"卷展栏。在 3DS Max 场景中的每一个对象都有各自的名称和颜色。在对象刚被创建时，系统会赋予其默认的名称和颜色。

如果更改它的名称，可以直接在名称栏中进行输入；如果要更改它的颜色，可以单击"名称和颜色"卷展栏中的颜色块，在弹出的图 3-11 所示的"对象颜色"对话框中选择相应的颜色后单击"确定"（OK）按钮即可。

图 3-10　二维样条线创建面板

2）"渲染"卷展栏。"渲染"用于设置二维对象的渲染属性，如图 3-12 所示。

选中"在渲染中启用"（Enable In Render）复选框后二维对象才可以进行渲染。

选中"生成贴图坐标"（Enable In Viewport）复选框后，二维对象会自动生成贴图坐标。

选中"在视图中启用"（Generate Mapping Coords）复选框后，二维对象将在视图中显示实际厚度。

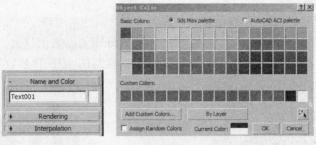

图 3-11 "对象颜色"对话框

"厚度"（Thickness）数值框用于设置二维对象的粗细程度，图 3-13 为不同"厚度"的比较。

"边"（Sides）数值框用于设置样条线横截面图形的边数，图 3-14 为不同"边数"的比较。

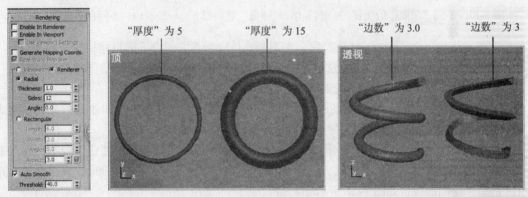

图 3-12 渲染卷展栏　　　　图 3-13 不同"厚度"比较　　　　图 3-14 不同"边数"比较

"角度"（Angle）数值框用于设置横截面的角度。

"长度"（Length）数值框将二维线框进行拉伸处理，使之具有一定厚度，图 3-15 为不同"长度"的比较。

"宽度"（Width）数值框用于设置二维线框在水平方向上的宽度，图 3-16 为不同"宽度"的比较。

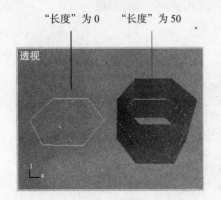

图 3-15 不同"长度"的比较

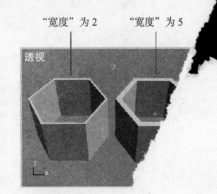

图 3-16 不同"

"Rectangular"下"角度"数值框用于设置二维图形在具有一定长度后的倾斜程度。图 3-17 为不同"角度"的比较。

3)"插值"卷展栏。"插值"卷展栏用于设置节点之间的精细程度，如图 3-18 所示。

"步数"（Steps）用于设置节点之间的线段包括几个子节点，数值越大，曲线就越平滑。

图 3-19 为不同"步数"值的比较，图中左图形步数为 0，右图形步数为 6。

"角度"为 15   "角度"为 –15

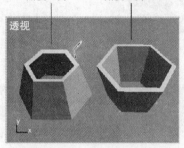 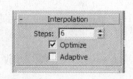 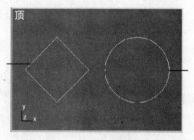

图 3-17 不同"角度"的比较   图 3-18 "插值"卷展栏   图 3-19 不同步数值的比较

选中"优化"（Optimize）复选框后会在不影响线段形状的前提下尽可能减少步数。

选中"自适应"（Adaptive）复选框后，系统会根据节点类型和线条精度自动设定"步数"。

（2）创建二维基本样条线

直线和曲线是各种平面造型的基础，任何一个平面造型都是由直线和曲线组成的。生成"线"的方法有两种：一种是使用鼠标；另一种是使用键盘键入。

初始值类型（Initial Type）单击"角点"（Corner），表示用鼠标单击创建折线时，拐点是不光滑的，适用于绘制直线和折线，如图 3-20 所示；单击"平滑"（Smooth），表示拐角处光滑，适用于绘制曲线，如图 3-21 所示。

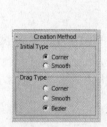 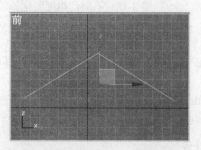

图 3-20 创建角度折线

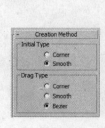 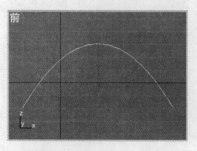

图 3-21 创建平滑曲线

　　拖动类型（Drag Type）选项组的设置决定拖动鼠标时创建的节点类型。"角点"使每个节点都有拐点而不管是否是拖动鼠标生成的；"平滑"则在节点处产生一个不可调整的光滑过渡；Bezier和"平滑"正好相反，它将产生贝塞尔曲线，这是一种曲度可调节的曲线，可以通过两个调节杆来调节曲线的曲度大小。

　　当要完成一个封闭曲线的生成，及起点和终点重合时，会弹出如图3-22所示的对话框，单击"是"按钮可使所生成线闭合。只有闭合的曲线，其拉伸后的结果才能生成实体。

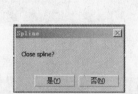

图3-22　样条线对话框与封闭后的效果

　　创建其他规则的二维图形很简单，只需要单击相应的图标，即可创建任何二维图形。

【例3-1】　制作蚊香。

操作步骤：

　　1）在创建面板选择螺旋线，并在顶视图绘制螺旋形状，在修改面板里修改螺旋线参数依次为：25、2.0、0.0、3.5、1.0，并得到如图3-23c的螺旋图形。

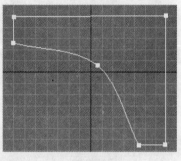

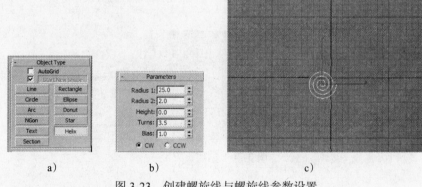

a)　　　　　　　　b)　　　　　　　　c)

图3-23　创建螺旋线与螺旋线参数设置

　　2）在修改器下拉列表选择编辑样条线命令，选择线层级，在下面的修改面板中找到轮廓（Outline）按钮，修改其参数为3.5，如图3-24所示。

　　3）接着在修改器下拉列表中选择"挤出"（Extrude）命令，并修改挤出数量为2.0，分段数为3，然后再在修改器下拉列表里选择"锥化"（Taper）命令，并修改其曲线为0.1，参数修改完成后得到蚊香造型，如图3-25所示。

　　4）创建蚊香底座。在二维创建面板中选择矩形按钮，并在顶视图创建一个正方形，在修改面板中修改矩形的参数：长度为25，宽度为25，如图3-26所示。

　　5）在修改器列表里选择"编辑样条线"，并选择顶点层级，在修改面板下单击优化（Refine）按钮，并在矩形的四边创建新的四个中点，通过移动工具把矩形变形成如图3-27d

的底盘形状。

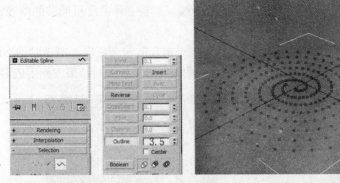

图 3-24　编辑样条线，设置轮廓

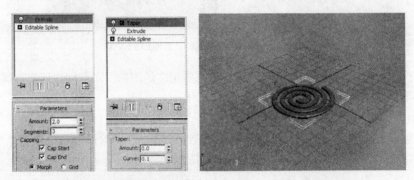

图 3-25　给样条线添加"挤出"和"锥化"命令，完成蚊香造型

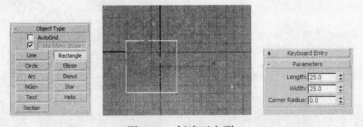

图 3-26　创建正方形

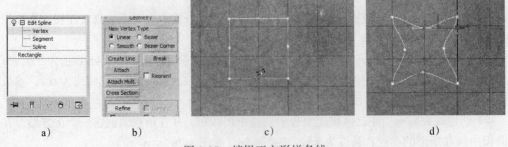

a)　　　　　　b)　　　　　　　c)　　　　　　　　d)

图 3-27　编辑正方形样条线

6）创建好如图 3-27 所示图形后，在修改器列表里选择"挤出"命令，并修改数量为 1.0，分段数为 3，接着再在修改器列表里选择"锥化"命令，修改曲线为 0.2。如图 3-28 所示。

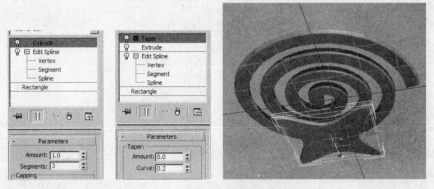

图 3-28　给底座添加挤出与锥化修改命令

7）在创建面板里选择矩形按钮，并在前视图创建矩形（Rectangle），修改其长度为 20，宽度为 8，如图 3-29 所示。

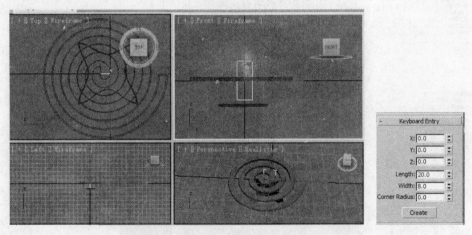

图 3-29　创建长方形

8）接着再在原来的矩形里创建一个小的矩形，并为长方形添加一个修改样条线（Edit spline）修改命令，并附加（attach）第一个矩形，如图 3-30 所示，然后选择点层级，使用"优化"（Refine）命令增加点并用移动工具移动顶点，使其获得如图 3-31 所示的图形，接着在修改器列表中选择"挤出"命令，以获得支架的形状，将创建好的支架移动到合适的位置，这样便创建好了蚊香的整体形状。

2. 修改三维几何体建模的方法

（1）创建简单的三维物体

3DS Max 2012 提供了"标准基本体"和"扩展基本体"两类基本造型。

10 种简单的标准基本体分别为："长方体"、"圆锥体"、"球体"、"几何球体"、"圆柱体"、"管状体"、"圆环"、"四棱锥"、"茶壶"和"平面"，如图 3-32 所示。

以创建长方体为例。使用长方体可以创建任意形状的正方体和任意宽度、长度、高度的长方体。长方体的创建过程如下：

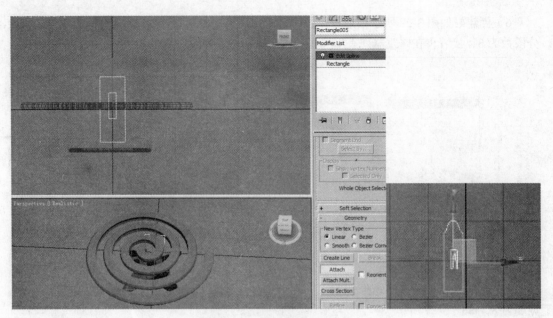

图 3-30　蚊香支架样条线编辑

图 3-31　蚊香最后效果图

1）单击创建面板中的几何体按钮。然后单击其中的"长方体"按钮。

2）首先在顶视图中单击并拖动即可创建长方体的底面，然后松开鼠标后在视图中继续移动，最后在长方体的高度位置单击鼠标，确认高度，则视图中即可显示出创建的长方体，如图 3-33 所示。

进入修改面板可在"参数"卷展栏中对长方体的参数进行修改，如图 3-34 所示，结果如

图 3-35 所示。提示："长度分段""宽度分段"和"高度分段"可分别设置长方体长、宽和高的段数。

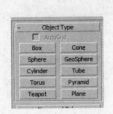
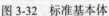
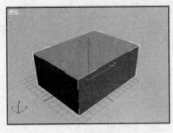

图 3-32　标准基本体　　　　　图 3-33　创建长方体　　　　图 3-34　改变长方体参数

可以利用类似的方法创建其他标准基本几何体。扩展基本体是相对于标准基本体更为复杂的几何体单元。在创建面板的下拉列表框中选择"扩展基本体"（Extended Primitives），将会弹出"扩展基本体"面板，如图 3-36 所示。3DS Max 2012 中有 13 种扩展基本体，它们分别为："异面体""环形结""倒角长方体""倒角圆柱体""油罐""胶囊形""纺锤形""多边体""L-Ext""C-Ext""环形波""棱柱"和"软管体"。

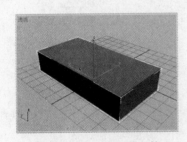
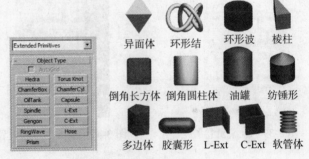

图 3-35　改变后的长方体　　　　　　　图 3-36　扩展几何体

（2）修改几何体建模方法

修改几何体建模方法，也叫作多边形建模方法。使用"多边形"建模是 3DS Max 中的一种很常用且灵活的建模方式，首先使几何体转化为可编辑的"多边形"对象，然后通过对该"多边形"对象的各层级对象进行编辑和修改来实现建模过程。对于可编辑"多边形"对象，它包含了"顶点""边""边界""多边形"和"元素"五种次对象层级模式，如图 3-37 所示。

在 3DS Max 中把一个存在的对象变为"多边形"对象有多种方式。可以在对象上单击鼠标右键，从弹出的快捷菜单中选择"转换到可编辑多边形"命令，或者在"修改器列表"中选择"编辑多边形"命令。

进入可编辑"多边形"后，首先看到的是"选择"卷展栏，如图 3-38 所示。在"选择"卷展栏中提供了进入各次对象层级模式的按钮，同时也提供了便于次对象选择的各个选项。

选择了"顶点"，就可以进入顶点编辑模式，就可以看到"顶点编辑"卷展栏，如图 3-39 所示。

以此类推，选择"边"层级、"边界"层级、"多边形"层级、"元素"层级，也可以打开相应的编辑面板。下面以一个简单的练习，来了解"修改几何体"建模方法。

图 3-37   编辑多边形堆栈器   图 3-38   多边形编辑选择面板

【例 3-2】 创建"油壶"。

操作步骤:

1)创建一个长方体,参数如图 3-40 所示,激活透视图,并按下 F4 键,打开模型的边面显示模式。

2)选择长方体,单击鼠标右键,将长方体转换为多边形。选择"多边形"层次,单击"忽略背面",以避免选择到背面。如图 3-41 所示。

图 3-39   点编辑卷展栏   图 3-40   长方体参数设置   图 3-41   长方体多边形层级选项

3)按住 Ctrl 键,选择长方体上 9 个多边形,如图 3-42 所示,选择挤出命令,挤出一定的高度;再选择轮廓(outline)命令,形成如下轮廓,如图 3-43 所示。

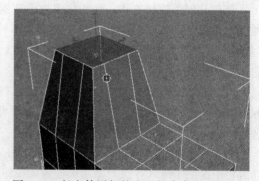

图 3-42   选择长方体上 9 个多边形   图 3-43   长方体添加挤出和轮廓命令后的效果

4)再继续挤出两次,不用太高,在第二次挤出后,跟第一次一样,添加一个选择轮廓,如图 3-44 所示。

5)选择最顶端的中间的长方形,选择挤出命令。选择插入(insert)命令,使其产生厚度，如图 3-45 所示。

图 3-44　两次挤出后的效果

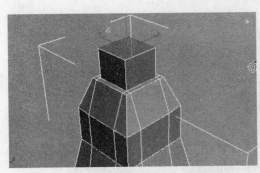
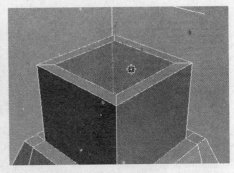

图 3-45　添加插入命令后的效果

6）选择中间的多边形，选择挤出命令，向下挤出，如图 3-46 所示。

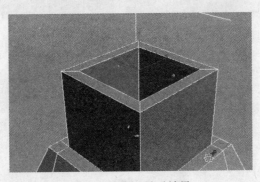

图 3-46　壶口最后效果

7）现在做壶的把手部分，选择多边形，如图 3-47，选择壶身侧面一个面，向外挤出两段，再选择图中所示部分，向上挤出两段。

8）选择一个多边形，设置"桥"命令，将两端进行焊接，选择一个面，拉出一条线到另一个面放开，完成桥的焊接，如图 3-48 所示。

9）然后进入左视图，选择"点编辑"，调整点的位置，如图 3-49 所示。

10）退出层级，选择整个模型添加平滑命令。选择"修改器→细分曲面→网格平滑"。并将迭代次数改为 3，如图 3-50 所示。

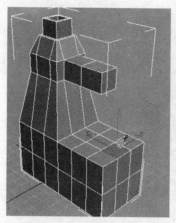 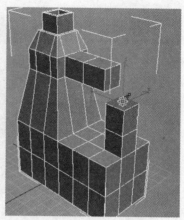

图 3-47　壶把手的制作

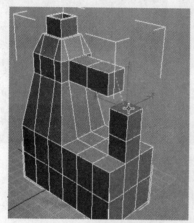 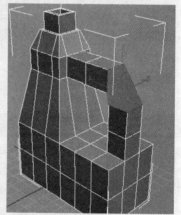

图 3-48　桥接命令设置

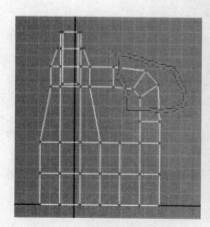

图 3-49　调整壶把手点的位置

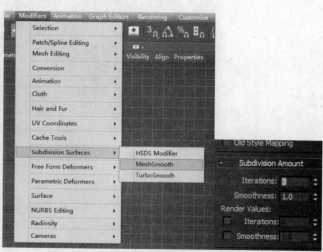

图 3-50　为油壶添加平滑命令

11）最终效果如图 3-51 所示。

3.4 材质与贴图

好的作品除了模型之外还需要材质与贴图的配合，材质与贴图是三维创作中非常重要的环节，在虚拟现实的三维场景设计里的材质设置，一般使用标准材质和位图贴图，很少使用程序材质和程序贴图。通过本节学习，我们应掌握材质编辑器的参数设定、常用材质和贴图以及 UVW 贴图的使用方法。

图 3-51　油壶最后效果

进入材质编辑器的方法有两种：一种是单击主工具栏上的材质编辑器按钮；一种是用键盘上的快捷键——"M"键。

材质编辑器可分为：样本球区、控制工具区、编辑工具区和材质参数控制区 4 部分，如图 3-52 所示。

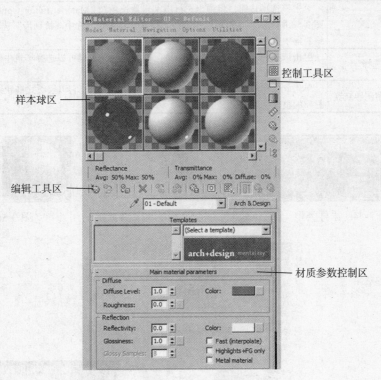

图 3-52　材质面板

（1）样本球区

材质样本球区总共有 24 个样本球，当材质数量超过 24 个时，可继续设置新的材质，设置方法有两种：一种是拖动一个新的材质到编辑过的样本球上；一种是单击编辑工具栏中的材质按钮，建立一个全新的材质。

材质按使用情况分类可分为同步材质和非同步材质。将某个材质赋给场景

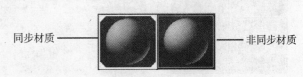

图 3-53　样本球

后的对象之后，样本球的四周会出现白色的小三角，如图 3-53 所示，此时它就成为了同步材质。同步材质的意义在于改变这个材质的参数，场景中所有使用该材质的对象会随之改变。

（2）控制工具区

样本球控制工具区位于样本窗口的左侧，用于控制材质样本球在样本窗口中的显示状态。它包括的按钮见表 3-1。

表 3-1　样本球控制工具区按钮说明

图标	类　　型	说　　明
◎	采样类型	控制窗口样本球的显示类型，这里有 3 种显示方式可供选择，比较结果如图 3-54 所示
◎	背光	控制材质是否显示背光照射，比较结果如图 3-55 所示
▦	背景	控制样本球是否显示透明背景，该功能主要针对透明材质，比较结果如图 3-56 所示
□	采样 UV 平铺	控制编辑器中材质重复显示的次数，它有 4 种方式可供选择，可影响材质球显示而不影响赋给该材质的对象，比较结果如图 3-57 所示
▨	视频颜色检查	检查无效的视频颜色
◇	生成预览	控制是否能够预览动画材质
◈	选项	单击该选项按钮，将弹出"材质编辑器选项"（Material Editor Option）对话框，如图 3-58 所示。在这里可以设定样本球是否抗锯齿（选中"抗锯齿"选项）以及在材质编辑器中显示材质球的数目（3×2、5×3 或 6×4）
◈	按材质选择	单击该按钮，将弹出"选择对象"对话框。在这里可以选择场景中赋有当前材质的对象
▦	材质 / 贴图导航器	单击此按钮将弹出"材质 / 贴图导航器"对话框，它以层级式链状结构图显示当前材质的整体情况，如图 3-59 所示

图 3-54　采样类型

图 3-55　背光

图 3-56　背景

图 3-57　采样 UV 平铺

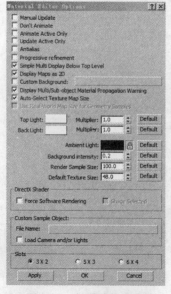

图 3-58　材质编辑器选项

图 3-59　材质 / 贴图导航器

（3）编辑工具区

样本窗口的下面为材质编辑器的编辑工具区，如图 3-60 所示。其中陈列着进行材质编辑的常用工具，它们的具体功能见表 3-2。

图 3-60 材质常用工具

表 3-2 编辑工具图标说明

工具图标	类　型	说　明
	获取材质	单击此按钮，在弹出的"材质 / 贴图浏览器"对话框中可以进行材质和贴图的选择
	将材质放入场景	在当前材质不属于同步材质的前提下，将当前材质赋予场景中与当前材质同名的对象
	将材质指定给选定对象	将当前材质赋予场景中选择的对象。此按钮只在选定对象后才有效
	将材质 / 贴图重置为默认状态	将当前材质重新设定。如果当前材质处于材质层级，将恢复为一种灰色的标准材质。如果当前材质处于贴图层级，将丢失所有的贴图设置。当单击该按钮后会弹出对话框，选择"影响场景和编辑器示例窗中的材质 / 贴图"选项，单击"确定"按钮，将重置材质球和场景中的赋予该材质的对象的材质；选择"仅影响编辑器实例窗中的材质 / 贴图"选项，单击"确定"按钮，将重置材质球材质，而场景中的赋予该材质的对象的材质不受影响
	复制材质	将当前的同步材质复制出一个同名的非同步材质
	使唯一	对于进行关联复制的贴图，可以通过此按钮将贴图之间的关联关系取消，使它们各自独立
	放入库	将材质编辑器中的当前材质存入材质库，并且可以通过材质浏览器将此材质存盘，单击此按钮将弹出所示的对话框
	材质效果通道	为材质指定效果通道号，以便将后期处理中的滤镜效果，施加给指定了通道的材质。默认为 0 通道时，滤镜效果无法施加给材质
	在视窗中显示贴图	选中此按钮，可以在场景中显示材质的贴图效果。但是选择该按钮将消耗很多显存
	显示最终效果	3DS Max 中的很多材质是由基本材质和贴图材质组成的，利用此按钮可以在样本窗口中显示最终的结果
	转到父级	3DS Max 中很多材质有几个层级，利用此按钮可以向上移动一个材质层级。该按钮只对次层材质层级有效
	转到下一个同级顶	当目前材质处于次级层级，并且有其他次级材质并行时，使用此按钮可以移动到另一个同级材质

（4）材质参数控制区

材质参数控制区主要分为"阴影模式""基本参数""扩展参数""贴图"等卷展栏。

1）阴影模式的种类与性质。在 3DS Max 中材质编辑器的作用就是表示对象是由什么材料组成的，而对象表面的质感就要通过不同的阴影来表现。3DS Max 中的材质由 8 种阴影模式组成，如图 3-61 所示。不过在虚拟现实领域，为不同模型准备材质，一般选择 Blinn 和 Phong 两种阴影类型，很少使用其他的阴影类型。

当选择不同的阴影模式类型的时候，下边的基本参数卷展栏也会随之发生变化。Blinn 和 Phong 两种阴影类型的参数变化不大。

Blinn 阴影模式为默认阴影类型，同时也是最常用的选项，这个模式的最亮部分到最暗部分的色调比较柔和。"Blinn 基本参数"（Blinn Basic Parameters）卷展栏如图 3-62 所示，样本球如图 3-63 所示。调节"漫反射"颜色后边的色块，可以改变材质的颜色。"光泽度"可以控制高光的值，与其他模式的"高光度"的作用基本一样。

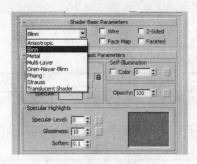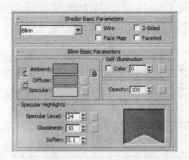

图 3-61　阴影的种类与性质　　　　　　　　　　图 3-62　Blinn 基本参数面板

　　Phong 模式和 Blinn 模式基本相同，不管是参数设置还是使用方式都类似。但是在高光部分比 Blinn 模式更加突出，比较适合应用在具有人工质感的对象上。

　　2）"基本参数"卷展栏包括生成和改变材质的各种控制，分别是基本颜色选项组、反射高光选项组、自发光选项组和不透明度选项组。如图 3-64 所示。

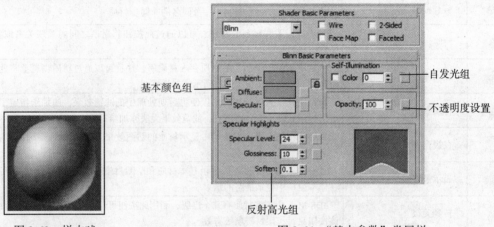

图 3-63　样本球　　　　　　　　　　　　　图 3-64　"基本参数"卷展栏

　　环境光（Ambient）：控制物体表面阴影的颜色。它代表的是物体所在环境投射在物体上的光。除非有特殊需要，环境光一般都是比较暗的环境光。

　　漫反射（Diffuse）：控制材质表面过渡区的颜色，它是由光的漫反射形成的。这是物体上主要的颜色，也是平常生活中看到的一般物体的颜色。

　　高光反射（Specular）：控制物体表面高光区的颜色。如果高光很强，在物体的表面可形成一个亮点。高光一般都是比较浅的颜色光。

　　如果单击漫反射和高光颜色窗后面的小方块按钮，会弹出"材质 / 贴图浏览器"（Material/Map Browser）对话框，如图 3-65 所示。从中可以选择不同的贴图类型，位图（Bitmap）贴图技术常用作虚拟现实场景的材质设置。贴图卷展栏可以设置 12 种贴图方式，在物体不同的区域制定不同的贴图。这 12 种贴图方式的名称从上至下分别为：环境、漫反射、高光、自反光、自反光强度、自发光、不透明度、过滤色、凹凸、反射、折射和位移。在每种方式右侧都有一个长方形按钮，单击它可以弹出"材质 / 贴图浏览器（Material/Map Browser）"对话框。每种贴图方式后面的数值控制贴图的程度，比如对于"反射"（Reflection）贴图，数值为 100 时表示完全反射；数值为 30 时表示以 30% 的透明度进行反射。一般最大值都为 100（表示百分比值），只有"凹凸"（Bump）贴图除外，它的最大值为 999。

3）"扩展参数"卷展栏，如图 3-66 所示。这个卷展栏中的参数可以调节折射率和透明度等。扩展参数设定卷展栏中的参数会随着贴图和材质类型的改变而发生变化，但是其中的设定内容和设定方式基本上区别不大。其中，线框中的参数是将材质线框化之后才能发生作用的。

4）"超级采样"卷展栏，如图 3-67 所示。这个卷展栏可设置渲染的高级采样的效果，以提供更精细的渲染效果。它通常用于渲染高精度的图像，或者消除反光点处的锯齿或毛边。但是在使用时会消耗大量的渲染时间，这种情况在使用"光线跟踪"材质的时候更加突出。在使用超级采样的时候要将"使用全局设置"前面的复选框取消，然后才能打开"启用局部超级采样器"功能。并在下拉菜单中选择超级采样的类型。

图 3-65　材质 / 贴图浏览器

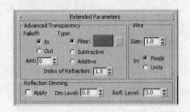

图 3-66　"扩展参数"卷展栏

图 3-67　"超级采样"卷展栏

3.5　灯光与摄影机

在三维制作中要完成一个真实和丰富多彩的场景，通过简单的建模、材质和贴图是远远不够的，还需要灯光、摄像机、环境和渲染的综合应用。通过本章学习，我们应掌握 3DS Max 2012 中灯光、摄像机、环境和渲染的相关知识。

1. 灯光

灯光在创建三维场景中是非常重要的，它的主要作用是用来模拟太阳、照明灯和环境等光源，从而营造出环境氛围。灯光的颜色对环境影响很大，明亮、色彩鲜艳的灯光有一种喜庆的气氛，而冷色调、幽暗的灯光则给人带来阴森、恐怖的感觉。另外，灯光的照射角度也能够从侧面影响人的感觉，它可以烘托和影响整个场景的色彩和亮度，使场景更具真实感。

单击创建命令面板中的灯光按钮，即可打开灯光命令面板。在 3DS Max 2012 灯光面板的下拉列表中，有"标准"和"光度学"两种灯光类型。这里重点介绍标准灯光类型。"标准"对象类型有 8 种，它们分别为："目标聚光灯"（Target Spot）、"自由聚光灯"（Free Spot）、"目标平行光"（Target Direct）、"自由平行光"（Free Direct）、"泛光灯"（Omni）、"天光"（Skylight）、"mr 区域泛光灯"（mr Area Omni）和 "mr 区域聚光灯"（mr Area Spot），如图 3-68 所示。

图 3-68　标准灯光创建面板

"标准"灯光包括的灯光类型解释如下。

"目标聚光灯"：是 3DS Max 2012 环境中的基本照明工具。它产生的是一个锥形的照射区域，可影响光束内被照射的物体，从而产生一种逼真的投影效果。它包括两个部分，即投射点和目标点。投射点就是场景中的圆锥形区域，而目标点则是场景中的小立方体图形。用户可以通过调整这两个图形的位置来改变物体的投影状态，从而产生不同方向的效果。聚光灯有"矩形"和"圆"两种投影区域。"矩形"特别适合制作电影投影图像、窗户投影等。"圆"适合制作路灯、车灯、台灯等灯光的照射效果。

"自由聚光灯"：是一个圆锥形图标，可产生锥形照射区域。它实际上是一种受限制的目标聚光灯，也就是说它是一种无法通过改变目标点和投影点的方法来改变投射范围的目标聚光灯，但可以通过主工具栏中的旋转工具来改变其投影方向。

"目标平行光"：可产生一个圆柱状的平行照射区域，其他的功能与目标聚光灯基本类似。目标平行光主要用于模拟日光、探照灯、激光光束等光线效果。

"自由平行光"：是一种与自由聚光灯相似的平行光束，它的照射范围是柱形的。

"泛光灯"：是三维场景中应用最广泛的一种光源。它是一种可以向四面八方均匀照射的光源，照射范围可以任意调整，在场景中表现为一个正八面体的图标。标准泛光灯常用来照亮整个场景。

"天光"：可以对场景中天空的颜色和亮度进行设置，此外还可以进行贴图的设置，它不能控制发光范围。

"mr 区域泛光灯"和 "mr 区域聚光灯"：它们是用于 mental ray 的泛光灯和聚光灯。

以目标聚光灯为例认识灯光卷展栏参数，如图 3-69 和图 3-70 所示。

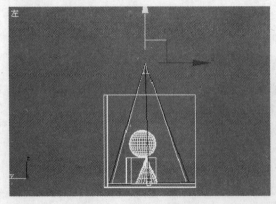

图 3-69　目标聚光灯位置

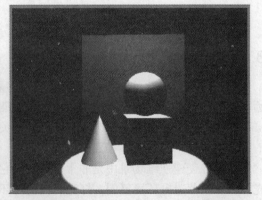

图 3-70　创建目标聚光灯后渲染效果

（1）"灯光类型"（Light Type）选项组

启用：用来控制是否启用灯光系统。灯光只有在着色和渲染时才能看出效果。当关闭"启用"选项时，渲染将不显示出灯光的效果。"启用"复选框的右侧为灯光类型的下拉列表，用于转换灯光的类型。其中有"聚光灯"、"平行光"和"泛光灯"3 种灯光类型可供选择，如图 3-71 所示。

目标：用来控制灯光是否被目标化。选中后灯光和目标之间的距离将在目标项的右侧被显示出来。对于自由灯光，可以直接设置这个距离值，对于有目标对象的灯光类型，可通过移动灯光的位置和目标点来改变这个距离值。

（2）"阴影"（Shadows）选项组

启用：可用来定义当前选择的灯光是否要投射阴影和选择所投射阴影的种类。

使用全局设置：选中后，将实现灯光阴影功能的全局化控制。

"阴影贴图"下拉列表：有"高级光线跟踪"、"mental ray 阴影贴图"、"区域阴影"、"阴影贴图"和"光线跟踪阴影"5 种阴影类型可供选择，如图 3-72 所示。

图 3-71　灯光类型　　图 3-72　选择"区域阴影"项　　图 3-73　使用"区域阴影"后的渲染效果

"排除"（Exclude）按钮：单击"排除"按钮，将弹出灯光的"排除 / 包含"对话框，我们可通过"排除 / 包含"对话框来控制创建的灯光对场景中的那些对象。

在"常规参数"卷展栏中单击"阴影贴图"下拉列表，选择下拉列表中的"区域阴影"选项，然后单击工具栏中的快速渲染按钮，得到的渲染效果如图 3-73 所示。

2. 摄影机

在基本的场景、物体、灯光建立完成后，还要在场景中加入摄影机。三维场景中的摄影机与在真实场景中使用摄影机拍摄的效果基本上是一致的。

三维动画的场景中摄影机捕捉的信息分为静态和动态两种。静态镜头是在场景中布置好摄影机后，摄影机的位置不变，而且也不作任何参数改变，这样就会得到一个静态镜头。它的特点是在场景中的物体看得很清楚，介绍的重点是受场景物体的影响很大，静态镜头特别讲究制作细节。动态镜头是在场景中布置好摄影机后，摄影机的位置可随场景物体的移动而作相应的移动和参数改变，或摄影机的位置不随场景中物体的移动而移动，而是在不移动的条件下拍摄场景中正在移动或不动的物体。3DS Max 2012 提供了目标摄影机和自由摄影机两种摄影机的类型。

创建摄影机有两种方法：执行菜单中的"创建 | 摄影机"命令，在弹出的子菜单中选择相应的命令来创建摄影机；在命令面板中单击"创建"下的"摄影机"按钮，然后通过单击"目标"或"自由"按钮来创建相应的摄影机，如图 3-74 所示。

目标摄影机有一个目标点和一个视点。一般把摄影机所处的位置称为视点，把目标所处的位置称为目标点。可以通过调整目标点或者视点来调整观察方向，也可以在目标点和视点选择后同时调整

图 3-74　创建摄像机面板

他们。目标摄影机多用于观察目标点附近的场景对象，比较容易定位，确切地说，就是将目标点移动到需要的位置上。制作动画时，摄影机物体及其目标点都可以设置动画，即将它们连接到一个虚拟物体上，通过虚拟物体进行动画设置，从而完成摄影机的动画。在视图中创建的目标摄影机如图 3-75 所示。

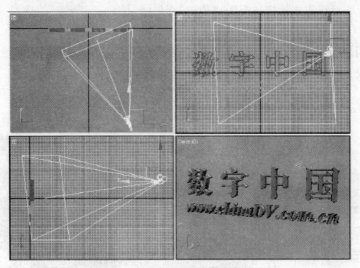

图 3-75　创建目标摄影机

自由摄影机多用于观察所指方向内的场景内容，可以应用其制作轨迹动画，如在室内外场景中的巡游。也可以使用自由摄影机应用于垂直向上或向下的摄影机动画，从而制作出升 / 降镜头的效果。在视图中创建的自由摄影机只有摄影点而没有目标点，如图 3-76 所示。

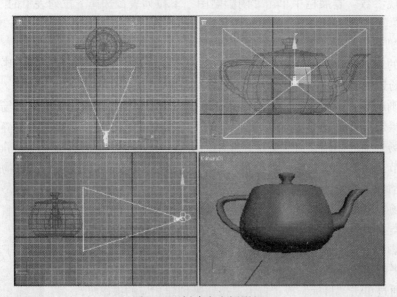

图 3-76　创建自由摄影机

（1）摄影机视图按钮

在使用 3DS Max 2012 时，需要经常放大显示场景中某些特殊部分，以便进行细致调整。此时可以通过 3DS Max 2012 右下角视图区中的摄影机视图按钮来完成这些操作，如图 3-77 所示。

（2）摄影机的景深特效

对比图 3-78 两张渲染后的摄影机视图，可以发现其中的区别。左边的图片没有使用景深特效，视图中所有的对象都显得非常清楚。右边的图片使用了景深特效后，只有第 1 个长方体看得很清楚，后面的越来越模糊。景深特效的原理是运用了多通道渲染效果生成的。在渲染时就可以看到，对同一帧进行多次渲染，每次渲染都有细小的差别，最终合成一幅图像。"景深参数"卷展栏用于调整摄影机镜头的景深与多次效果的设置，"景深参数"（Depth of Field Parameters）卷展栏如图 3-79 所示。

图 3-77 视图控制区

图 3-78 有无景深效果的比较

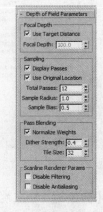

图 3-79 "景深参数"卷展栏

"景深参数"卷展栏的参数解释如下。

1）"焦点深度"（Focal Depth）选项组。

- 使用目标距离（Use Target Distance）：选中后，可以通过改变这个距离来使目标点靠近或远离摄影机。当使用景深时，这个距离非常有用。在目标摄影机中，可以通过移动目标点来调整距离，但在自由摄影机中只有通过改变这个参数来改变目标距离。
- 焦点深度（Focal Depth）：用于控制摄影机焦点远近的位置。当"使用目标距离"复选框被选中后，就使用摄影机的"使用目标距离"参数。如果没被选中，那么可以手工在"焦点深度"数值框内输入距离。

2）"采样"（Sampling）选项组。"采样"选项组用于渲染景深特效的抽样观察。

- 显示过程（Display Passes）：选中后，系统渲染将能看到景深特效的叠加生产过程。
- 使用初始位置（Use Original Location）：选中后，渲染将在原位置上进行。
- 过程总数（Total Passes）：数值越大，特效越精确，渲染耗时越大。
- 采样半径（Sample Radius）：决定模糊的程度。
- 采样偏移（Sample Bias）：决定场景的模糊程度。

3.6 基础动画

在虚拟现实里动画技术，主要用到的是关键帧动画技术。在 3DS Max 2012 中，几乎所有元素都可以设置为动画。激活窗口下方的"自动关键帧"按钮，只需要简单地移动或旋转对象，或者修改对象的部分参数，就可以非常轻松地生成连贯的动画。关键帧动画设置常会用到"轨迹视图"（Track View）。"轨迹视图"分为独立的两个部分："功能曲线布局"（Curve Editor）和"摄影表布局"（Dope Sheet），用以对动画轨迹和关键帧进行设置和修改，完成手工设置无法完成的动画工作。单击工具栏上的"编辑曲线"按钮，即可进入轨迹视图。轨迹视窗面板可分为 4 部分，分别是工具栏、项目窗口、编辑窗口、视图控制工具，如图 3-80 所示。

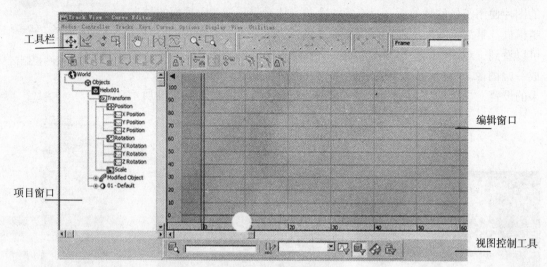

图 3-80　曲线编辑面板

【例 3-3】 小球跳跃动画

具体操作步骤如下：

1）创建一个小球，半径为 3，并选择轴心点在底部，然后在前视图中移动到一定的高度，制作球体上下运动动画，如图 3-81 所示。

2）创建一个立方体，作为地板。大小自己设定，如图 3-82 所示。

3）选择 Auto Key 进入自动关键帧模式，如图 3-83 所示。

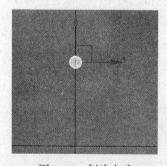

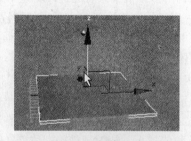

图 3-81　创建小球　　　　　　图 3-82　创建地板　　　　　图 3-83　打开"自动关键帧"按钮

4）将时间轴移动到第 10 帧，将小球移动到地面的位置。如图 3-84 所示，时间轴自动产生两个关键帧。

5）将时间轴移动到第 20 帧，将小球第 0 帧复制到第 20 帧的位置，此时小球已经是一个完整的上下运动过程。如图 3-85 所示速度线。但是球的上下运动不正常，为了使小球的向上运动为减速运动，向下运动为加速运动，后面要调整速度线。

6）先制作球体循环运动，方法是单击工具栏上"曲线编辑器"，进入轨迹视图，单击轨迹视图工具栏上的"曲线类型参数"按钮，在弹出的对话框中选择"循环"选项，此时小球为循环运动，如图 3-86 所示。

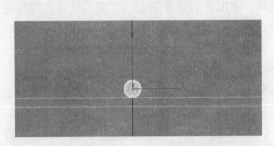

图 3-84　第 10 帧球与地面接触

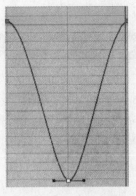

图 3-85　小球运动速度线

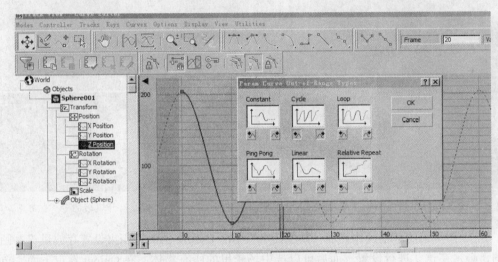

图 3-86　选择"循环"选项

7）选择"自定义切线"按钮按住 Shift 键，单击第 10 帧关键帧点，调节关键帧点手柄，将曲线调整为如图 3-87 所示的形状。这样小球下落为加速运动，上升则改为了减速运动，符合现实的自由落体运动了，小球就能正常运动。

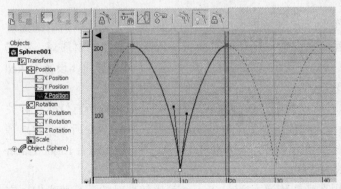

图 3-87　调整速度线和球弹跳效果图

3.7 贴图烘焙技术

贴图烘焙技术也称为 Render to Textures，简单地说就是一种把 Max 光照信息渲染成贴图的方式，然后把烘焙后的贴图再贴回到场景中的技术。因为光照信息变成了贴图，所以速度极快。这种技术主要应用于游戏、建筑漫游动画、虚拟现实场景里面，实现了没有光能传递计算，而有光能传递效果的动画、场景，同时也省去讨厌的光能传递时动画抖动的麻烦。

现在用下面的实例说明制作步骤：

1）建立一个简单的场景，设置 Max 的两个标准灯光照明，效果如图 3-88 所示。

2）做贴图烘焙，用快捷键 0，或者在"渲染"菜单里打开，如图 3-89 所示。

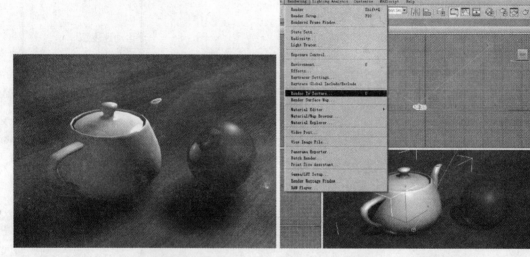

图 3-88　烘焙前的场景渲染效果　　　　　　　图 3-89　打开烘焙命令

3）贴图烘焙的基本操作界面，如图 3-90 所示，Output path 是用来设置存放烘焙贴图路径的，必须在这儿进行设置；而后可以选中场景里的所有物体，在 Output 卷帘下面，单击 Add 按钮，这时大家可以看到很多烘焙的方式，有高光、固有色等，我们选择 CompleteMap 方式，即包含下面所有的方式，是完整烘焙。然后再选择 Diffuse Color 方式，选择烘焙贴图的分辨率大小。

4）按下 Render To Textures 面板里的 Render 按钮进行渲染，得到的烘焙贴图如图 3-91 所示。

5）这时视图里的场景发生了变化，出现了近似渲染后的光照效果，是烘焙后的贴图被自动贴到场景中了。删除场景所有灯光设置，打开材质面板，依次选择空的材质球，把场景里的烘焙材质用吸管吸出来，我们会发现烘焙后的材质其实是一个外壳材质，设置 Baked Material 的方式为可以渲染，如图 3-92 所示。

因为是用贴图代替了光照信息，所以我们在进行渲染时要关闭场景中的所有灯光，并关闭高级光照 Light Tracer，这样进行渲染便能得到烘焙后的场景效果，如图 3-93 所示，效果基本与未烘焙前一样，但速度快了很多，在单帧中可能不觉得，但在光能传递或者 Light Tracer 的动画渲染中应该会明显提高渲染效率的。

6）贴图烘焙技术一般主要应用在光能传递、Light Tracer 等比较费时的计算替换上，应该说这项技术在游戏制作和建筑漫游动画方面的应用前景还是很不错的，当然现在的 Max 烘焙技术还有一些不完善之处，但相信在今后的版本中会慢慢完善的，在人们越来越追求真实光照效果的情况下，这项新的技术一定会有广阔的前景。

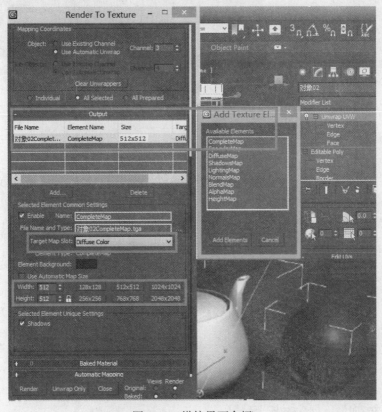

图 3-90　烘焙界面介绍

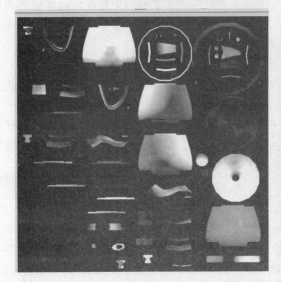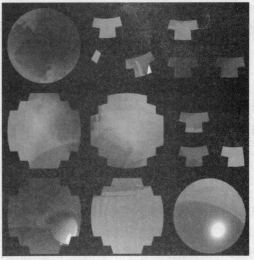

图 3-91　烘焙贴图

图 3-92　烘培后的材质面板

图 3-93　删除场景灯光，烘培后的渲染效果

3.8　综合实例——岭南民居

在古迹复原、文物保护中，虚拟现实技术可以使文物得到充分的展示和保护，能逼真展示古城规划布局，给人以身临其境的沉浸感。民居、建筑场景的制作往往是虚拟空间里的主体内容，下面以岭南民居为例讨论三维几何建模方法以及材质等的设置。

1. 设置工作环境

单击 Customize / Units Setup 命令，打开 Units Setup（单位设置）对话框。单击其顶部的 System Unit Setup 按钮，在弹出的 System Unit Scale 选项组中选择 Millimeters 选项，单击 OK 按钮返回 Units Setup 对话框。然后在 Display Unit Scale 选项组中，选中 Metric 单选按钮，并在其下拉菜单中选择 Millimeters 选项，单击 OK 按钮完成单位的设置，如图 3-94 所示。本节要讨论的岭南民居主题建筑平面图如图 3-95 所示。

2. 创建建筑物墙体模型

该建筑来自珠海会同一民居，大概建设于 20 世纪 70 年代，结构简练，有小院落。在 3D Max 中，墙体的创建有很多种方法，而经常使用的方法有两种：一种是使用二维曲线建模制作轮廓线，添加其挤压属性形成墙体；另一种是使用三维物体创建厚度较小的方体模型，转换成多边形建立墙体。本实例主要讨论主体建筑的外景制作，所创建的是室外效果图墙体，为了节约资源，一般可以把内部看不见的面忽略，只创建单面墙体。

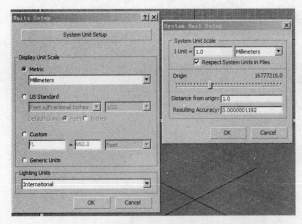

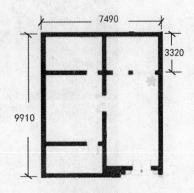

图 3-94　设置工作环境　　　　　　　图 3-95　主体建筑平面图

1）单击 Create 命令面板的 Geometry（几何体）按钮，在 Object Type 面板中选择 Box，创建如图 3-96 大小的长方体，单击右键将其转换为可以编辑的多边形（Convert to Editable Poly），如图 3-97 所示。

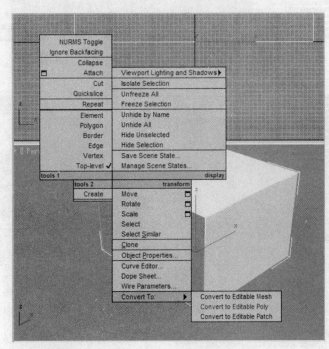

图 3-96　创建方体　　　　　　　　图 3-97　将长方体转换为多边形

2）选择 Box 的多边形层级，选中 Box 上下底面，并删除，如图 3-98 所示，这样就创建了一个四面墙体。

3）选择 Box 的边层级，给两个侧面添加边线。先选择两个侧面的水平边线，找到"边"编辑面板里的 Connect（连接）命令，并如图 3-99 所示设置参数后确认；再选择垂直边线，用同样的方法通过"边"编辑面板创建两根连线，这样就设置好了侧面墙的窗户洞口大小，如图 3-100 所示。

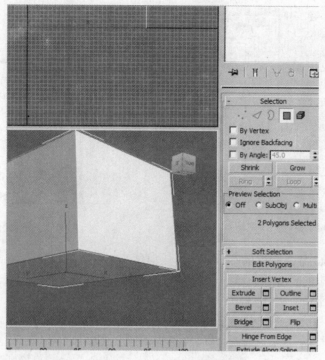

图 3-98　删除上下底面

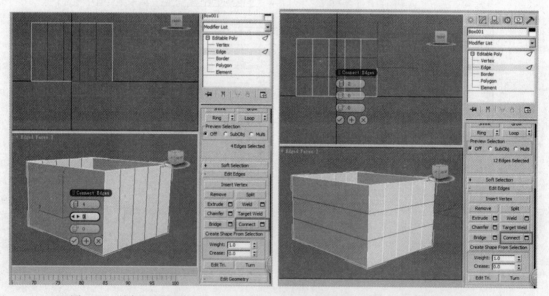

图 3-99　给侧面添加纵边线　　　　　　　图 3-100　添加水平方向边线

　　4）选择墙体侧面中间两个面，在多边形编辑面板找到 Extrude（挤出）命令，设置参数如图 3-101 所示，向里挤进 –200，这样挤出了建筑侧面的两个窗户。然后在边层级选择墙体侧面多余的边线，使用 Remove（移除）命令，将多余的边线移除，这样精简面片，既减小了文件，又方便后面的材质贴图处理，如图 3-102 所示。

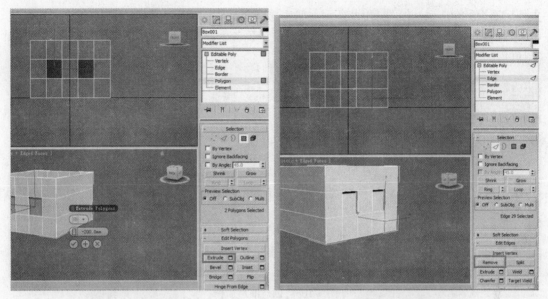

图 3-101　挤出窗户　　　　　　　　　　　图 3-102　精简边线

5）用同样的方法在墙体正面挤出基础大门和窗户，并移除多余的边线，精简面片，如图 3-103 所示，然后选择 Vertex（点）级别，选中侧面墙上边线中间的点，向上拉起，形成侧面墙体造型，如图 3-104 所示。

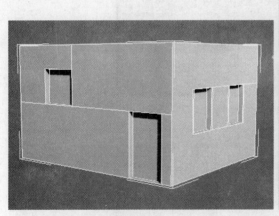

图 3-103　挤出墙体上所有门窗

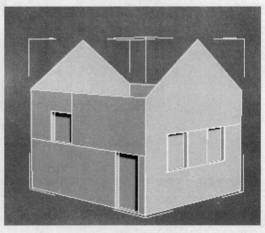

图 3-104　侧面墙体造型

6）选择 Edge（边）级别，选中前面墙体上边线，按住 Shift 键和鼠标左键复制边线，创建民居的前后屋檐造型，如图 3-105 所示，然后选择屋顶将要会合的两边线，用 Weld 命令焊接边线，如图 3-106 所示。

7）创建侧面墙屋檐。选择 Border（边界）级别，选中 Cap 命令封口，如图 3-107 所示，形成一个侧面，然后选择 Polygon（多边形）级别，选中这个侧面，用 Extrude 命令向外挤出 200，如图 3-108 所示。

8）选择边级别，选中屋顶边线，使用 Chamfer（倒角）命令，使屋顶形成一个面，这样方便后面为屋脊造型，如图 3-109 所示。然后选择屋顶所有水平边线，如图 3-110 所示，创建 Connect 命令，参数如图 3-111 所示。间隔选中屋顶各个面片，添加多边形编辑面板的 Bevel（倒角）命令，效果如图 3-112 所示。

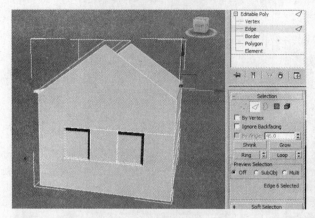
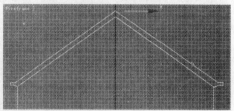

图 3-105 创建前后屋檐

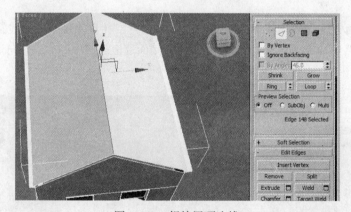

图 3-106 焊接屋顶边线

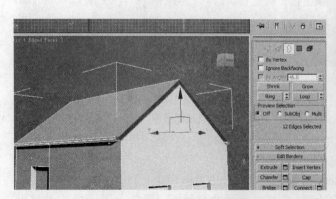
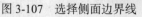
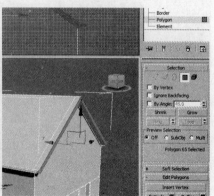

图 3-107 选择侧面边界线 　　　　　　　　　　图 3-108 挤出边界线

9）选择多边形级别，如图 3-113 所示，选择几个面片，使用 Extrude 创建屋脊造型。

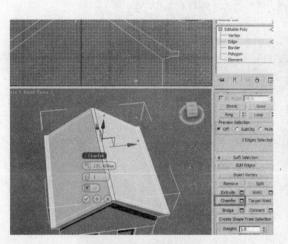

图 3-109　例角命令

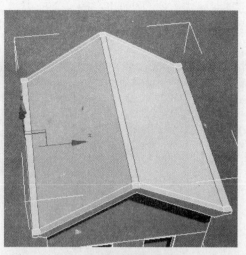

图 3-110　选择水平边线

图 3-111　创建连线

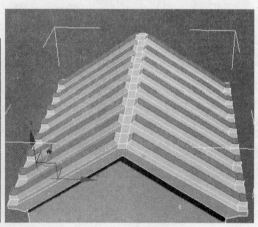

图 3-112　挤压面片

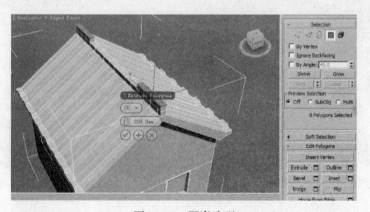

图 3-113　屋脊造型

10）最后一步是给门窗添加窗框，可以直接用 Box 创建，选择 Instance（实例）方式复制，如图 3-114 所示。

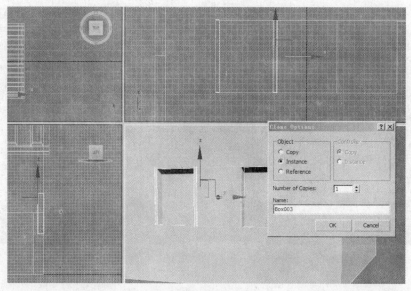

图 3-114　添加门框

3. 设置材质

虚拟现实空间材质的设置常用技术是标准材质加上位图贴图，很少使用 Max 程序自带的其他类型材质和程序纹理。位图贴图的制作一般是图片处理或者手绘。

1）首先分解模型，因为这个主体建筑是一个 Box 挤压出来的整体，可以把模型分成几个部分进行贴图，也可以分解 UV。对于大的建筑物来说，把模型分解后再贴图比较合适。选择多边形级别，选中模型的两边侧面墙所有面片，使用 Detach（分离）命令，如图 3-115 所示。用同样的办法分离前面墙、后面墙与屋顶。

2）给分离模型分解 UV。UV 是 Max 里的贴图坐标，因为各墙面的贴图并不单一。首先选择侧面墙，在修改面板添加 Unwrap UVW 命令，如图 3-116 所示，然后选择 "Edit UVs" 卷展栏里的 "Open UV Editor"，开始编辑 UV。

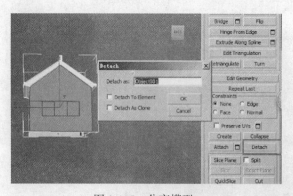

图 3-115　分离模型

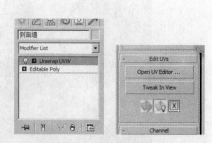

图 3-116　添加分解 UV 命令

3）首先选中 "Face" 层级，选择一个侧面墙，给它添加一个平面贴图方式和 "Fit" 命令。然后退出平面贴图方式，移动这块墙面搁置旁边（如果不退出平面贴图方式，是无法移动这块面的）。接着以同样的方式依次给另一面侧墙和其他面拆分面片，最后将各面有序地摆放在蓝色方框内，如图 3-117 所示。相同形状的面片可以叠加在一起，如两面墙体和窗户，其余的面片是窗户边上的面，都可以理解为砖墙贴图，所以也可以与墙堆在一起。整理好的 UV 如图 3-118 所示。

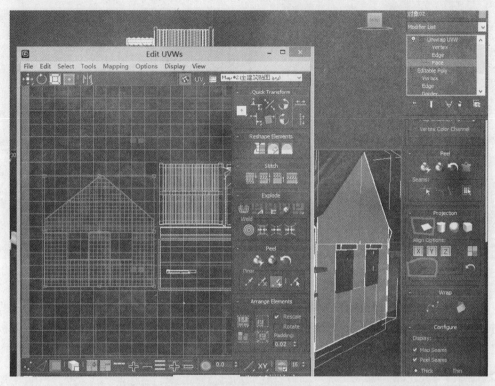

图 3-117　UV 展开

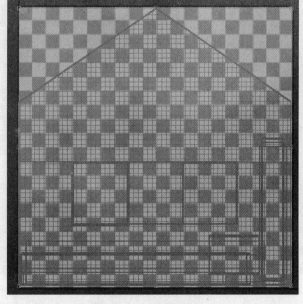

图 3-118　整理好的 UV

4）制作贴图。将上面展开的平面图导入 Photoshop，开始制作贴图。如图 3-119 所示。

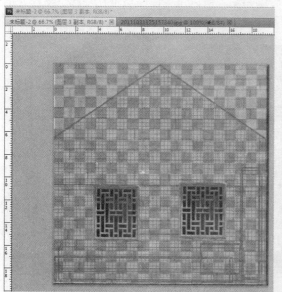

图 3-119　绘制贴图

5）打开材质面板，先设置基本参数，因为 3DS Max 2012 材质面板默认打开的是一些程序材质，默认渲染器为 Mental ray，所以在材质面板设置材质为标准材质，在渲染设置面板设置渲染器为线性渲染器。如图 3-120 所示。

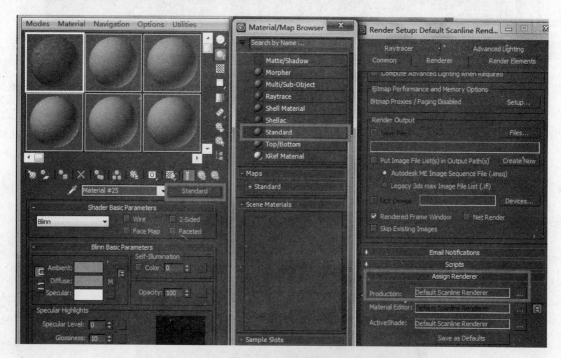

图 3-120　添加材质

6）选择一个材质球，设置为标准材质，将该贴图赋予"Diffuse"通道，如图 3-121 所示。

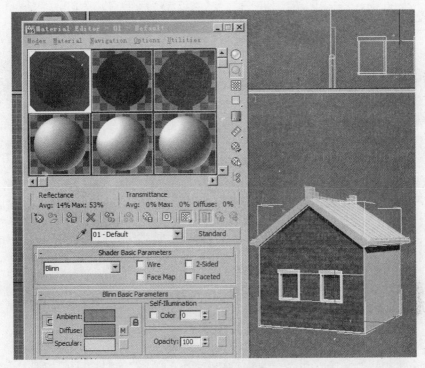

图 3-121　赋予贴图

7）用同样的方法可以完成建筑物的其余部分。最后效果如图 3-122 所示。（因为贴图的丢失，所以演示部分贴图有改动。）

图 3-122　民居效果

8）完成建筑的材质效果设置后，根据引擎需要可以为场景设置灯光、烘焙渲染最后的效果，导出材料。

3.9　本章小结

在虚拟现实中利用 3D Max 软件平台建模，是一种相对便利的手段，涉及的技术主要包括多边形建模方法、材质 UV 技术与烘焙贴图制作，灯光与摄像机一般可以根据需要在引擎里进行设置。本章主要介绍相关技术的知识点。

习题

1. 制作生活中一静物，要求有光照贴图效果。
2. 制作一个小球空中运动动画，并输出为 fbx 格式。
3. 制作影壁墙 3D 模型和效果图，如图 3-123 所示。自己设计或寻找贴图材料，利用 MAX 多边形建模方法、UV 展开贴图技术，完成影壁墙的制作。

图 3-123　影壁墙效果

4. 以自己的生活背景为例，制作一个室内效果图，包括室内 3D 模型、材质贴图、灯光、烘焙，并输出为 fbx 格式。

第 4 章 增强现实技术案例分析

如第 1 章所述，增强现实（Augmented Reality，AR）允许用户看到真实世界，同时也能看到叠加在真实世界上的虚拟对象，它把真实环境和虚拟环境结合起来，具有虚实结合、实时交互、三维定向等特点。这将打破计算机视觉的局限，改变游戏、购物、学习和工作的方式。

4.1 虚拟现实眼镜

1. 谷歌眼镜

谷歌眼镜（Google Project Glass）是由谷歌（Google）公司于 2012 年 4 月发布的一款"拓展现实"眼镜，如图 4-1 所示，它具有和智能手机一样的功能，可以通过声音控制拍照、视频通话和辨明方向，以及上网冲浪、处理文字信息和收发电子邮件等。2013 年 11 月 12 日，谷歌公司发布谷歌眼镜的一系列新功能，包括搜索歌曲、扫描已保存播放列表，以及收听高保真音乐等。它是一种头戴式显示器，也可以认为是一款可穿戴式电脑，属于增强现实技术，售价 1500 美元（开发者版）。

图 4-1 谷歌眼镜

2013 年 4 月 10 日，美国科技博客 Gizmodo 发布了一张图片，如图 4-2 所示，揭示了谷歌智能眼镜的工作原理。它承载着可穿戴设备的开端，极具想象空间，前途不可限量。但现在看来，它暂时只是一个手机伴侣，其基础通信、文字输入均依赖手机。谷歌眼镜主要由镜架、相机、棱镜、CPU、电池等组成，眼镜工作时先由相机捕捉画面，再通过一个微型投影仪和半透明棱镜将图像投射在人体视网膜上。此外，谷歌眼镜的 CPU 部分还集成有 GPS 模块。

谷歌眼镜相机上的摄像头像素为 500 万，可拍摄 720p 视频。镜片上配备了一个头戴式微型显示屏，它可以将数据投射到用户右眼上方的小屏幕上，其显示效果如同 2.4 米外的 25 英寸高清屏幕。横置于鼻梁上方的是平行鼻托和鼻垫感应器，鼻托可调整，以适应不同脸型。鼻托里植入了电池，能够辨识眼镜是否被佩戴。电池可以支持一天的正常使用，可以通过

Micro USB 接口或者专门设计的充电器充电。根据环境声音在屏幕上显示距离和方向，在两块目镜上分别显示地图和导航信息技术的产品。谷歌眼镜的重量只有几十克，内存为 682 MB，使用的操作系统是 Android 4.0.4，版本号为 Ice Cream Sandwich，所使用的 CPU 为德州仪器生产的 OMAP 4430 处理器。音响系统采用骨导传感器。网络连接支持蓝牙和 WiFi-802.11b/g。总存储容量为 16GB，与谷歌云（Google Cloud）同步。

谷歌眼镜集智能手机、GPS、相机于一身，在用户眼前展现实时信息，只要眨眨眼就能进行拍照上传、收发短信、查询天气路况等操作，用户无需动手便可上网冲浪或者处理文字信息和电子邮件。同时，戴上这款"拓展现实"眼镜，用户可以通过语音指令用自己的声音控制拍照、视频通话和辨明方向。兼容性上，谷歌眼镜可同任一款支持蓝牙的智能手机同步。如果用户对着谷歌眼镜的麦克风说"OK，Glass"，一个菜单即在用户右眼上方的屏幕上出现，显示多个图标，如拍照片、录像、使用谷歌地图或打电话。这款设备在多个方面性能突出，用它可以轻松拍摄照片或视频，省去了从兜里掏出智能手机的麻烦。当信息出现在眼镜前方时，虽然让人有些分不清方向，但丝毫没有不适感。

谷歌公司公布的有关该产品的视频展示了谷歌眼镜的潜在用途，如图 4-3 所示。在这段视频中，一位男性在纽约市的街道上散步，与朋友聊天，看地图查信息，还可以拍照。在视频的结尾处，该名男子还在日落时与一位女性朋友进行了视频聊天。所有的这一切都是通过谷歌"拓展现实"眼镜进行的。

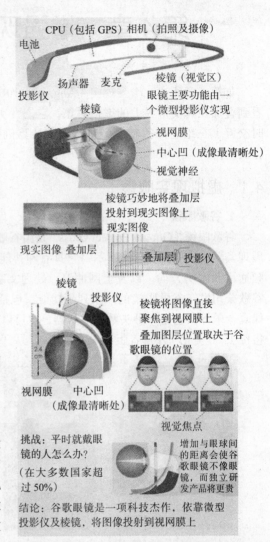

图 4-2　谷歌眼镜工作原理结构图

2014 年 7 月，谷歌眼镜正式开放直播功能。谷歌开始正式在其 MyGlass 商店中提供 Livestream 视频分享应用。安装该应用的谷歌眼镜佩戴者只需说"OK，Google Glass 开始直播吧"，即可把所见所闻免费分享给 Livestream 里的其他人，在此之前该应用一直都处于测试阶段。谷歌眼镜已推出了包括音乐识别应用 Shazam 和仰望星空在内的多款应用。Livestream 可以作为医学院的手术教学工具，医生可以佩戴谷歌眼镜直播自己的手术过程，这样学生就能通过视频直接观看到手术，而不必站在手术室内，当然使用者还可以通过它分享自己在音乐会或足球赛现场的体验。2014 年 4 月 15 日早上 9 点，Google Glass 正式开放网上订购。谷歌公司计划在 2013 年年初面向那些预交了 1500 美元订金的核心用户发布了谷歌眼镜的初级版本，但只要价格保持在这个水平，谷歌眼镜就难以得到大范围推广，因为过去的经验表明，谷歌公司可以不断提升其许多产品的性能。谷歌公司于 2015 年 1 月 19 日停止了谷歌眼镜的"探索者"项目，而此次的调整并不意味着谷歌眼镜最终的命运已被决定。2015年3月23日，谷歌公司执行董事长埃里克·施密特表示，谷歌公司会继续开发谷歌眼镜，因为这项技术太重要了，以致无法放弃。

2. Win 10 全息眼镜

微软在 2015 年 1 月 21 日 Windows 10 发布会上，出人意料地正式揭幕微软 Win 10 全息眼镜 HoloLens 增强现实硬件设备，如图 4-4 所示。戴上微软 HoloLens 全息眼镜，可以体验到微软与美国航空航天局（NASA）喷气推进实验室合作的全息投影技术"Windows Holographic"。

图 4-3　谷歌眼镜宣传视频截图

图 4-4　微软 Win 10 全息眼镜

微软 Win 10 全息眼镜带有全息透明 HD 镜片，设备前面拥有四个传感器／摄像头，有深度镜头、红外传感器和 1080p 彩色镜头，包括独立的 CPU 和 GPU 处理器，搭载全新的 HPU（Holographic Processing Unit，是微软为 HoloLens 定制的集成电路，可以检测到人的手势和声音），内置立体音效，可以让人们听到全息影像的声音。基于这些传感器的全息眼镜能将数字内容投射成全息图像，而且可以和现实世界互动，逼真的全息效果足以欺骗人们的大脑！比如当人们佩戴 HoloLens 使用 Skype 时，眼前会出现联系人列表，你可以将手举起，置于眼睛前方，用食指在空中划过选择联系人并进行呼叫，通话双方就可以实时共享双方的环境。图 4-5 为用户体验微软 Win 10 全息眼镜。

图 4-5　用户体验微软 Win 10 全息眼镜

HoloLens 还可以用来玩游戏，或者直接使用 HoloStudio 的应用遥控指挥一架四角直升机去一趟火星也都是没有任何问题的，总之想象空间无穷大！据国外媒体报道，HoloLens 的体验设备体积还很大，甚至需要接上电源。但同时微软也承诺更轻薄的原型版本会很快推出，届时 HoloLens 将由自身所配备的电池供电，而且无需与手机或电脑连接。

4.2 增强现实设备头盔

1. Oculus Rift 虚拟现实眼罩

2015 年 6 月 11 日，Facebook 公司旗下的 Oculus 子公司正式推出了 Rift 虚拟现实眼罩，此时距离 Oculus 发布原型产品已经过去了 3 年。这款设备于 2016 年第一季度上市销售。这种眼罩通过逼真的 3D 环境，为佩戴者营造沉浸式体验。眼罩包含可以拆卸的耳机，以便用户更换自己的耳机。Rift 还包含 Xbox 手柄和适配器，用户可以直接将 Xbox One 游戏通过流媒体方式传输到 Rift 中，从而运行"Halo"等第一人称射击游戏。这款设备将提供名为 Oculus Home 的软件界面，这是该设备的核心，可以在那里浏览、购买和运行游戏，还可以与其他玩家互动。除此之外，该公司还将提供一个 2D 版界面，以便在没有眼罩时使用。

图 4-6　Rift 眼罩

2. 大朋 VR 头盔

2015 年上海乐相科技有限公司开发了一款大朋 VR 头盔，是目前国内刷新帧数最高的虚拟现实头盔。其 E2 屏幕的最高刷新频率可达到 75Hz，采用最新的 OLED 技术可最大程度降低余晖，减少拖尾，降低眩晕感，跟市面上普通的 LCD 相比，延迟时间能够减少 20%，明显提升用户游戏体验。E2 使用采样率为 1000Hz 的九轴传感器（包括陀螺仪传感器、磁传感器、重力加速度传感器），能够精确捕获用户上下左右的旋转动作并快速送给主机进行处理。V2 是一款虚拟现实头盔，采用"头盔 + 手机"的模式来进行视频观看。它兼容安卓及 iOS 版本 4 ~ 6 英寸的智能手机，提供家居式 IMAX 电影的效果，59 ~ 75mm 瞳距自适应光学结构，适用于 400 度以内近视用户大视野体验 3D 影效。68° 视场角、25mm 出瞳距离，这两项决定着用户所看到的画面大小和品质以及眼睛的舒适度，68° 为屏幕宽度和眼睛中间点形成的角度，68° 是为了保证观影效果，也是人眼平视观影比较舒适的视场，观影的时候会有一种大屏幕的感觉，同时也避免了眼睛因视场过大反复移动造成 3D 眩晕。外部设计上，V2 接触面部分采用了可呼吸的韩国进口皮革，皮质细腻，摸起来很舒服，分布有透气微孔以防止汗水浸湿表面。它采用双色注塑面壳，360° 全方位表层防指纹、无痕迹处理，瑞典 S136 钢材模具制造，机身喷涂日本武藏白色钢琴烤漆，全程无尘车间加机械手生产。此款也是虚拟现实爱好者的初级入门产品。

在参数方面，与国外的 Oculus DK2 进行对比，大朋 VR 头盔除了缺少光学定位传感器外，其余参数都非常接近而且还有一定幅度的提升：同为三星 1080p 的 AMOLED 屏幕，其刷新频率为 75Hz，延迟为 19ms，视角则从 100° 提升到 120°，支持 54 ~ 74mm 的自适应瞳距调节。机器造型圆润，体型比国产的 VR 眼镜盒要大一些。正面有类釉面处理。分体式的头部绑带通过魔术贴固定，可以随意调节长短。大朋 VR 头盔的售价在 1800 元左右，在国内的几家头盔中处于中间价位，同类型厂商的产品报价也基本类似，这一售价比国外始祖级的 Oculus DK2 要便宜了一半以上。在安装使用方面，大朋 VR 头盔用户要幸运许多，大朋助手是目前国内唯一一款比较成熟的 VR 辅助软件，简化了安装流程，聚合了 VR 内容。大朋助手是用户体验大朋 VR 头盔的必备软件及内容平台，主要功能分为"游戏中心"和"系统管理"两部分，可一键式升级，也可以方便地切换到 DK1、DK2 模式以及 DeePoon 模式体验游戏。大朋助手还提供了海量游戏及工具的下载，可以一键轻松下载安装。此外，用户还可以通过 V 助手轻松调节大朋头盔的屏幕亮度，以减轻用眼疲劳，十分贴心。

图 4-7　大朋 VR 头盔外观

　　图 4-8 为佩戴大朋 VR 头盔体验游戏画面。这里以"粉碎方块"游戏为例，游戏中我们可以像玩 CS 一样，用鼠标控制机关枪打散向我们飞来的方块。游戏画面并不华丽，操作方式也很简单，但 VR 沉浸感带来的体验要比普通的游戏大作震撼且真实得多。虚拟赛车游戏的画面水平也已经接近当年的极品飞车系列，依旧是键盘操作，视角随着头部移动而改变，有身临其境的开车体验。也有些趣味性的游戏，如 3D 马里奥，我们是以马里奥的视角通关，鼠标可以控制 360° 全方位的视角，但 3D 画面中精确判断距离远近的难度更高，玩起来还是很有挑战性的。大朋 VR 头盔还可以当作第二屏接在电脑上直接使用。接上电脑后，在电脑上安装播放器播放专门制作的 VR 视频即可有沉浸式的视频体验，看视频的时候可以随意变换视角和焦点。

图 4-8　大朋 VR 头盔游戏体验

3. 真幻影魁 3

真幻影魁 3 是珠海真幻科技有限公司（www.ritech3d.com）推出的第三代手机虚拟现实头盔，它可以利用智能手机随时随地观赏 3D 电影、3D 图片、3D 游戏以及 360°虚拟现场全景展示，或是享受虚拟现实游戏带来的乐趣，如图 4-9 所示。该产品的光学镜片通过调整参数加以改进，完全消除了观看时的眩晕感，镜片光轴调整范围更大，观看大屏手机时眼部更放松，同时采用接触式电容开关，适用范围更广，触控更精准、便捷，外壳设计符合人体工程学，佩戴舒适，增加了增强现实（AR）的结构功能。其最简单的应用之一是，可以通过将手机摄像头捕捉的实景和手机播放的内容（虚景）相互叠加，即产生了增强现实的效果。如图 4-10 所示，本产品设计了可拆卸盖板，卸下此盖板后，手机摄像头可以捕捉产品外面的景色，实现拍照或者拍摄视频功能。而且当某些 App 或者拍摄游戏需要用到此功能时，卸下此盖板即可实现简单的增强现实的效果。

图 4-9　真幻影魁 3

该产品适配 3.5 ~ 6.0 英寸的所有智能手机机型，包括安卓手机和苹果手机，3D 电影和游戏片源非常丰富，下载安装专业的 App 后通过 WiFi 便可在线观看 3D 影视。也可以在手机助手中搜索"Cardboard"等 App，还可以通过网页搜索引擎（如手机百度）搜索"左右格式视频"，即可在线播放。如果电脑里已经有现成的左右格式 3D 片源，可以将片源拷贝到手机中，用手机中的视频播放器播放。如果不想把片源拷贝入手机，也可以将片源拷贝到 U 盘中，通过 OTG 线将 U 盘与手机相连，在手机端打开 U 盘中的片源即可使用，如图 4-11 所示。

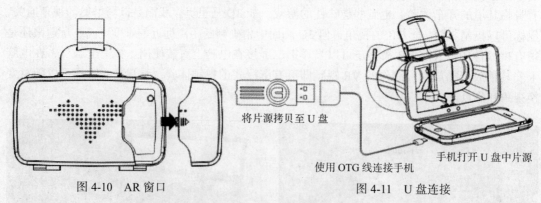

图 4-10　AR 窗口　　　　　　　　　　　　　　图 4-11　U 盘连接

将片源拷贝至 U 盘

使用 OTG 线连接手机

手机打开 U 盘中片源

4.3　体感设备 Kinect 的增强现实技术应用

1. Kinect 设备

Kinect 是微软在 2010 年 6 月 14 日对 XBOX360 体感周边外设正式发布的名字。伴随 Kinect 名称的正式发布，Kinect 还推出了多款配套游戏，包括 Lucasarts 出品的"星球大战"、MTV 推出的跳舞游戏、宠物游戏、运动游戏"Kinect Sports"、冒险游戏"Kinect Adventure"、赛车游戏"Joyride"等。Kinect 为 kinetics（动力学）加上 connection（连接）所创的新词汇，它是一种 3D 体感摄影机，同时导入了即时动态捕捉、影像辨识、麦克风输入、语音辨识、社群互动等功能。玩家可以通过这项技术在游戏中开车、与其他玩家互动、通过互联网与其他 XBOX 玩家分享图片和信息等。

如图 4-12 所示，Kinect 设备左边的第一个圆圈装置是红外投射器或称红外投影机，中间的是 RGB 摄影机或称彩色摄像头，最右边的为红外感应器或称红外摄像头。红外投射器不断向外发出红外结构光，相当于蝙蝠向外发出的声波，红外结构光照到不同距离的地方强度会不一样，如同声波会衰减一样。红外感应器相当于蝙蝠的耳朵，用来接收反馈的消息，不同强度的结构光会在红外感应器上产生不同强度的感应。RGB 摄像机获取物体颜色信息，这样，Kinect 就知道了前面物体的深度信息，根据深度信息和图像识别算法，判断物体的形状和位置，将不同深度的物体区别开来。

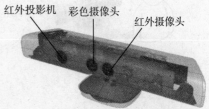

图 4-12　Kinect 设备示意图

Kinect for Windows SDK 是一系列的类库，开发者能够将 Kinect 作为输入设备开发各种应用程序。就像名字所显示的那样，Kinect for Windows SDK 只能在 32 位或者 64 位的 Windows 7 及以上版本的操作系统上运行。

2. 基于 Kinect 跑步机的系统设计方案

珠海市图形图像公共实验室根据 Kinect 的人体骨骼数据和人体运动特征分析，提出跑步序列动作识别算法，并利用这个识别算法设计了一款全新概念的虚拟交互跑步机系统，结合了游戏情节使得用户更具有虚拟现实的沉浸感。本系统既是学术上的尝试，也是对市场需求的积极响应，具有较高的现实意义和市场价值。同时该项体感技术能够继续拓展推广，可用于家庭室内其他健身游戏娱乐系统的开发。

本系统组成如图 4-13 所示，Kinect 体感设备用于获取人体跑步的各种动作，PC 用于支撑跑步机系统软件，并实现跑步角色动作仿真、跑步场景变更和跑步游戏互动娱乐。人的肢体动作通过 Kinect 设备和人体动作识别算法得以识别，并传到 PC 中基于 Unity 游戏引擎开发的跑步机系统跑步游戏软件中，进一步地通过骨骼绑定，再传给场景中的三维人体角色模型，从而达到控制跑步娱乐系统的目的。

系统开发所使用的软件开发工具包括：Unity3D 游戏引擎、MAYA3D 建模软件、3D Max 建模软件、Photoshop 图形处理软件、脚本编写工具 Visio Studio、脚本语言 C#。整个系统开发流程过程如图 4-14 所示。

3. 跑步机的软件游戏策划方案

跑步机的软件游戏通过系统 Kinect 摄像头做出相应的跑步动作进行操作。在游戏中玩家通过挥动左右手控制游戏角色变道来躲开障碍，通过跳跃和下蹲来躲避低矮和高拱形障碍物，这一设计增加了跑步的趣味性。整个跑步机运动判断的流程如图 4-15 所示。

4. 骨骼绑定动作识别算法实现

本系统将人体跑步动作分解为四种基本动作：原地跑步、挥手、跳跃和蹲下，并抽取出人体骨骼动作的关键点。通过分析这些关键点可将人体跑步动作简化为骨骼动作。本系统创新性地设计了一系列基于骨骼绑定的动作识别算法，实现了跑步动作的识别。

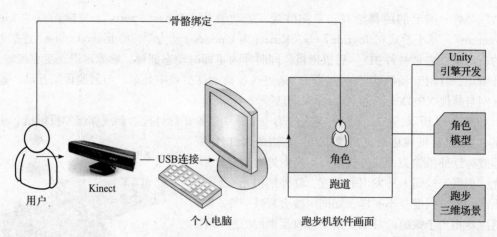

图 4-13　系统组成

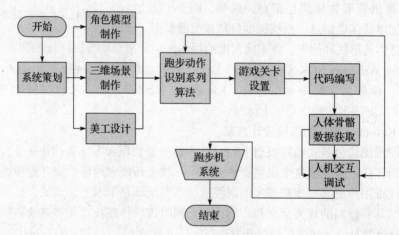

图 4-14　系统开发流程

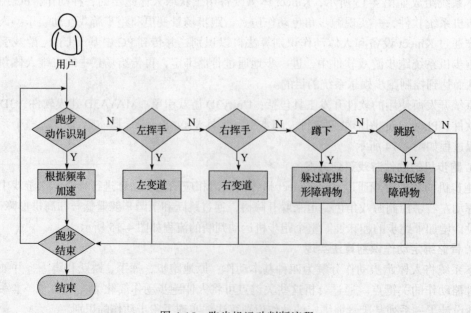

图 4-15　跑步机运动判断流程

人体骨骼数据提取基于微软 Kinect 体感交互设备实现。Kinect SDK 1.8 提供了人体 20 个骨骼节点数据。Kinect 定义的空间三维坐标系如图 4-16 所示，Kinect 将垂直于视野的方向定义为 z 轴，视野的高为 y 轴，视野的宽为 x 轴，人体骨骼节点坐标数据基于此坐标系。

基本的跑步动作根据腿部膝盖骨骼节点的相对位置进行判断识别。如图 4-17 所示，假定人在原地跑步时相对 Kinect 摄像头的深度 z 值保持基本稳定，只需要考虑双腿膝盖关节点高度值 y 的时间变化。设左右膝盖关节点的坐标分别为 LeftKnee $(x1, y1, z1)$ 和 RightKnee $(x2, y2, z2)$，当 LeftKnee.y1 大于 RightKnee.y2 时，触发左抬腿动作，反之触发右抬腿动作。

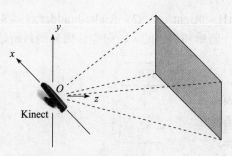

图 4-16　Kinect 传感器空间坐标系

图 4-17　抬腿姿势

把原地跑步的动作分解成左右膝盖轮换抬起的动作序列，可用图 4-18 流程进行判断。由于 Kinect 获得的图像数据是运动中的图像，因此会使获得的骨骼节点数据产生一定的抖动。为了提高识别率，加入膝盖上下波动的阈值参数，可以根据 Kinect 传感器的个体差异进行调整。阈值的选取采取机器学习的方法。设 threshold 为左右膝盖 y 坐标值上下摆动范围的阈值，当左右两腿膝盖 y 坐标值差大于给定的阈值时则视为有抬腿跑步运动，通过每帧左右膝盖轮换的频率快慢可以判断跑步速度的快慢。

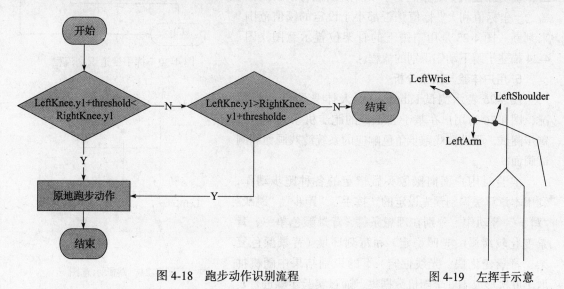

图 4-18　跑步动作识别流程　　　　　图 4-19　左挥手示意

在本系统中是靠左右挥手来选择左中右不同的跑道。如图 4-19 所示在左挥手时，手的前臂会往上举形成一个挥手向量，算法是通过左肩膀关节点 LeftShoulder $(x1, y1, z1)$ 与左手腕关节点 LeftWrist $(x3, y3, z3)$ 的 x 轴向距离和左肩膀关节点 LeftShoulder $(x1, y1, z1)$ 与左手胳膊关节点 LeftArm (x2, y2, z2) 的 x 轴向距离来判断和控制跑道转向改道。挥手时，肩膀关节点与手腕关节点的距离一定大于肩膀关节点与手臂关节点的 x 轴向距离，且手臂所有关节点的 y 坐标值也在给定的阈值范围之内，因此只要计算出肩膀、胳膊和手腕骨骼点的距离差，就可以判断有挥手动作。根据几何关系，两个距离差通过手臂各骨骼点的坐标计算出来，见式（4-1）和式（4-2）：

左手距离差：

$$\text{LeftDistance} = |\text{LeftWrist.x3} - \text{LeftShoulder.x1}| - |\text{LeftArm.x2} - \text{LeftShoulde.x1}| \qquad (4\text{-}1)$$

同样，可得出右挥手时的距离差，右手距离差为：

$$\text{RightDistance} = |\text{RightWrist.x3} - \text{RightShoulder.x1}| - |\text{RightArm.x2} - \text{RightShoulder.x1}| \qquad (4\text{-}2)$$

挥手变道识别流程如图 4-20 所示，输入手腕、胳膊和肩膀的 x 轴向坐标值分别判断是否为左挥手和右挥手，再进行相应的跑道变道处理。

跳跃的动作是躲避跑步过程中的低矮障碍物。跳跃的特点是两腿都往上偏离了原来的位置，整个人体骨骼数据都往上移，所以可以根据头部的关节 y 坐标值 HeadJoint.y、腿部左膝盖关节点 y 坐标值 LeftKnee.y、右膝盖关节点 y 坐标值 Rightknee.y 是否同时往上偏离原来位置同一段距离来判断。图 4-21 是用户跳跃时人体骨架位置的示意图，图 4-22 表示判断角色是否跳跃的流程。

蹲下的动作是躲避跑步过程中的高拱形障碍物。蹲下的特点是两腿膝盖都往下偏离了原来的位置，这样左右腿膝盖的 y 坐标值几乎相等，并且膝盖往前突出，说明膝盖的 z 坐标值变小了。所以也可以根据膝盖的 y 坐标值和 z 坐标值是否都小于设定的阈值范围来判断。图 4-23 是用户蹲下的骨架位置示意图，图 4-24 描述了蹲下动作识别的流程。

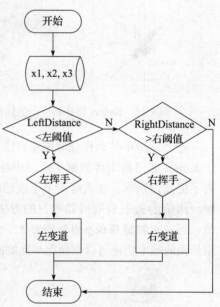

图 4-20　挥手变道识别流程

5. 用户体验与结果分析

图 4-25 表示测试 Kinect 识别人体骨骼点数据情况，图 4-26 为用户在基于 Kinect 的跑步机系统下进行跑步测试，驱动游戏跑步角色响应的系统游戏画面和测试画面。

实验时用户面向摄像头做指定的各种跑步动作，利用本章算法识别预先设定的"挥手""跑步""跳跃""蹲下"等动作，分别在理想条件（背景颜色单一、背景变化较缓慢、光照稳定）和苛刻环境（背景颜色复杂、背景变化快、光线偏暗）下的识别结果中随机抽取 100 次形成 100 个随机数据集，通过实验步骤进行实验，得出了测试结果。表 4-1 和表 4-2 分别表示跑步机系统在理想条件和苛刻条件下抬手、跑步、跳跃和蹲下的测试结果，节点数为人体骨骼相关的节点数。

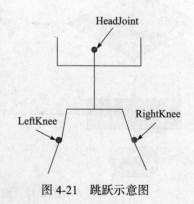

图 4-21　跳跃示意图

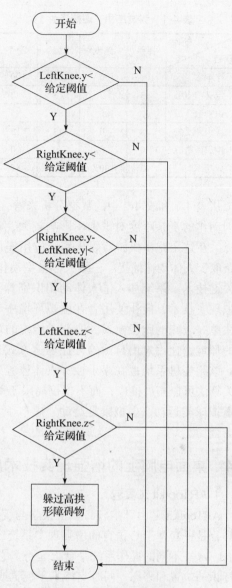

图 4-22 跳跃动作识别流程

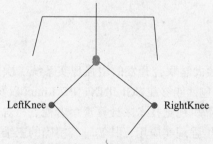

图 4-23 蹲下示意图

图 4-24 蹲下动作识别流程

图 4-25 识别人体骨骼点

a）跑步游戏画面

b）用户测试

图 4-26 跑步机游戏画面和用户测试环境

项目 ＼ 动作	挥手	跑步	跳跃	蹲下
样本数	100	100	100	100
定义节点数	3	2	3	2
识别数	92	100	87	85
误识别	8	0	13	15
拒识别数	0	0	0	0
成功率	92%	100%	87%	85%

表 4-1　测试结果（理想条件）

项目 ＼ 动作	挥手	跑步	跳跃	蹲下
样本数	100	100	100	100
定义节点数	3	2	3	2
识别数	88	100	82	80
误识别	12	0	18	20
拒识别数	0	0	0	0
成功率	88%	100%	82%	80%

表 4-2　测试结果（苛刻条件）

　　从表 4-1 和表 4-2 中的数据分析来看，苛刻环境和理想环境下识别成功率差距不大。待识别动作的复杂程度对识别率影响较大，苛刻条件下的识别率比理想环境下的识别率略有下降。在这个跑步机游戏娱乐系统应用实例中，主要涉及用 Kinect 进行图像捕捉、人体骨骼获取、人体动作捕捉、三维人体模型动作骨骼绑定、Unity 和 Kinect 数据通信和人机交互等关键技术。系统加入了人体动作识别算法、虚拟跑步场景、虚拟运动、角色骨骼绑定等虚拟现实技术，能让使用者在虚拟环境中有身临其境的感觉，增加跑步的真实感，改变了以往单一乏味的跑步模式，取消了传统的笨重硬件设备，用 Kinect 和电脑模拟实现室内跑步的环境，让用户用自然的人性表达方式进行跑步的同时开展娱乐游戏，实现了最初的目标。该跑步机系统拟在娱乐性、人体体验感方面作进一步的改进并推向市场。系统提出的相关算法可以拓展推广，而不仅仅局限于跑步机游戏，可以用于更多的人机互动应用领域，如虚拟球类运动、虚拟康复运动、虚拟手术、虚拟驾驶、机器人控制、智能教学控制系统等场合。

4.4　桌面电脑上的增强现实技术应用

1. ARToolkit 工具包

　　ARToolkit 是由日本广岛城市大学与美国华盛顿大学联合开发的增强现实系统二次开发工具，是一套基于 C 语言的增强现实系统二次开发包，能够在 SGI IRIX、PC Linux 以及 PC Windows 等不同的操作系统平台上运行。它利用计算机视觉技术来计算观察者视点相对于已知标识的位置和姿态，同时支持基于视觉或视频的增强现实应用，其实时、精确的三维注册功能使得工程人员能够非常方便、快捷地开发增强现实应用系统。ARToolkit 采用基于标记的视频检测方法进行定位，其工具包中包含了摄像头校准和标记制作的工具，支持将 Direct3D、OpenGL 图形和 VRML 场景合并到视频流中，同时支持显示器和头盔显示器等多种显示设备。

　　利用 ARToolkit 来实现增强现实的过程，其实质是采用计算机视觉技术来计算标识物相对于摄像机的距离、位置及姿态，实现将虚拟物体叠加到实体空间的过程。ARToolkit 的具体工作首先是将用户采集到的一帧彩色图像转换成一幅二帧的（黑白）图像（灰阶二元化），接着对该二帧图像进行连通域分析，找出其中所有的四边形区域作为候选匹配区域。将每一候选区域与模板库中的模板进行匹配，如果匹配成功，则 ARToolkit 认为找到了一个标识，利用该标识区域的变形来计算摄像机相对于已知标识的位置和姿态，最后根据得到的变换矩阵实现虚实之间的注册，流程图如图 4-27 所示。

　　ARToolkit 工具包的工作就是捕捉和识别之前制作好的标示卡，标示卡是通过指定的相关代码和视频捕捉校准生成的，它对于程序来说有唯一性。对标示卡的形状和制作内容也有一定的要求，标志图需要特定的规格，ARToolkit 给定了一些原始的模板，如图 4-28 和图 4-29 所示。

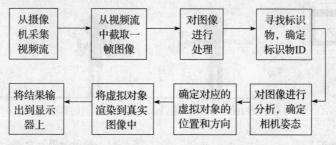

图 4-27　ARToolkit 工作流程图

图 4-28　标识卡 1

图 4-29　标识卡 2

以下是 ARToolkit 工具包的主要函数库：

1）AR32.1ib：包括摄像机校正与参数收集、目标识别与跟踪模块。主要实现摄像机定标、标识识别与三维注册等功能。

2）ARvideoWin32.1ib：基于微软视频开发包 MS Vision SDK 的视频处理函数库。主要实现图像实时采集功能。

3）ARgsub32.1ib：基于 OpenGL 的图形处理函数库。实现图像的实时显示、三维虚拟场景的实时渲染等功能。

带有标识卡 AR 的程序基本流程是：

1）取得摄像头的图像。

2）Marker 的识别。

3）Marker 的位置和方向检测。

4）在摄像头的图像上合成 CG 动画并显示。

使用 ARToolkit 编写相关程序的时候，我们需要对其中摄像机与标识卡的位置关系进行说明，简单的理解就是两者之间的三维坐标是反方向的，如图 4-30 所示，我们可以看到标识卡和摄像机两者 x、y、z 坐标轴的指向都是相反的，即通过摄像机的捕捉，现实中我们向右，显示器上显示我们是向左的。

2. 基于 ARToolkit 的炫酷贴纸设计实例

这里"炫酷贴纸"的作品主要面向的对象是青少年。人们将标识卡摆放在不同位置，通过摄像头可以在电脑屏幕上显示不同位置炫酷贴纸的视觉效果。当人体做出相关的动作时，炫酷贴纸视觉效果会随之改变，达到神话里的奇妙效果，这样可以省去后期特效处理，任何人都可尝试，并且方式简单。简单的效果示意图如图 4-31 所示。

图 4-30 摄像头和标识关系   图 4-31 简单效果示意图

以上是关于炫酷贴纸球体和标识卡交互方面的设计，将 OpenGL 函数库和 ARToolkit 工具包在 PC Windows 平台上配置好平台环境，在开发平台 VS 2010 上打开作品工程文件，编译并运行。主函数的设计主要还是参考 ARToolkit 例程的顺序。

主函数的设定如下：

1）初始化——函数 init。

2）捕捉视频输入框架——函数 arvideogetimage。

3）检测标识板——函数 ardetectmarker。

4）运算摄像头距离——函数 argettransmat。

5）绘制虚拟物体——函数 draw。

6）关闭视频采集——函数 cleanup。

通过做好的程序打开后的效果如图 4-32 所示。

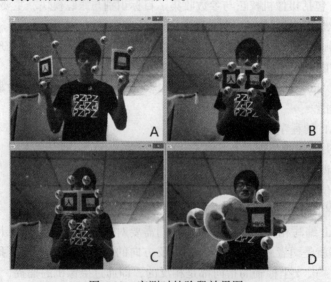

图 4-32 实测时的阶段效果图

从图 4-32 的效果图可以看出，空间距离的判断是能实现其对应效果的。当两张标识卡逐渐靠近时，八个小球的位置也随之发生改变，能达到设计需要的效果。不足之处在于，因为是夜景模式的摄像头测试，所以捕捉不太稳定。距离的判断用的是"欧氏距离"，效果较好。

需要改善之处主要在于加强建模方面，以使效果更加真实。

炫酷贴纸作品是用 ARToolkit 工具包和 OpenGL 函数库在 VS 2010 开发平台上完成了一个有多个人工标识的小型增强现实系统，通过对 ARToolkit 例程的理解分析，有效地实现了实时的虚实叠加效果。该设计实现多个标识卡的交互变换，体现了增强现实技术在实际应用中的可能性，也体现出增强现实技术其实是可以很贴近生活，其对技术的软硬件要求并不是很高。

4.5 移动平台上增强现实技术的 3D 画册实现

1. 项目策划与设计

为丰富增强现实技术在儿童智力培养学习成长方面的应用，本项目的研究目标是实现一个基于增强现实技术的 3D 画册。儿童用自己的想象力填色完成特定的涂鸦底板，项目的软件可以在移动平台上把儿童徒手绘制的 2D 画册变成三维模型，活灵活现地跃然纸上，就如同神笔马良一样。此应用有助于儿童在大脑发育时期的智力开发，拓展儿童大脑的创新思维能力。

本项目的设计和实现分为两部分：纸质涂鸦底板标识的设计，以及项目程序的设计与实现。技术方案基于手机移动平台，利用增强现实技术，三维模型呈现依赖 Unity3D 引擎实时渲染。项目开发主要按照分模块完成子任务、设计、实现并编写任务文档的方式进行。项目模块分为 6 个模块，如图 4-33 所示。

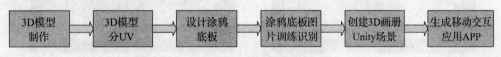

图 4-33 项目模块

2. 高通增强现实软件开发工具包

高通（Qualcomm）公司发布的增强现实插件和增强现实软件开发工具包（Vuforia Augmented Reality SDK）主要用于智能终端扩充现实研发工具库。高通增强现实软件开发工具包是为 Unity3D 量身打造的，不同于简单的比对像素相似度，或者一些单纯的特征规则，其主要运用计算机视觉相关技术及时辨别与获取二维对象图像或简单的空间对象，并让研发团队利用摄像头将虚拟对象置于特定位置，调节对象在摄像机视野里真实场景中的方位。同时它支持 Android 和 iOS，能够支持 Unity3D 下增强现实应用提供程序的开发设计，实现应用程序向移动端的移植，突破增强现实应用的硬件应用限制，扩大其适用范围。

3. 画册标识 Marker 检测识别技术

增强现实的 3D 画册实现需要根据识别的标识实时渲染出待呈现的 3D 画册模型。简单来说，在 3D 画册实现中，Marker 既是注册方式，又是模型的贴图来源，所以不是所有的标识系统都能满足项目的需要。高通 FrameMarker 标识是一种特殊类型的基准标记，称为帧标记。框架唯一的 ID 标记编码成二进制模式分布在形象标识的四周边缘，帧标记允许任何图像被放置在边界标识，FrameMarker 比其他传统的基准标记看起来更自然。在用于摄像机识别时，框架和二进制模式必须完全可见，没有遮挡。高通 FrameMarker 标识系统如图 4-34 所示。

从图 4-34 不难看出高通 FrameMarker 标识的识别区分布在矩形外围，且占据很小的区域，这方便我们利用中间空白区域填充设计完成的分 UV 贴图。高通（Qualcomm）公司的 FrameMarker 增强现实包里有 512 张制作好的 FrameMarker 空壳，在空壳的基础上添加分 UV 设计完成的涂鸦底板，就可以用于增强显示 3D 画册的 Marker 识别了。高通公司正式发布的增强现实技术包括：SDK、QCAR、Frame Marker、ImageTarget 和 MultiTarget。其中 ImageTarget 与 MultiTarget 的制作需要先进入公司网络平台联网生成模板，然后下载返回 unitypackage 到本地使用。ImageTarget 是可以被 Vuforia SDK 探测和跟踪的图像。不同于传统的基准标记、数据矩阵代码和 QR 码，图像目标不需要特殊的黑色和白色区域或代码识别。SDK 检测和跟踪图像本身的自然特性，然后比较这些天然特性与已知的目标资源数据库图像的自然特性。一旦检测到图像目标，SDK 将跟踪目标图像，哪怕目标图像只有少部分在相机的视野。高通 ImageTarget 标识系统如图 4-35 所示。

图 4-34   高通 FrameMarker 标识系统

图像本身作为 Marker 自然能够满足该项目中对于 Marker 能够携带画册增强现实模型纹理信息的需要，因此项目可以利用高通服务器来制作识别图 Image Target 和画册 Marker，而且 Image Target 的识别不存在部分遮挡导致跟踪失败的问题。综上所述，该项目画册中后涂鸦底板与 Marker 检测识别可以分为：画即为需要识别的 Marker 和画嵌在 Marker 中两种情况。用前者制作的画册没有识别框，更自然大方，只是图片复杂程度和训练效果可能会影响图片的识别效果和效率，高通 SDK 4.0 以上的版本即将采取收费制作模式，未来更适合商业化的研发应用。

图 4-35   高通 ImageTarget 标识系统

4. 渲染 3D 模型并展示

在项目中涂鸦底板标识是跟踪识别的，增强现实待显示目标模型的贴图信息在标识里。因此模型的渲染需要在标志识别后，从标识中提取出模型贴图信息，利用 Unity3D 引擎实时渲染呈现。在这种前提下，待显示目标模型的渲染方式就可以分为一次渲染和不停渲染两种情况。即模型的渲染可以在第一次成功识别并显示模型时，获取待渲染目标模型主纹理贴图并渲染出模型，或者在每次刷新都重新获取待渲染目标模型主纹理贴图并渲染出模型。

用前一种方式渲染，在获取待渲染目标模型主纹理贴图时，可能会因为摄像机抖动造成获取的待渲染目标模型主纹理贴图像素受损，导致渲染出的模型贴图存在残缺，而这种瑕疵会一直存在直到运行终止。利用第二种方式渲染，虽然可以避免一次获取所带来的瑕疵，但实时获取待渲染目标模型主纹理贴图同样会因为摄像机的晃动和刷新的速率造成图像锯齿状损坏，同时高频率的模型渲染会增加 Unity3D 引擎的工作负担。此外基于 Framemarker 设计的画册涂鸦底板，在不完全显示时是不能够成功识别的问题。如果使用第二种渲染方式，就要求识别框时刻完全曝露在摄像机里，这将会使显示互动的灵活性大打折扣。权衡利弊，课题项目将采用第一种渲染方式作为最佳选择方案，同时在获取时稳定摄像机使之不剧烈晃动，也可以避免此种方式的不足。此外，课题项目也会实现第二种渲染方式，通过实践收集数据，验证推论和效果。

5. 涂鸦底板 Marker 设计

下面以 3D 荷叶画册的一个实例来演示说明项目的实现。荷叶与荷茎做成的 3D 模型设计如图 4-36 所示。图 4-37 所示的是荷叶 3D 模型的 UV 原图，凌乱两字都不足以形容其形象。图 4-38 为人工形象化分 UV 后的结果图。

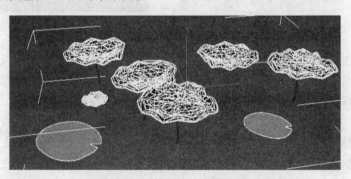

图 4-36　荷叶目标模型

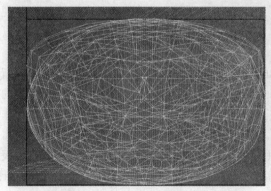

图 4-37　UV 原图

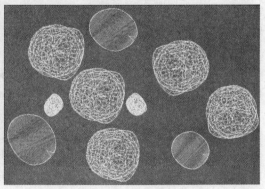

图 4-38　人工形象化分 UV

根据模型分 UV 的结果，利用 Photoshop 或其他制图工具，在根据已知 UV 结果描边的基础上，配合艺术化的设计加工手段完成涂鸦底板的设计。所谓艺术化的设计加工手段即要保证线条的连贯性，同时为了确保模型渲染的完整性，分 UV 的结果需完全设计包含于涂鸦底板描边里；甚至还可以去掉一些模型中与模型形象关系不紧密且难以合理设计分布在涂鸦上的部分（该例子中，荷叶的茎），让它们在增强现实时直接呈现；此外，也可以添加一些与模型纹理无关的装饰图案，用以增加涂鸦底板的可读性与欣赏性。该模型涂鸦底板设计结果如图 4-39 所示。利用 FrameMarker 来实现标识的识别，把设计好的涂鸦底板嵌入 FrameMarker 完成涂鸦底板标识的制作设计，如图 4-40 所示。

图 4-39　涂鸦底板

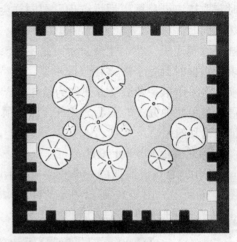

图 4-40　FrameMarker 涂鸦底板

　　利用 ImageMarker 来实现标识的识别。涂鸦底板图像本身就是涂鸦底板标识，但是通过 ImageMarker 图像识别训练来实现标识的识别，则需要把设计好的涂鸦底板通过在线训练下载识别包完成涂鸦底板标识的制作设计。Rating 图片的等级越高说明此图片的特征相当分明，辨识度极高，非常适合作标识。一开始直接使用涂鸦底板做识别训练后，发现图片的识别率很低，用在项目里几乎不能够被成功地识别。故而在原有涂鸦底板的基础上，遵循涂鸦底板设计的基本原则，做了一些艺术性的加工，让图像本身具有了更高的识别度。最后设计完成的基于 ImageTarget 识别的涂鸦底板如图 4-41 所示。

　　对比两种涂鸦底板的制作，不难发现：利用 FrameMarker 设计的涂鸦底板，由于编码帧的限制，其形状和欣赏性受到了极大的制约；利用 ImageMarker 设计的涂鸦底板虽然在美观性方面具有很大的发挥空间，但是其制作过程复杂，要求严苛，不利于大批量的制作，所以总的来说两种方式各有千秋。

　　在实践中受到 FrameMaker 画册实现理念的启迪，可以利用 ImageMarker 设计出一种新的涂鸦底板标识设计方法：在该方法中 ImageMarker 和 FrameMarker 一样，只是三维注册的方式，简单地说就是定位，让涂鸦底板本身嵌入涂鸦底板标识中，而不是让涂鸦底板本身作为 ImageMarker。这种涂鸦底板标识设计方法，能够满足携带画册待显示模型纹理信息的需要，同时涂鸦底板本身的图像特性与标识的识别无关，一方面解除了 ImageMarker 涂鸦底板 Marker 设计过程在图像识别度方面的限制，另一方面在一定程度上解放了 FrameMarker 设计的涂鸦底板在形状和欣赏性方面的约束，简直就是一种理想设计方案，在本文项目中称之为图像定位标识（Image Location Marker）。如图 4-42 所示，图片上下的花边是识别 Marker，而涂鸦底板的设计嵌入其中，共同组成了最后的涂鸦底板 Marker 设计。该设计中 Marker 的识别度是最高级别的，与涂鸦底板的设计不相关。

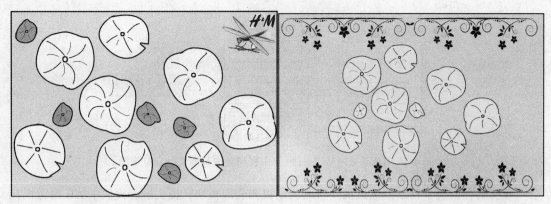

图 4-41　基于 ImageMarker 识别的涂鸦底板　　图 4-42　Image Location Marker 识别的涂鸦底板

6. 项目系统实现

项目软硬件支持如下：① Windows 8 操作系统笔记本电脑机一台；② Unity3D 4.5.1f 作为主要的软件开发平台；③ C# 作为主要的开发语言；④使用 Unity3D 自带的编辑器 MonoDevelop 开发调试；⑤ 3DS Max 软件完成 3D 建模；⑥ Photoshop 完成 3D 画册涂鸦底板 的绘制与设计；⑦自配 Android 系统 4.2.1 的手机一部，用于平台移植与硬件测试；⑧自配彩 绘笔以及打印版的画册用于系统测试。项目以实现 3D 画册增强现实效果为目标进行系统总 体架构设计。项目系统架构如图 4-43 所示，由增强现实系统核心与功能实现模块组成。其中 增强现实系统核心主要由实现视频处理以及增强现实技术实现的视频获取模块、Marker 识别 以及虚实融合模块组成，功能实现模块主要实现画册增强现实模型纹理信息的获取以及模型 的实时渲染。在系统的总体架构设计中，各个模块的主要功能如下：视频获取模块是系统的 起始模块，主要完成视频获取设备配置信息的设置、视频获取、视频帧提取以及视频获取设 备的控制等。Marker 识别模块完成 AR 技术中三维注册与跟踪以及 Marker 方位指定，在本系 统中涂鸦底板 Marker 识别主要利用 Vuforia 识别框架插件完成。纹理信息获取是通过 Marker 方位以及涂鸦底板 Marker 设计中 UV 相对 Marker 的位置，经过一系列的坐标系转化得到。 模型实时渲染是利用渲染引擎将得到的纹理信息和模型材质通过 Shader 指定的方式渲染出 来，虚实融合模块在 AR 技术中将虚拟信息叠加到源视频中。

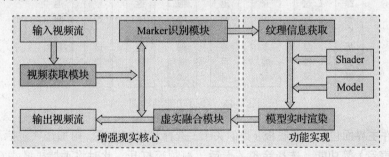

图 4-43　系统总体架构设计

在 Unity3D 中没有可以直接用来播放视频的模块或控件，通常是利用贴图技术实现视频 的播放，将输入视频作为贴图指定到 Plane，由背景摄像机呈现。利用 Vuforia 识别框架增强 现实后的结果会在 ARCamera 中呈现，将两个摄像机的视频内容融合后输出就可以达到虚实 融合的效果了。Unity3D+ Vuforia 框架中视频获取与虚实融合原理如图 4-44 所示。

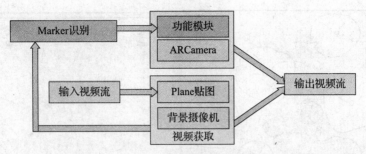

图 4-44   Unity3D+ Vuforia 框架中视频获取与虚实融合原理图

虚实融合模块中背景摄像机视频获取就是视频获取模块，虚实融合模块中 AR 摄像机在后面项目实现的具体过程中具体问题具体说明。虚实融合模块中背景摄像机在项目的实际设计中结构如图 4-45 所示。BackgroundCamera 是 Camera 游戏对象，其子节点 Plane 是 Plane 游戏对象。Plane 用于在 Unity3D 场景中显示从视频获取对象获得的真实世界背景视频，BackgroundCamera 用来显示真实世界背景视频。此模块的主要功能是将从视频获取的视频作为贴图赋给 Plane，由 VedioTextureBeh-aviour 类实现。

图 4-45   视频获取模块

项目主要的功能包括 UI 界面、项目设置、项目介绍、帮助选择，以及画册选择与增强显示效果呈现。项目软件功能结构如图 4-46 所示。

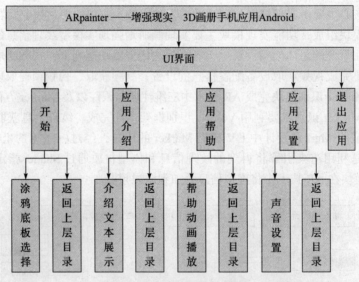

图 4-46   项目功能结构图

项目软件主界面包括涂鸦底板（类似关卡）选择和附加选项。附加选项包括帮助（使用说明）、设置（声音）等功能。选择涂鸦关卡后，视频流打开，此时将手持摄像头对准待填色完成的涂鸦底板标识，软件会自动跟踪识别标识，当标识成功识别后，单击相应的按钮后会立即根据识别的涂鸦底板实时渲染出目标模型。增强现实的模型可以是自动播放的动画，也可以设置按钮进行选择性互动。项目的流程图如图 4-47 所示。系统的人机交互是利用触屏手指事件监听、内部按钮单击触发响应实现的。总的来说，该项目功能相对明朗，故在此对于项目功能以及模块设计就不作太多的说明。

7. 项目开发方法和步骤

（1）首先创建一个 unity 场景

新建一个 unity 项目名为 ARpainter，导入从高通官网下载的 Vuforia SDK，会发现导入的增强现实资源包中有一个 Qualcomm Augmented Reality 文件夹，其中 Prefabs 文件夹下面有项目开发所需要的 ARCamera、FrameMarker、ImageMarker 和预制件，直接拖到 Hierarchy 中就可以在场景中使用。然后将 ARCamera 和 FrameTarget 拖到 Hierarchy 面板下，将涂鸦底板所选用的帧识别图拖到 FrameTarget 的 Inspector 面板下，这是 FrameMarker 的识别设置。需要在涂鸦底板成功识别后显示的文字、效果模型等，放在 Hierarchy 面板下 FrameTarget 的目录下，这使得它们在涂鸦底板识别后能够自动显示。UV 指定待显示目标模型主纹理贴图的映射，需要和涂鸦底板中的贴图位置重合。Marker Founed 是一个文字提示图片，用来指示在实际运行时 Marker 的识别与否。因为待显示目标模型是在程序运行时实时渲染

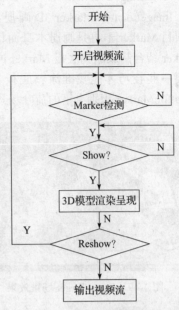

图 4-47　系统流程图

的，所以在场景里面待显示目标模型是没有贴图的。而实现画册效果的脚本，挂在场景任意物体下都可。待渲染目标模型一定要设置材质，连同对应的材质一起导入项目资源。选中待显示目标模型材质，在 Inspector 面板下给待显示目标模型材质指定着色器——ARPictureUV。待渲染目标增强现实模型会在程序中根据 ARPictureUV 的方法和要求实时渲染出。此外为保证 3D 模型的渲染效果，模型的漫反射初始颜色最好设置为浅色或白色。还应该在 Hierarchy 面板下给场景添加 Directional light 保证场景的亮度，按模块完成项目的集成。如图 4-48 所示为 FrameMarker 下的 3D 荷叶场景效果。

（2）基于 ImageMarker 的 3D 画册实现

基于 ImageMarker 的 3D 画册实现，用到高通的预制件有预制件 ARCamera 与预制件 ImageTarget，把预制件 ARCamera 与预制件 ImageTarget 拖到 Hierarchy 面板下。在基于 ImageMarker 的 3D 画册实现除了以上和基于 FrameMarker 的 3D 画册实现有相同的设置以外，还需要导入下载好的识别图的 Unity 包 flower2，在资源文件夹里可以看到训练过的图片 IamgeTargets 和识别资源 Dataset。在 ARCamera 的 Inspector 下对 ARCamera 进行设置，允

图 4-48　FrameMarker 场景效果

许 load Data Set flower2 并将其对应的勾选框勾选上，激活 Activate。需要注意的是这里的 load Data Set 和下面 ImageTarget 中添加的 Data Set 保持一致。同时需要对 ImageTarget 进行相应的设置，在 ImageTargetBehaviour 脚本面板中把 Data Set 设置为涂鸦底板识别图的 unity 包的名字 flower2，ImageTarget 设置为此次 ImageTarge 识别图的名字。按照项目设计要求，完成添加目标模型和布置场景的工作，按模块完成项目的集成。图 4-49 为 ImageTarget 识别卡下的荷叶场景

效果。

（3）ImageLocationMarker 3D 画册实现

ImageLocationMarker 3D 画册实现本质上是基于 ImageMarker 的 3D 画册实现的，只是项目 Marker 不再是画册本身而仅仅是画册的边框。模型的涂鸦底板设计即 UV 是后来与 Marker 结合制成涂鸦底板 Marker 的，换句话说 Marker 与涂鸦底板其实是不在一块儿的。这需要一些技巧才能找准涂鸦底板 Marker 中模型 UV 所在的位置。如图 4-50 所示为 ImageLocationMarker 识别卡下的荷叶场景效果。

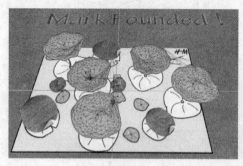

图 4-49　ImageTarget 场景效果　　　　　　图 4-50　ImageLocationMarker 场景效果

8. 项目效果展示

（1）项目移植安装

项目中导入 Android 平台支持 vuforia-unity-android-ios-3-0-9.unitypackage。这款增强现实插件由高通公司研究发布，该插件专为 Unity3D 平台制定，并且能够使 Unity3D 平台开发研究的增强现实应用程序在 Android 和 iOS 平台上运行。要想通过 Unity3D 平台生成安卓系统 APK 文件，首先本地电脑一定要有 Java JDK（保证在本地系统上 Java 的开发以及运行环境）和安卓模拟器（SDK）。然后在 unity 中设置安卓模拟器的路径，打开 Unity3D 菜单栏的 Edit — Preferences-External Tools，在 External Tool 面板下找到 Android SDK Location 的选项浏览本地电脑上安装的 Android SDK 路径。在成功设置发布环境后，在 Unity3D 菜单栏的 File — Build Settings 下，找到 Add Current 按钮并单击鼠标右键，把当前项目场景添加到发布场景目录中。单击 Switch platform 确保 unity 小图标在 Android 一行，首次生成 APK 还需要设置 Play Settings。Play Settings 的设置有两点要注意：第一点是 Bundle Indentifier 设置，原本为 com.Company.Productname，发布 apk 需要将 Company 改成除此以外其他任何名字，否则 apk 发布会出错；第二点是在 MinimumAPI Level 设置要发布的 Android apk 文件的最低运行环境，该项目选择的是 Android 2.3.1。每版 Unity3D 都有一个不同的最低允许发布的安卓版本限制，随着 Unity3D 版本的提高，其允许发布的最低安卓系统版本也就会提高。尤其要关注的是，假使尝试着生成一个模拟器中并未安装的 Android 版本 APK，必然产生系统错误，就不会成功发布。同时如果发布了一个比模拟器存在的最低版本更低的 Android 版本 APK，系统同样会产生错误。把成功发布生成的项目 apk 存入手机内存，从手机中找到 APK 所在的位置，单击安装。

（2）项目展示

为了完成项目的展示，需要从涂鸦底板的绘制和项目软件的运行进行操作。在涂鸦底板标识绘制前，图 4-51 为荷叶 3 种不同的涂鸦底板识别卡。

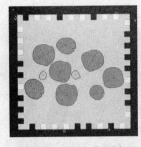

a) FrameMarker 标识卡　　　　b) ImageMarke 标识卡　　　　c) ImageLocationMarker 标识卡

图 4-51　荷叶的 3 种不同涂鸦底板识别卡

项目主要功能运行。软件运行进入菜单页面，单击 ARPLAY 按钮，程序会转到涂鸦底板的选择页面。单击 FrameMarker 图片按钮，进入 FrameMarker 涂鸦底板增强现实程序，把填色涂好的图片对向摄像头，当图片上出现"Mark Founded！"时，代表涂鸦底板已经成功识别。此时单击 Save 按钮就展现出涂鸦底板的增强现实效果，如图 4-52 和图 4-53 所示。

图 4-52　FrameMarker 涂鸦底板　　　　图 4-53　FrameMarker 涂鸦底板移动平台上的增强
　　　　　成功识别　　　　　　　　　　　　　　　　现实 3D 效果

单击 ImageMarker 图片按钮，进入 ImageMarker 涂鸦底板增强现实程序，同样地把填色涂好的图片对向摄像头，当图片上出现"Mark Founded！"时，代表涂鸦底板已经成功识别，如图 4-54 所示。此时单击 Save 按钮就出现了 ImageMarker 涂鸦底板识别后的 3D 画册效果，如图 4-55 所示。同样地，单击 ImageLocationMarker 图片按钮，其余操作相似，可得到运行效果示意图如图 4-56 和图 4-57 所示。

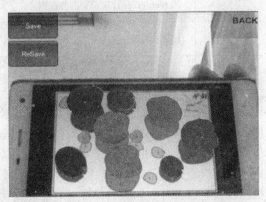

图 4-54　ImageMarker 涂鸦底板成功识别　　　　图 4-55　ImageMarker 涂鸦底板增强显示效果

图 4-56   ImageLocationMarker 涂鸦底板
Marker 识别

图 4-57   ImageLocationMarker 涂鸦底板增强
显示效果

为了更好地呈现画册增强现实的效果，可以适当运用一些削弱现实的技术，即让非增强现实的部分不那么明显或者直接被遮挡住。就画册增强现实效果的稳定性而言，利用识别度最高级别的边框制成的 ImageLocationMarker 涂鸦底板更具优势（该例子达到了此要求）。ImageMarker 如果能够达到最高级别的识别度，也能够有很好的效果，这无疑给涂鸦底板设计增加了难度。总的来说，项目实现测试检验显示，项目基本上满足项目设计的功能需求，达到了 3D 画册预期的增强显示效果。

9. 项目评估

该部分将在几组完成的 3D 画册实际案例运行的基础上，通过反复实验收集数据，验证项目的设计运行效果，同时分析项目可能存在的、不同方式设计的画册涂鸦底板识别问题，以及不同渲染方式下模型呈现效果的问题。项目中 3D 画册的涂鸦底板的识别分为 FrameMarker 和 ImageMarker 两种方式，这两种实现方式根据识别机制的不同，应该有不同的识别效果。识别效果见表 4-3。

表 4-3   涂鸦底板识别数据搜集分析

识别方案	识别遮挡情况	重复数 * 案例数	识别 / 不识别	结论
Frame Marker	帧标识部分遮挡	20×3	2/58	帧标识部分遮挡不识别
Frame Marker	帧标识无遮挡	20×3	59/1	帧标全部可见时成功识别
Frame Marker	帧标识成功识别后部分遮挡	20×3	1/59	帧标成功识别后，部分遮挡不可识别
Image Marker	ImageMarker 首次识别部分遮挡	20×3	1/59	ImageMarker 首次识别，部分遮挡不识别
Image Marker	ImageMarker 无遮挡	20×3	56/4	ImageMarker 全部可见，成功识别
Image Marker	ImageMarker 成功识别后部分遮挡	20×3	3/57	ImageMarker 成功识别后，部分遮挡可识别

每个 FrameMarker 框架唯一的 ID 标记被编码成二进制模式分布在形象标识的四周边缘，所以框架的二进制模式必须在没有遮挡、完全可见的情况下才能被识别。而 ImageMarker 依靠高通 SDK 检测和跟踪图像本身的自然特性，通过与已知的目标资源数据库图像的自然特性进行对比检测图像目标。一旦检测到图像目标，高通 SDK 会一直跟踪指定目标图像，哪怕目标图像只有少部分在相机的视野也能够被成功识别。实验收据的数据得出的结论与理论依据相符。

　　课题项目中，3D画册的增强现实待显示目标模型是实时渲染呈现的，这里的实时渲染是指在画册涂鸦底板识别后，从涂鸦底板中获取到蕴藏的模型纹理信息，实时地渲染出待显示目标模型，而不是直接呈现事先渲染好的待显示目标模型。在这种前提下，待显示目标模型的渲染方式就可以分为一次渲染一直显示与识别后不停渲染真正的"实时"渲染现实两种情况。为了方便描述，这两种渲染方式分别叫作"一次渲染"和"实时渲染"，用这两种渲染方式，模型的呈现应该是有一定差别的。开始为了方便，直接在电脑上做的测试没有得到期待中的数据效果，最终通过不同平台下的实验验证收集到了比较有价值的数据。渲染效果数据见表4-4。

表4-4　渲染效果数据

运行平台	渲染方式	重复数 × 案例数	模型呈现效果
高性能 PC	"一次"渲染 Save 瞬间有晃动，之后静止	10×3	模型渲染效果略有不清晰，且一直持续
高性能 PC	"一次"渲染 Save 瞬间无晃动，之后静止	10×3	模型渲染效果佳，且一直保持
高性能 PC	"一次"渲染 Save 瞬间有晃动，之后保持适当运动	10×3	模型渲染效果略有不清晰，且一直持续，时有跟丢现象
高性能 PC	"一次"渲染 Save 瞬间无晃动，之后保持适当运动	10×3	模型渲染效果佳，且一直保持，时有跟丢现象
高性能 PC	"实时"渲染，Save 瞬间有晃动，之后静止	10×3	总体上，模型渲染效果佳，且一直保持
高性能 PC	"实时"渲染，Save 瞬间无晃动，之后静止	10×3	总体上，模型渲染效果佳，且一直保持
高性能 PC	"实时"渲染，Save 瞬间有晃动，之后保持适当运动	10×3	总体上，模型渲染效果佳，且一直保持
高性能 PC	"实时"渲染，Save 瞬间无晃动，之后保持适当运动	10×3	总体上，模型渲染效果佳，且一直保持
智能移动手机	"一次"渲染 Save 瞬间有晃动，之后静止	10×3	模型渲染效果略有不清晰，且一直持续
智能移动手机	"一次"渲染 Save 瞬间无晃动，之后静止	10×3	模型渲染效果佳，且一直保持
智能移动手机	"一次"渲染 Save 瞬间有晃动，之后保持适当运动	10×3	模型渲染效果略有不清晰，且一直持续，时有跟丢现象
智能移动手机	"一次"渲染 Save 瞬间无晃动，之后保持适当运动	10×3	模型渲染效果佳，且一直保持，时有跟丢现象
智能移动手机	"实时"渲染，Save 瞬间有晃动，之后静止	10×3	总体上，模型渲染效果佳，且一直保持
智能移动手机	"实时"渲染，Save 瞬间无晃动，之后静止	10×3	总体上，模型渲染效果佳，且一直保持
智能移动手机	"实时"渲染，Save 瞬间有晃动，之后保持适当运动	10×3	总体上，摄像头运动快时模型渲染出现锯齿现象，速度越快严重
智能移动手机	"实时"渲染，Save 瞬间无晃动，之后保持适当运动	10×3	总体上，总体上，摄像头运动快时模型渲染出现锯齿现象，速度越快严重

　　根据数据可以分析得出，在高性能 PC 平台下，"一次渲染"方式 Save 瞬间是否抖动

会影响模型的呈现效果，而"实时渲染"时，几乎一直能够呈现较好的模型渲染效果。而在智能移动手机平台下，"一次渲染"方式 Save 瞬间是否抖动会影响模型的呈现效果，同时"实时渲染"时摄像头的晃动程度会影响模型的呈现效果。理论下"实时渲染"方式中，待渲染目标模型主纹理贴图会因为摄像机的晃动和刷新的速率造成图像锯齿状损坏，但是高性能 PC 平台下 CPU 的计算能力高，基于受其影响小甚至可以忽略。基于高性能 PC 平台，在考虑渲染负担的前提下，"实时渲染"是个理想的选择。而对于该项目将要移植运行的移动智能终端，在存储空间和运算能力方面的有诸多限制，选择"一次渲染"方式比较合理。

在课题项目演示实践过程中，还出现过一些其他的问题。将电脑当作画纸，手机作为软件运行平台时，发现增强现实模型渲染效果极差，而且很容易丢失 Marker。最后通过分析发现是电脑显示器工作原理的缘故，电脑显示器有较快的波动，人眼看不到，但是手机摄像头对此却很敏感。这种效果造成了摄像头难以聚焦，仿佛摄像机一直在抖动，所以容易丢失 Marker，即使没丢 Marker 也会造成模型渲染的效果很不理想。所以应该回归到真正的纸上做 3D 画册的增强显示效果演示。

4.6　移动平台上增强现实技术的卡通老虎互动

1. 技术平台

（1）Metaio SDK

Metaio 集团是全球性 AR 增强现实技术行业的领导者，拥有自主研发的全平台 AR 软件。Metaio SDK 是一个 AR 软件开发程序包，SDK 里面包括四个单元：影像采集单元（Capturing）、传感器接口单元（Sensor-interface）、渲染单元（Rendering）、跟踪单元（Tracking），这四个单元包含了增强现实的所有功能。此外，Metaio SDK 为我们提供了一个接口，这个接口把 AR 应用和四个单元连接起来，用户可以通过应用程序编程接口（API）实现各种复杂的 AR 功能，简化用户工作难度。Metaio SDK 支持当今流行的软件开发平台，包括 Android、iOS、Unity3D 和 Windows，在各大平台上加入 Metaio SDK，能够开发出更加强大的 AR 应用。Metaio SDK 的安装配置非常简单，通过官网下载自己需要的 SDK 版本，下载完成后直接解压安装即可。

（2）Android SDK

Android SDK 是 Android 专属的软件开发工具包，Android SDK 提供了开发 Android 应用程序所需的 API 库及构建、测试和调试 Android 应用程序所需的开发工具，能被很多软件开发工具兼容，其中就包括 Unity3D。Android SDK 下载后会是一个简单的 ZIP 文件压缩包。Android SDK 的主体是一些文件：连续性的文档、可编程的 API、工具、例子和其他。

（3）Unity3D

Unity3D 是一个非常强大的的专业游戏引擎，用户能创建诸如三维视频游戏、建筑可视化、实时三维动画等类型互动内容的综合型创作工具，通过 Unity3D，用户能轻松创建一个简单的游戏。Unity3D 支持各种主流平台，包括 Windows、iOS 和 Android，可以把自己创造的游戏发布到各大平台。Unity3D 的游戏脚本基于 Mono，一个相容于 .NET Framework 2.0 的跨平台开源套件，因此程序员可用 JavaScript、C# 或 Boo 编写。

2. 卡通老虎互动设计

本应用的虚拟场景为一个可爱的小老虎，名字为"Jerry"，当在手机屏幕上触摸小老虎，会出现一个列表，列表提供多个动作按钮，包括闲置动作、挠痒、轻拍、转左、转右，单击动作，小老虎就能做出相应的动作。此外，还创建了一个开始场景和简介场景，开始场景包括进入主场景、进入简介场景和退出；简介场景主要为卡通老虎互动项目的介绍。

本应用主要运行在 Android 智能手机上，目的是将增强现实技术融入到手机上，因为手机本身带有摄像头，不需要自己摄像头，用户使用起来更方便，只需要一个图像标识和一部手机就能实现虚拟和现实的结合。本应用的名称为"Tiger Jerry"，其利用 Unity3D 创建工程，导入 metaio 资源包，并进入官网进行应用软件注册，获得应用签名代码，添加到工程内。选取一副图像作为自己的标识，并在工程中添加跟踪配置文件，应用就能利用摄像头跟踪图像显示出虚拟场景。

3. 实现效果

测试本项目的手机配置见表 4-5。项目实现了 Android 手机上显示一个可爱的互动小老虎。图 4-58a 表示安装在手机上的"Tiger Jerry"App 应用，图 4-58b 表示单击 App 应用后出现的互动老虎模型，图 4-58c 表示单击老虎后手机出现菜单列表，图 4-58d 表示单击菜单上的 Tap 按钮后老虎动作发生变化。项目测试结果见表 4-6，通过 Android 智能手机的测试，发现本项目在现阶段的智能手机上都能正常运行，不流畅情况极少。由于在电脑测试时使用的摄像头与手机摄像头像素差别较大，因此会出现按钮、文字问题，后期修改后会顺利解决。当手机摄像头跟踪到图像标识后，模型能比较迅速显示，模型动画流畅。

表 4-5 项目手机配置

手机型号	魅族 MX4
Android 版本	4.4.2
CPU	联发科 MT6595
GPU	Imagination PowerVR G6200
像素	2070 万像素

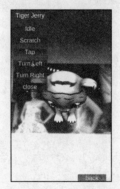

a）Tiger Jerry App　　b）互动老虎模型　　c）单击老虎后出现菜单列表　　d）单击 Tap 按钮后老虎动作

图 4-58 Tiger Jerry App 应用画面

表 4-6 测试结果

运行情况	正常运行
界面情况	按钮坐标没有居中，按钮、文字显示的字号过小，需要调整
动画场景情况	模型抖动比较小，识别图像比较迅速

4.7　本章小结

　　本章首先介绍了增强现实技术的部分硬件设备，如增强现实眼镜、增强现实头盔等。然后分别介绍了 Kinect 设备、桌面电脑平台、手机、平板电脑移动设备上的增强现实技术案例，这些案例均为我们指导学生开发的真实案例，从这些案例可以看出，增强现实技术不管是作为硬件技术还是软件技术，不管是在哪个平台上，都有着不可估量的应用前景。因篇幅所限，更多的增强现实技术案例这里就不一一叙述了。

习题

1. 调研增强现实技术的设备集成系统案例，分析调研案例的来源、功能、开发技术、演示效果、应用场合、改进之处等。
2. 试调研基于 Kinect 的增强现实技术的其他应用，并分析调研案例的来源、功能、开发技术、演示效果、应用场合、改进之处等。
3. 什么是 ARToolkit？试用 ARToolkit 开发一个面向桌面电脑的增强现实案例。
4. 调研增强现实的开发技术，试用其中一种技术实现一个移动平台下的增强现实技术案例。

第 5 章　虚拟现实平台技术[⊖]

中视典公司的虚拟现实平台（Virtual Reality Platform，VRP）及其行业应用产品已经在国内外的教育实训、工程机械、军事演练、信息管理、数字营销、设计展示、交互艺术等领域得到了广泛应用，已经为分布在世界各地的 5 万多家客户带来了价值，已有超过 600 所大专院校和科研院所成为其合作伙伴。中视典依托自主知识产权的虚拟现实平台软件，结合国际先进的图形图像技术、人机交互技术与互联网技术，从事虚拟现实行业应用产品研发、设计、销售和服务，致力于为客户提供先进、易用、专业的虚拟现实应用产品及其整体解决方案。VRP 由硬件系统和软件组成，硬件设备通常由多通道立体环幕投影系统组成。软件多为 VRP虚拟现实编辑器和播放器等。

5.1　VRP 简介

VRP 的核心引擎主要包括虚拟现实编辑器、3D 互联网平台、物理系统、虚拟旅游平台、网络三维虚拟展馆、工业仿真平台、三维仿真系统开发包、数字城市平台等，如图 5-1 所示。

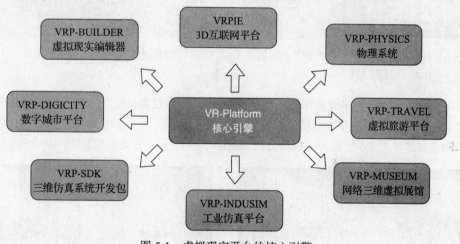

图 5-1　虚拟现实平台的核心引擎

5.2　多通道环幕（立体）投影系统

多通道环幕（立体）投影系统是指采用多台投影机组合而成的多通道大屏幕展示系统，它比普通的标准投影系统具备更大的显示尺寸、更宽的视野、更多的显示内容、更高的显示分辨率，以及更具冲击力和沉浸感的视觉效果。该系统可以应用于教学、视频播放、电影播放（现在大多数影视剧院多采用这种方式）等。多通道环幕（立体）投影系统由于其技术含量高、价格昂贵，以前一般用于虚拟仿真、系统控制和科学研究，近来开始向科博馆、展览展

⊖　本章内容已得到中视典公司授权，许可使用。

示、工业设计、教育培训、会议中心等专业领域发展。

　　中视典数字科技凭借其强有力的软件研发能力和硬件系统集成能力，一直致力于多通道环幕（立体）投影系统的开发与研究，已经为国内多个院校和科博馆及相关单位创建了多套环幕投影系统，其技术的先进性在业内具有很高的声誉，并屡次打破国内多通道数量记录。

　　图 5-2 所示为珠海市图形图像公共实验室的双通道环幕（立体）投影系统。图 5-3 所示为上下投影机分别将图像两次投影到环幕上，两次投影形成一定的视差。人类的眼睛相距 6 ~ 7cm，有一定的距离，当观察一个三维物体时，由于两眼水平分开在两个不同的位置上，所以观察到的物体图像是不同的，它们之间存在着一个视差，这个视差通过人类的大脑，可以感受到一个三维世界的深度立体变化，这就是所谓的立体视觉原理。正是因为这个立体视觉原理，戴上立体眼镜后，我们可以看到环幕上两次投影的图像形成了立体图像。而左右两个投影机投影到环幕上构成了完整的画面。

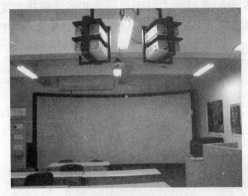

图 5-2　珠海市图形图像公共实验室的双通道
　　　　　环幕（立体）投影系统

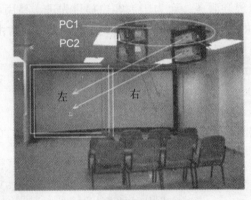

图 5-3　投影机投射示意图

　　如图 5-4 所示，这种多通道环幕（立体）系统由于多台投影机投影互相重叠，产生投影亮区而造成几何变形，因此需要进行矫正。这种几何矫正技术既可以通过硬件融合技术，也可以通过软件融合技术。图 5-5 所示为中视典公司多通道环幕（立体）投影系统在不同场合的应用实例。

a）几何矫正前网格

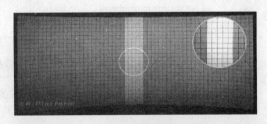

b）几何矫正后网格

c）投影图像矫正前

d）投影图像矫正后

图 5-4　投影图像的变形与矫正

a) 南京城市规划展览馆 300 度 7 通道环幕系统

b) 上海张江科技园 4 通道环幕立体展示系统

c) 大连北良港 10 通道背投展示系统

d) 萧山城市规划展览馆 3 通道环幕系统

e) 华北水电仿真实验室

f) 长沙理工大学双通道立体（硬件融合机）

图 5-5　立体环幕投影系统应用

5.3　虚拟现实编辑器

虚拟现实编辑器即 VRP-BUILDER 三维互动平台编辑器，或称 VRP-BUILDER 虚拟现实编辑器、VR-PLATFORM 编辑器。VR-PLATFORM 是一款虚拟现实软件，内置 VRP 编辑器、ATX 动态贴图编辑器、VRP 脚本编辑器和 VRP 浏览器，所有操作都以很直接、方便理解的方式进行，它可以让 3D 模型具有更为生动的交互效果，包括界面设计、骨骼动画绑定、鼠标键盘交互、视频音乐设置、材质灯光渲染效果、特效编辑、外接设备连接等功能，能够有效降低制作成本，提高成果质量。VRP 编辑器是国产虚拟现实软件中国内市场占有率最高的编辑器。

VRP-BUILDER 编辑器的特性如下。

- 人性化，易操作，所见即所得，强大的二次开发接口，友好的图形编辑界面，强大的界面编辑器，可灵活设计播放界面，可任意编辑或替换启动界面。
- 高效快捷的工作流程，支持编组，方便整体操作，支持撤销恢复，避免误操作。

- 强大的 3D 图形处理能力，高效、高精度物理碰撞模拟，支持软件抗锯齿，可生成高精度画面。
- 任意角度、实时的 3D 显示，支持实体显示、线框显示、点显示、多视图显示等多种显示方式，支持导航图显示功能。
- 支持模型的导入 / 导出，支持导入 3DS Max 关键帧动画和 REACTOR 刚体动画，可导出序列帧，以方便后期编辑合成。
- 提供多种样式、逼真的太阳光晕供选择，支持雾效，可增强场景真实度，支持天空盒，能模拟真实的天空效果。
- 支持物体尺寸的显示和修改，可随意更改建筑物高度，支持对物体的镜像、旋转、缩放和平移等操作。
- 支持动画相机，可方便录制各种动画，支持行走相机、飞行相机、绕物旋转相机等功能。
- 可以改变外立面材质、颜色、贴图等，支持 ATX 动画贴图，支持贴图管理器，自带材质库，可任意更换物体材质，拥有模型和贴图素材库。
- 高效、人性化的动作管理器，可自由设置各种动作，支持单击物体触发动作，支持距离触发动作。
- 可直接生成 .exe 独立可执行文件，作品可设置密码保护及日期限制，可一键发布。
- 可高精度抓图，整合连接外部影像编辑软件，如 Photoshop。

　　VRP 是一个全程可视化软件，独创在编辑器内直接编译运行。光影是三维场景是否具有真实感的最重要因素，因此光影的处理是 VRP 的核心技术之一。VRP 可以利用 3DS Max 中各种全局光渲染器所生成的光照贴图，因而使得场景具有非常逼真的静态光影效果。支持的渲染器包括 SCANLINE、RADIOSITY、LIGHTTRACER、FINALRENDER、VRAY、MENTALRAY。VRP 在功能上给予了美术人员以最大的支持，使其能够充分发挥自己的想象力，贯彻自己的设计意图，而没有过多的限制和约束。制作可以与效果图媲美的实时场景不再是遥不可及的事情。同时，VRP 拥有的实时材质编辑功能，可以对材质的各项属性进行调整，如颜色、高光、贴图、UV 等，以达到优化的效果。

　　VRP 运用了游戏中的各种优化算法，提高大规模场景的组织与渲染效率。无论是场景的导入 / 导出、实时编辑，还是独立运行，其速度明显快于某些同类软件。经测试，在一台 GEFORCE128M 显卡上，一个 200 万面的场景经过自动优化，仍然可以流畅运行。用 VRP 制作的演示可广泛运行在各种档次的硬件平台，尤其适合 GEFORCE 和 RADEON 系列民用显卡，也可在大量具有独立显存的普通笔记本上运行，实现"移动"VR（VRP 所有演示均可在一台配备了 ATI9200 或 GEFORCEGO4200 显卡的万元笔记本上流畅运行）。

　　VRP 可提供三种二次开发方式。

　　1）基于 ACTIVEX 插件方式，可以嵌入包括 IE、DIRECTOR、AUTHOWARE、VC/VB、OWERPOINT 等所有支持 ACTIVEX 的地方。

　　2）基于脚本方式，用户可以通过命令行（或对命令行的封装）来实现对 VRP 系统底层的控制。

　　3）针对高端客户，VRP 可以提供 C++ 源码级的 SDK，用户在此基础上可以开发出自己所需的高效仿真软件。

虚拟现实与动画的最主要区别就是它的可交互特性。VRP 中支持多种浏览模式，包括行走、飞行、静物观察、摄像机动画，用户不需要定义很复杂的参数，即可实现不同方式的浏览。在运行过程中，控制模式可通过热区、热键来进行切换。行走模式中，默认将开启碰撞检测，即可实现游戏般的漫游。用户可以用鼠标、键盘、事件触发、定时触发、脚本流程来与三维场景中的物体或属性进行各种方式的互动。

VRP 可自动完成对任意复杂场景的高效碰撞检测，对建模基本没有限制。能够正确处理碰撞后沿墙面滑动（而不是停止）、楼梯的自动攀登、对镂空形体（如栏杆）与非凸多面体的精确碰撞，以及正确处理多物体碰撞后过约束等，还可以实现碰撞面的单向通过，隐形墙以限制主角的活动范围等功能。

VRP 支持的特效包括：动画贴图（可模拟火焰、爆炸、水流、喷泉、烟火、霓虹灯、电视等）、天空盒、雾效、太阳光晕、体积光、实时环境反射、实时镜面反射、花草树木随风摆动、群鸟飞行动画、雨雪模拟、全屏运动模糊、实时水波等。这些都将给实时场景增加生动的元素。

所见即所得的材质编辑是 VRP 的一大特点，通过内嵌的 Shader 编码，可以让用户仅通过简单而直观的操作实现各种复杂的实时材质模拟，如塑料、木头、金属、玻璃、陶瓷、锡箔纸等。可实现普通、透明、镂空、高光、反射、凹凸材质特效。可用材质库管理材质的保存和读取。具有材质球预览功能，材质的调整所见即所得。可方便调整材质的各项属性，如颜色、高光、UV、贴图、混合模式等，支持多层贴图。

3DS Max 是 VRP 的建模工具，VRP 是 3DS Max 功能的延伸，是 3DS Max 的三维互动展示平台，与 3DS Max 软件无缝集成。

1）支持绝大多数 3DS Max 的网格、相机、灯光、贴图和材质。

2）支持 3DS Max 多种全局光渲染器所生成的光照贴图。

3）支持 3DS Max 的相机动画、骨骼动画、位移动画和变形动画。

4）支持 3DS Max 的所有单位格式。

5）支持 3DS Max 的各种插件，包括 Forest、REACTOR 等。

6）导出方便快捷，只需按一下按钮，即可导出场景并预览。

VRP 中集成了二维界面编辑器，可以为你的 VR 项目设计各式各样的界面，加上面板和按钮，设置热点和动作，同样，这些设计工作都是可视化的。界面上的布局可以任意设定，渲染区域位置可以任意指定，面板上可设置图片及其透明度。VRP 的编辑环境中，可直接单击"运行"按钮，编译运行。要制作独立运行程序，只需要在菜单里选择"打包"，然后指定一个文件名保存即可。

VRP 可在二维界面的按钮和三维模型上定义热区，可设定热区的触发机制是单击鼠标或范围吸引。当用户触发一个热区之后，将执行该热区所定义的动作。VRP 的动作定义也相当简单，我们准备了足够丰富、且可扩充的动作库，你只需要设定几个参数，即可实现各种动作，如摄像机的切换，定位声源的音乐播放，模型的平移、旋转或沿路径运动、贴图和颜色的变化、方案切换等。

VRP 内嵌贴图浏览器，可方便对各种格式的贴图进行查看，支持的格式包括 jpg、bmp、psd、png、tga、DDS，可直接查看图片的 alpha 通道，可实现文件同步，即将图片调入其他编辑软件（如 Photoshop）进行处理时，VRP 可保持同步更新，以及可观察修改后的效果。VRP 可查看场景中用到的所有贴图，统计其容量，可对贴图的加载格式和大小进行设定，支持各种压缩格式。可自动收集场景中所用到的所有贴图，便于管理。

VRP 支持三种模型动画。

1）骨骼动画：主要用于实现人物或角色的各种动作。

2）位移动画：用于实现刚性物体的运动轨迹，如开关门、风扇旋转、汽车开动等。

3）变形动画：用于实现物体的自身顶点坐标变化，如花草树木随风摆动、水面的波纹等。

ADO 与 ADO.NET 是微软提供的一种高性能访问信息源的策略，这些技术可以使企业很方便地整合多种数据源，创建易维护的解决方案。VRP 可通过 ADO 数据库接口，与 SQL Server 或 Access 数据库进行连接，从数据库中存取模型、动画、贴图以及各种数据查询信息，以实现场景数据的后台动态信息更新，实现地理信息、建筑信息查询等功能。

VRP 针对不同的行业应用，还可分别提供各自的专用模块，使用户在开发和使用的时候更加得心应手，专业性更强，这些专业模块包括建筑设计应用模块、室内设计应用模块、桥梁/道路设计应用模块、船舶/港口码头应用模块、展馆/古迹应用模块。

全景（英文名称是 Panorama）是把相机环 360° 拍摄的一组或多组照片拼接成一个全景图像，通过计算机实现定点互动式观看。VRP 支持多种全景方式，包括 Cubebox（天空盒），数据来源可以是 3DS Max 渲染图，也可以是鱼眼镜头所拍摄的数码实景照片。

中视典公司正在研发的网络模块，将使 VRP 具有联网功能，世界各地的用户在运行了同一个场景之后，可以在其中彼此看到，并且通过文字、图像、语音或视频的实时传输，进行在线沟通。这将是虚拟现实技术与网络游戏、即时聊天技术的一次结合，使得虚拟现实向着更加广阔的应用方向发展。

除了键盘和鼠标，对于单通道立体投影、三通道环幕投影、操纵杆、方向盘、数据手套，甚至数字液压系统、六自由度平台，VRP 都将随着研发的深入，给予最大程度的支持。让用户充分体验到数字现代三维软硬件技术所能带来的极致乐趣。

利用 VRP 的 Activex 插件，VRP 的场景文件可以不加修改，直接嵌入 IE，客户只需要先下载安装一个 1MB 左右的插件，即可通过网页在线下载场景并且浏览，实现 Web3D 的功能。此外，VRP 场景文件还可以嵌入各种多媒体软件中（包括 Director、Authoware 等），通过多媒体软件进行包装，成为一个集菜单、图片、动画、音乐、视频、Flash、实时三维互动等多种表现手段为一体的多媒体应用程序。

综上所述，VRP-BUILDER 系统结构如图 5-6 所示。

VRP-BUILDER 应用领域，就是只要是用到计算机三维图形的地方，就有 VRP 的用武之地，具体包括建筑行业（城市规划、地产演示、场馆展示）、室内设计（虚拟样板房、地板/瓷砖/涂料等建材虚拟）、CG 行业（互动广告、三维产品展示）、工业（工控仿真、设备管理、虚拟装配）、文物保护（古迹复原、虚拟漫游）、交通行业（道路桥梁规划设计、城市交通仿真、铁道系统仿真）、游戏娱乐（三维 PC 游戏、模拟器游戏）、军事（电子沙盘，虚拟战场）、地理（气候、植被、水利模拟）、教育（立体几何教学、物理化学课件模拟）、视频行业（虚拟演播室）。图 5-7 所示为 VRP-BUILDER 制作的各种应用效果截图。

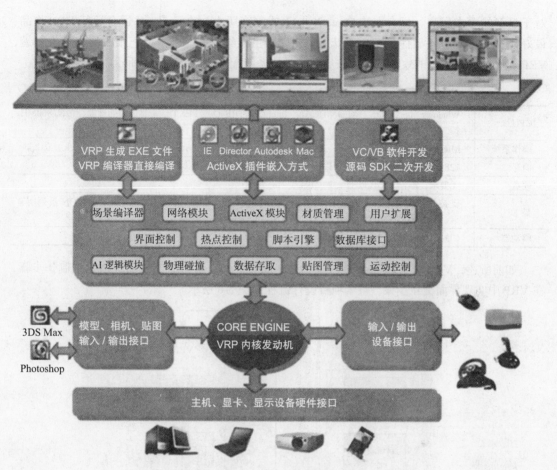

图 5-6　VRP-BUILDER 系统结构

城市规划	系统仿真	房地产	文物保护
虚拟小区	海军潜水艇	室内样板房演示	基督教堂
游戏开发	旅游	产品展示	培训
Sprite 灌篮高手	北京故宫	数码相机互动展示	宇航员

图 5-7　VRP 各种应用效果截图

5.4　VRP 的系统配置安装与设计流程

　　VRP 是一款具有实时渲染能力的三维软件，因此它对计算机的配置有一定的要求，尤其对于显卡的要求较高。只有支持 DirectX 8.1（或更高版本）的显卡，才适合运行 VRP 作品，最好使用独立显卡且显存在 32MB 以上。相反，主板集成的显卡由于三维图形加速性能差，VRP 将无法获得良好的效果甚至无法启动，具体系统配置要求如表 5-1 所示。

表 5-1   VRP 系统配置要求

CPU	Windows Intel XEON、XEON DUAL、Intel CENTRINO 或 PENTIUM Ⅲ 以上处理器，最低 800MHz 主频，推荐使用 1.4GHz 以上
操作系统	Microsoft Windows 98、Me、2000（带 Service pack 4）或 Windows XP（带 Service pack 1 或 2）
内存	128 MB 内存（推荐 512 MB 以上）
硬盘	无要求，推荐 40GB 以上
显卡	支持 DirectX 8.1 以上的显卡，包括 NVIDIA GEFORCE 系列所有显卡、ATI RADEON 系列所有显卡、MATROX G400 系列及 VOODOO3 和 VOODOO5 系列显卡
驱动器	CD-ROM

如前所述，VRP 和 3DS Max 软件是无缝集成的，一般在 3DS Max 中完成模型制作步骤，在 VRP 中实现界面交互步骤，整个项目设计流程如图 5-8 所示。

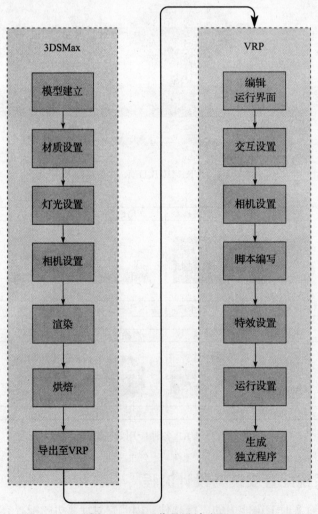

图 5-8   VRP 作品设计流程

为了保证 3DS Max 和 VRP 的无缝集成，需要在 VRP 编辑器中启动和设置 VRP-for-3DS Max 插件安装程序。VRP-for-3DS Max 插件的安装程序是 VRP-for-3DS Max-Installer.exe，该程序有以下三种启动方式。

1）在运行 VRP 安装程序后，系统会自动提示用户进行插件的安装。

2）用户也可以从 VRP 的安装目录中找到并运行 VRP-for-3DS Max-Installer.exe 程序，再进行安装。

3）用户还可以从 VRP-BUILDER 的"工具"菜单中，找到启动安装的菜单，选择后即可开始安装，如图 5-9 所示。

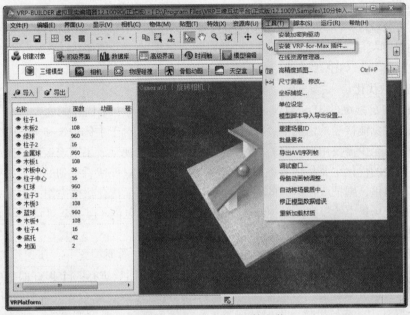

图 5-9　VRP-for-Max 插件安装

启动插件安装程序之后，其界面如图 5-10 所示，按照图中所示顺序，只需找到 3DS Max 的安装路径，然后单击"安装"按钮即可。这种操作方法多数出现在用户的 3DS Max 软件重新安装时，这时客户需要重新安装 3DS Max-for-VRP 导出插件。

5.5　VRP 项目制作技巧和标准流程

很多用户在制作 VRP 项目时总是很茫然，不知道该如何优化场景，也不知道该注意哪些事项……明明知道制作时需要对 VR 场景进行优化，但就是理不清楚思路，不知道从哪些方面下手，也不知道该如何具体地进行优化操作。本教程将为用户理清思路，让用户在以后的 VR 项目制作中不再困惑。

VRP 项目的制作主要体现在以下几个方面：模型个数优化、模型面数优化、场景贴图量优化、模

图 5-10　安装 3DS Max 插件后的界面

型名称、材质的应用、环境的设计、人物的制作、动态的汽车及其他特效等。影响 VRP 场景
演示是否流畅主要跟"模型个数优化、模型面数优化、场景贴图量优化"这三个方面的数据
量密切相关。

1. 模型个数优化

模型个数的多少直接影响到 VRP 演示 DEMO 启动时的速度（启动 VRP—DEMO 时需要
逐一加载场景里的每一个物体），所以用户在制作 VRP 项目时请尽可能地把同种材质的模型
合并成一个物体（以达到减少模型个数的目的）。虽然主张 VRP 场景中的模型个数越少越好，
但需要在保证贴图清晰的前提下，必要时可以适当地多加几个物体。建议用户将制作后的整
个场景中的模型个数控制在 3000 ~ 5000 个以内（包括全部模型）。有些建筑可以重复利用到
处摆放（比如老城区、小区等，但也不能重复得太离谱，还得注意整体的效果），主要地点不
要出现有明显的接缝或者断面等问题。推荐用户在制作时统一用 3DS Max 里的 ABC 组来管
理模型，在将其导入 VRP 编辑器后，会有相应的组存在，常用于管理动画物体。

2. 模型面数优化

用户应用自己熟练的 3DS Max 制作技巧，尽可能优化每一个模型的面数。对于弧形面的
模型，可以在视觉能接受的情况下，将其面尽可能地减少。对于主体建筑和重要的建筑，需要
点细节来表现，至少需要用户一看就能识别出来，可以根据视觉效果适当地调整模型的高矮和
形状。对于面数的优化主要是把看不到和不需要的面删掉，只保留看得到的面。如果看到的面
有大部分在建筑里，则把藏在里面的删除，减小面的面积从而优化烘焙贴图的质量。建议用户
将制作后的整个场景中的模型面数控制在 300 万 ~ 500 万面以内（包括全部模型的面数）。

3. 场景贴图量优化

VRP 场景的总贴图量也是影响 VRP—DEMO 运行速度的原因之一，所以用户除对 VRP
场景的模型个数和面数进行优化之外，还必须对场景的贴图量进行一个很好的折中优化（折
中是指在计算机最大承载贴图量的范围内，且贴图清晰度也没有受到太大影响的情况下）。贴
图量的优化需要从一开始烘焙贴图时就要遵循一条优化原则：即重点建筑，其烘焙贴图尺寸
可以为 1024×1024，相对于重点建筑小一些的模型，其烘焙贴图尺寸可以为用 512×512，比
较小的模型，其烘焙贴图尺寸可以为 256×256 或 128×128。如果用户因减少模型个数而将
多个物体合并成一个物体，这时，用户就需要让合并后模型各个面上的贴图都做在一张贴图
上，尽可能做到一栋建筑一张贴图（该贴图可以是 1024×1024 或 512×512，具体需要由物体
大小而定），或者将多个建筑合并后并使用一张贴图，对于要求高清晰度的局部贴图和需要重
复贴图的模型除外。此外，在制作贴图时需要注意贴图的质感、清晰度，尽量让重的建筑立
面在贴图上处于一个比较大范围的面积，每个独立贴图都需要摆放紧凑，不要随意乱放，以
免造成不必要的浪费；最后再将贴图的背景色改成和贴图本身色调比较类似的颜色，目的是
用户在进行 UVW 展开时，即使匹配的不是特别准，也不会出现明显的白边或者黑边等。对
于不是重点的建筑物贴图能看清贴图上面是什么和写了什么就可以，不一定需要特别清晰。
如果需要将实地拍摄的照片用来作为模型的贴图，就需要用户对照片的颜色和光影进行处
理，要保证色调、光影统一。在制作类似栏杆这样的半透明贴图时，先调整好贴图，去掉背
景直接存成 png 格式就可，贴图尺寸可以控制在 256 像素或 128 像素，具体由模型的尺寸而
定。在制作好贴图之后，对于贴图的存储也要遵循命名原则：不允许贴图名称的前缀重名（如
1.jpg 和 1.png）；如果重名，在进行最后场景编译时，则程序会将它们统一转换成 1.dds 图片，
这样，VRP 场景中就会有一张贴图被重名的另一张贴图覆盖，从而出现贴图混乱的现象。最

后需要提醒用户的是，尽可能地重复利用已有的贴图，目的也是减少贴图量。

4. 模型名称

由于模型烘焙后的贴图名称是由"模型名称＋烘焙贴图类型＋.tga"构成的，所以需要用户对制作好的 VRP 场景里的模型名称遵循一条原则：即同一个 VRP 场景中的模型名称不允许重名；相反，如果在同一个 VRP 场景中出现了模型名称重名，那么在导入到 VRP 编辑器之后，就会出现贴图混乱现象。如果需要当前场景中没用重名物体，那么用户可以通过 VRP 导出插件里"工具 | 自动修改重名模型"命令一次性将 VRP 场景中重名模型全部更名，该操作一般在 VRP 场景模型全部制作完成之后，在进行场景烘焙前进行模型更名操作。

5. 材质的应用

在制作 VRP 场景时，对于模型的材质也需要用户遵循以下几条原则。

1）尽量使用 Advanced Lighting、Architecturd、Lightscape Mtl、Standard 的材质类型。

2）如果用户在 VRP 场景中使用了多维材质，请用户将其更改为手动展 UV 的贴图方式。

3）推荐用户为 VRP 场景中的每一个模型都赋上相应的材质，如果模型有明确的纹理属性，则用户可以根据纹理属性给模型赋上相应的贴图；如果模型没有纹理属性，是一个颜色的，则用户需要制作一张色系贴图，这张贴图可以是 32×32 大小的。相反，如果没有给模型赋上贴图，那么对其烘焙完后，导入 VRP 编辑器中会发现，该模型具有光感很平、过亮等效果。

4）透明物体贴图一般可以用 .png 和 .tga 两种格式来展现，在 VR 场景中主要用于：室内装饰物、复杂的浮雕饰物、室外树木、花草、人及用于展现特效的物体等。只有给张贴图，才能在 VRP 里制作成透明的。

6. 环境的设计

如果希望把 VR 场景制作得漂亮一些，则需要用户在模型制作时与现场保持一定的相似度。一条原则就是达到好的效果即可。对于同种树木或者灌木可以合并成一个物体（光影内与光影外的分开），周边的树木、花草用十字的，尽量少用 bb- 物体（因为 bb- 具有绕相机旋转的属性，该属性会消耗大量的硬件资源）。

7. 人物的制作

在 VR 场景中添加人物，可以用面片物体来表示，在主要的广场和道路上放置人物，用户可以结合场景面数和物体个数来决定需要放多少。将制作好的人物面片物体同一名称前缀为"bb-"的物体，这样，所有面片人物就可以自动面向相机。

8. 动态的汽车

在道路上放置来回跑动的汽车，车体为简模，结构基本上靠贴图表现，尽可能让一辆车成为一个物体，使用一张贴图来表现。用户可以多弄几种车在路上来回跑，烘托出马路繁忙的气氛，还可以在恰当的地方停放一些静止的车，示意为停车场。

9. 其他特效

为了让 VR 场景的气氛表现得更好，用户可以为 VR 场景添加一些特殊的效果，如在水面上添加一个流水的 atx 动画用于模拟水波纹；给电视屏幕添加 atx 动画用于模拟电视节目的播放；还可以制作水龙头流水、自动开关门、霓虹灯等特殊效果。正是有了这些特殊的效果，VR 场景才会给人一种身临其境的感觉。

图 5-11 是一个 VRP 项目工作流程的简单示意图，特殊项目在其中某个环节上可能有所不同，用户可以根据自己的项目稍作调整。VRP 项目的工作流程基本上差不多，我们就以建筑项目的工作流程来介绍，图 5-11 中的甲方为需求方，乙方为 VRP 项目制作方。

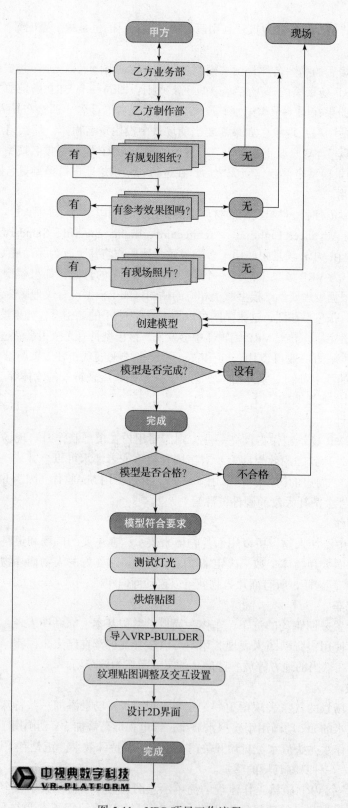

图 5-11　VRP 项目工作流程

5.6　VRP 界面设计

1. 创建运行界面

用户在将烘焙后的场景导入 VRP 编辑器后，通常需要为该场景创建一个合适的二维界面。具体的制作步骤如下。

（1）设置"桌面"背景图片。选择"桌面"，进入其"属性"面板，在"贴图"栏下的"图片"按钮上单击鼠标左键，从弹出的下拉列表框中选择"选择"→"从 Windows 文件管理器…"命令，然后在弹出的"打开"对话框中选择一张图片作为界面背景，如图 5-12 所示。

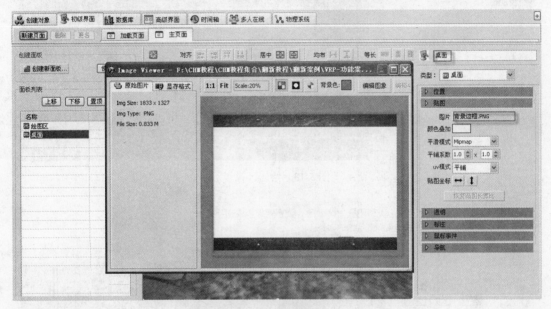

图 5-12　设置桌面

（2）调整"绘图区"的大小。单击"编辑界面"按钮，然后选择"绘图区"，将鼠标移到绘图区任意一个控制点上，待鼠标变成双向箭头时，按住鼠标左键向绘图区内拖动以缩小绘图区的大小，最后再将鼠标移到绘图区边框上，待鼠标变成一个小手形时按住鼠标可将该绘图区拖动到任意位置，如图 5-13 所示。

2. 创建按钮

VR 最大的交互功能除了可以通过鼠标、键盘在 VR 场景中自主漫游外，还可以在其界面上创建一些用于交互的按钮，以使用户可以更深入地体验 VR 交互功能的强大。具体的制作步骤如下。

1）创建按钮。单击"主功能区"中的"创建新面板"按钮，在弹出的下拉列表中单击"按钮"命令，然后将鼠标放在视图中拖动以绘制按钮，如图 5-14 所示。

2）编辑按钮缩略图。选择按钮，然后单击其"属性"面板下的"图片"按钮，从弹出的下拉列表框中选择"选择"→"从 Windows 文件管理器"命令，然后再在弹出的"打开"对话框中选择一张相应的图片作为该按钮的缩略图，按钮贴图尽量大一点；按钮贴图尺寸最好为 2 的 n 次方，如 256 像素或 512 像素，如图 5-15 所示。

3）按钮贴图透明属性。选择开关按钮，然后打开"属性"面板下的"透明"面板，勾选"使用贴图 alpha"，如图 5-16 所示。

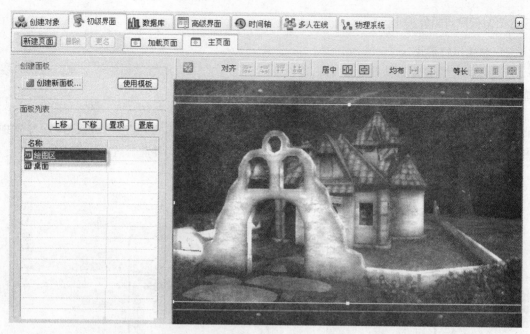

图 5-13   绘图区设置

图 5-14   创建按钮

4）创建场景中其他按钮。使用与前面同样的技巧创建场景中的其他按钮，如图 5-17 所示。

3. 创建新页面

如果用户需要为一个 VR 项目设计多个界面方案，则可以通过"新建页面"功能，在新建的多个页面中设计不同风格的界面。具体的制作步骤如下。

1）创建新页面。单击"功能分类"栏中的"新建页面"按钮，然后在弹出的"页面名称"对话框中为新建页面命名，单击"确定"按钮后，一个新的空白页面就创建完成了，如图 5-18 所示。

图 5-15 编辑按钮缩略图

图 5-16 设置按钮贴图透明属性

2）在新页面中设计新界面方案。用户可以在新建的页面中为当前项目重新设计第二套方案界面，如图 5-19 所示。

图 5-17　创建场景中其他按钮

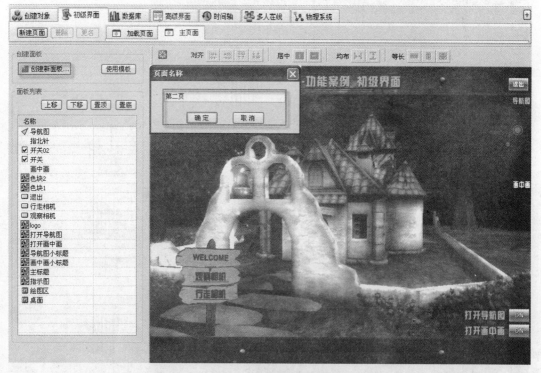

图 5-18　创建新页面

4. 创建加载页面效果

打开 EXE 时，通常会出现一个蓝色的全屏加载页面，为了丰富这个加载页面，用户可以为其添加一张 DEMO 宣传图片，也可以在其上添加动态的 atx 贴图。具体的制作步骤如下。

1）为"加载页面"添加贴图。单击"加载页面"按钮，然后单击其"属性"面板下的"图片"按钮，从弹出的下拉列表框中选择"选择"→"从 Windows 文件管理器"命令，然后在弹出的"打开"对话框中选择一张相应的图片作为加载页面背景图，如图 5-20 所示。

图 5-19　设计第二套方案界面

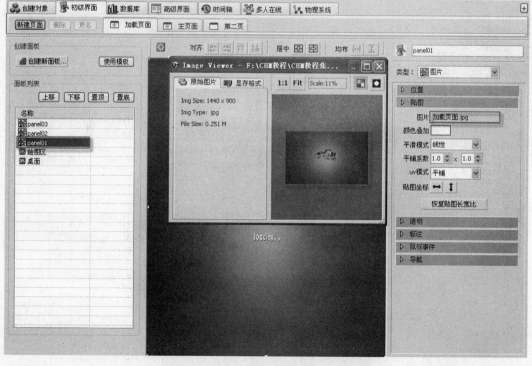

图 5-20　加载页面

2）在"加载页面"添加动态 atx 贴图。通过创建图片的方法，在加载页面上创建一张图片，然后将"贴图"更换成动态的 atx 贴图，如图 5-21 所示。

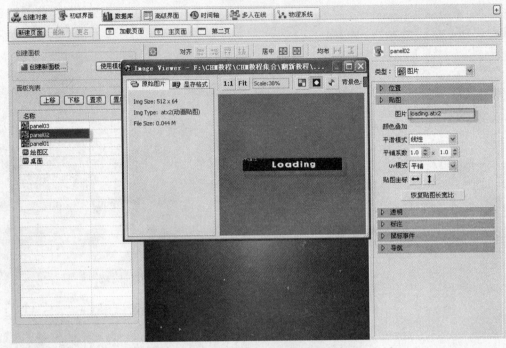

图 5-21　更换为动态贴图

3）添加图片标题。通过创建图片的方法，在加载页面上创建一张图片，然后添加贴图，如图 5-22 所示。由此创建的加载页面，运行时的画面丰富多彩。

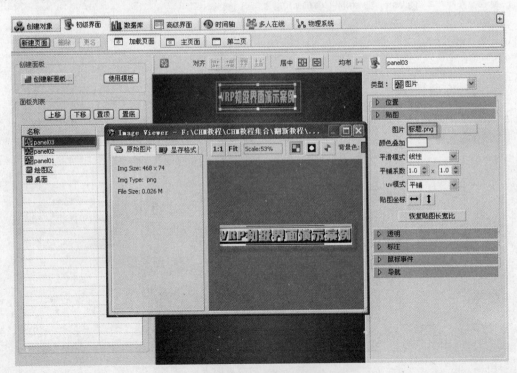

图 5-22　添加图片标题

5. 创建画中画

在界面上除了可以创建按钮、图片等元素外，还可以在其上创建一个画中画窗口。关于画中画窗口的具体制作方法如下。

1）准备案例场景。打开提前准备好的场景，场景中已经做好了部分相机与控件。

2）创建画中画控件。在"高级界面"的"控件"面板下单击"画中画"按钮，然后将鼠标放在窗口中拖动以创建画中画控件，如图 5-23 所示。

图 5-23　设置画中画

3）设置画中画控件位置。在"高级界面"的"控件"面板下选择名称为"画中画"的控件，然后在右边的"控件属性"面板下单击"位置尺寸"按钮，设置画中画控件的位置为"右上"，如图 5-24 所示。

图 5-24　设置画中画控件位置

4）设置画中画相机。在"高级界面"的"控件"面板下选择名称为"画中画"的控件，然后在右边的"控件属性"面板下单击"相机绑定"按钮，绑定相机，如图 5-25 所示。

图 5-25　设置画中画相机

5）设置勾选画中画并激活。在"高级界面"的"控件"面板下选择名称为"画中画"的控件，然后在右边的"控件属性"面板下勾选"更新画面，可以用脚本动态激活"命令，这样无需添加激活画中画脚本，在运行的时候，可以直接预览画中画效果，如图 5-26 所示。

图 5-26　设置勾选画中画并激活

6）设置画中画脚本。按下 F7 键，打开"脚本编辑器"，在"系统函数"面板下创建"初始化"函数，然后在初始化函数下面添加"画中画激活，画中画,|"的脚本，如图 5-27 所示。"画中画激活，画中画 |"脚本与"更新画面，可以用脚本动态激活"这个命令任选其一即可。单击 F5 键，运行场景 Flash 动画的效果，如图 5-28 所示。

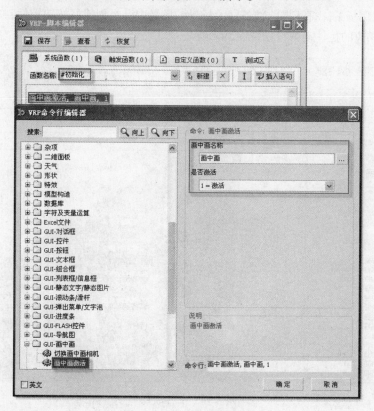

图 5-27 设置画中画脚本

图 5-28 画中画的运行效果

6. Flash 控件的使用方法

Flash 控件可以将 Flash 文件加载到 VRP 编辑器中，并且可以通过 VRP 编辑器中的脚本函数，控制 Flash 文件的播放、暂停、快进、快退等效果。制作项目时，可以结合 Flash 控件与 Flash 文件制作出丰富的场景效果。具体的制作步骤如下。

1）打开案例场景。打开提前准备好的场景，场景中已经创建好按钮控件，并同时用时间轴给按钮做了相应的控件动画，如图 5-29 所示。

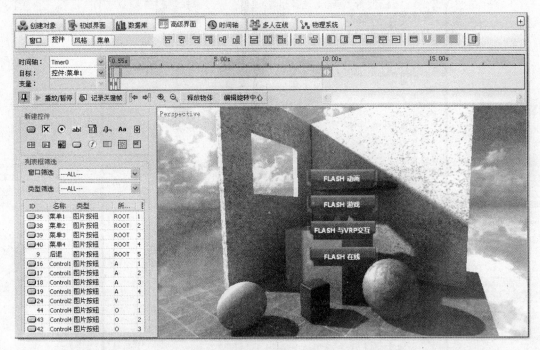

图 5-29　准备场景

2）创建 Flash 控件。打开"高级界面"面板下的"控件"面板，单击"Flash"按钮，然后将鼠标放在窗口中按住鼠标左键拖动以创建 Flash 控件，接着修改 Flash 控件的名称为"flash 控件展示"，同时设置 Flash 控件的位置尺寸为"中心"，如图 5-30 所示。

3）添加 Flash 文件。打开"高级界面"面板下的"控件"面板，选择名称为"flash 控件展示"的控件，然后在右边的"控件属性"面板下单击"添加本地文件"按钮，在弹出的对话框中选择 Flash 文件进行添加，如图 5-31 所示。

4）打开 GUI-FLASH 控件脚本文件。打开"脚本编辑器"，在弹出的面板中打开"GUI-FLASH 控件"文件包，针对 GUI-FLASH 控件的脚本都在这个文件包下进行选择，如图 5-32 所示。

5）设置控制 Flash 控件脚本函数。选择场景中名称为"菜单 1"的按钮，然后打开按钮的"控件属性"面板，单击"脚本"按钮，添加相应的脚本函数，如图 5-33 所示。按 F5 键运行场景 Flash 动画的效果。

7. 导航图的使用方法

在高级界面中的导航图控件可以是正方形的，其中的地图可以是长方形的，这样既满足了导航的功能，又满足了界面美观的功能。将导航图缩放功能、导航图指示箭头的中心锁定、导航图热点响应、导航图热点图标响应这些功能嵌入导航图中，只要简单应用脚本就可以获得全部内容。"导航图"的创建步骤如下。

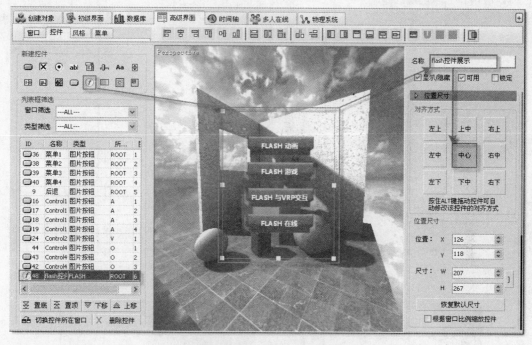

图 5-30　创建 Flash 控件

图 5-31　添加 Flash 文件

1）打开场景文件。将 3DS Max 中的场景烘焙后导入 VRP 编辑器中，调整好材质与特效。

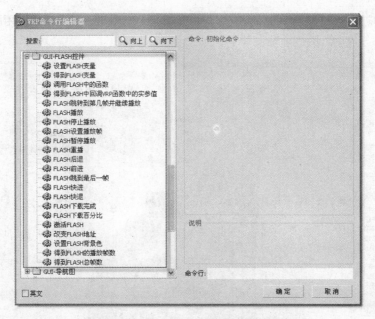

图 5-32　打开 GUI-FLASH 控件脚本文件

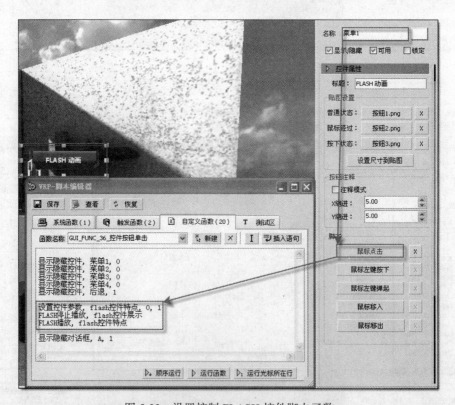

图 5-33　设置控制 FLASH 控件脚本函数

2）创建导航图对象。打开制作完成的 VR 场景，单击高级界面 "控件" 栏下的 "导航图"
按钮，在绘图区拖动以绘制导航图，并设置其 "对齐方式" 为 "右上"，修改其 "名称" 为 "导
航图"，如图 5-34 所示。导航图 "控件属性" 面板如图 5-35 所示，其中的参数说明如表 5-2 所示。

图 5-34　添加"导航图"按钮

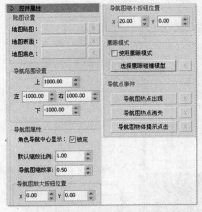

图 5-35　导航图"控制属性"面板

表 5-2　导航图控制属性参数说明

参数名称	说　　明
地图贴图	用于设置添加导航图片
地图表面	用于设置添加导航图的边框图片，用来修饰导航图
地图底色	用于设置导航图的底图
导航图范围设置	同初级界面中的导航图的导航坐标
角色导航中心显示	勾选，则导航坐标始终在导航图的中心位置，否则跟随导航图实时变动
默认缩放比例	调整默认状态下的缩放比例
导航图放大按钮位置	调整导航图"放大"按钮在导航图中的位置
导航图缩小按钮位置	调整导航图"缩小"按钮在导航图中的位置
鹰眼模式	同初级界面中的导航图的鹰眼使用方法
导航图热点出现	导航图热点出现时触发的脚本函数
导航图热点消失	导航图热点消失时触发的脚本函数
导航图物体提示单击	导航图物体提示单击时触发的脚本函数

　　3）添加导航图贴图。在导航图的属性面板"控件属性"卷展栏下单击"地图贴图"按钮，在弹出的浏览窗口中选择导航图顶视图截图图片。在"地图表面"上选择一张 .png 格式的边框图并取消"角色导航中心显示"复选框，如图 5-36 所示。

　　4）添加导航图坐标，如图 5-37 所示。

　　5）添加导航箭头。保持导航图被选中状态下切换到"风格"栏中，在"导航图角色图标"下单击"更改图片"按钮，在弹出的浏览窗口中选择一张事先制作好的导航箭头的图片，如图 5-38 所示。

　　6）创建"放大""缩小"按钮。在"控件元素"右侧的下拉列表中选择"导航图放大"选项，然后单击下方的"更改图片"按钮，在弹出的浏览窗口中选择一张事先制作好的"放大 .png"图片。使用相同的方法创建另外一个"缩小 .png"图片，如图 5-39 所示。

　　7）创建导航图物体图标。我们还可以给此迷宫场景的中心位置设置一个提示图标。继续在"控件元素"的下拉列表中选择"导航图物体图标 1",单击下面的"更改图片"按钮,在弹出的浏览窗口中选择一张图片,如图 5-40 所示。

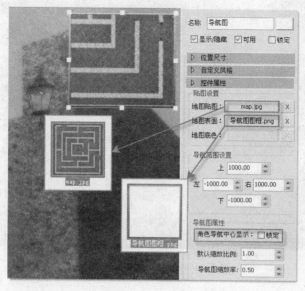

图 5-36 添加导航图贴图

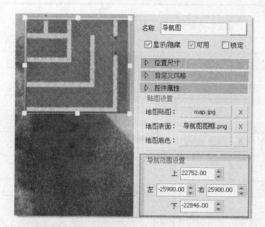

图 5-37 添加导航图坐标

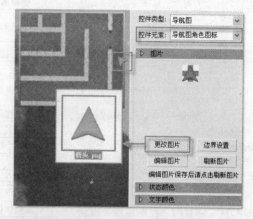

图 5-38 添加导航箭头

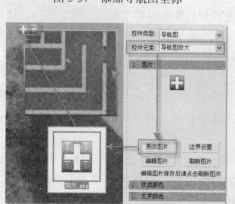

图 5-39 创建"放大""缩小"按钮

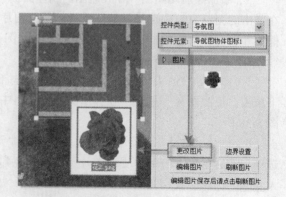

图 5-40 创建导航图物体图标

8）脚本绑定物体图标。此时，我们需要添加一行脚本来实现将"导航图物体图标1"绑定到场景中的模型。新建一个"＃初始化"函数，并添加语句"导航图添加物体，导航图，grass，终点站，1"。其中，"grass"为场景中心物体"草"的模型，"终点站"为提示语，如图 5-41 所示。

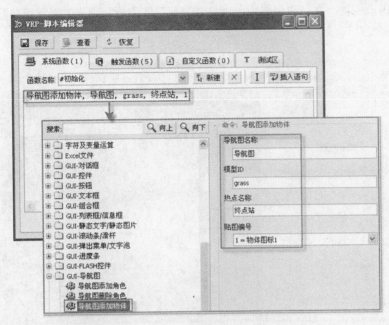

图 5-41 脚本绑定物体图标

9）测试运行。按 F5 键测试当前场景导航图的效果如图 5-42 所示。

图 5-42 测试当前场景导航图的效果

8. 使用窗口管理控件

窗口可用于对控件进行控制和管理。通过本案例教程的讲解，用户将学习到高级界面中窗口对控件的控制和管理的使用方法。

（1）窗口对控件的控制

1）创建窗口控件。在"高级界面"中打开"窗口"面板，单击"新建窗口"按钮，可在视图中创建一个窗口，如图 5-43 所示。

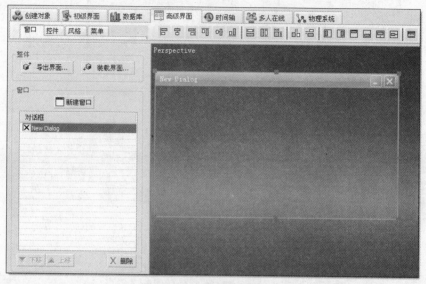

图 5-43　创建窗口控件

2）设置窗口属性。选中控件窗口，窗口"名称"设置为"窗口"，"位置" X、Y 均设置为 0.00，"对齐方式"选择"左上"，窗口标题设置为"管理控件"，如图 5-44 所示。

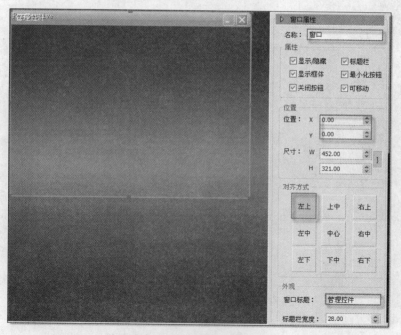

图 5-44　设置窗口属性

3）在窗口中创建其他控件。在"高级界面"中打开"控件"面板，在"管理控件"窗口中创建按钮控件和图片控件，如果在视图中创建的控件想放在窗口中，则需要按住 Shift+ 鼠标左键才能将控件拖到窗口中，如图 5-45 所示。

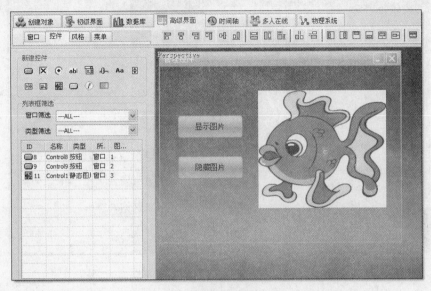

图 5-45　在窗口中创建其他控件

4）预览效果。按 F5 键运行当前场景，单击窗口中的最大化和最小化按钮，可以预览效果，单击关闭按钮可关闭当前的窗口，如图 5-46 所示。

图 5-46　预览效果

（2）窗口对控件的管理

1）设置窗口控件属性。选中窗口控件，在右边的"属性"面板中取消"标题栏"和"显示框体"的勾选，如图 5-47 所示。

2）添加隐藏窗口的脚本。选中隐藏窗口按钮，在右边的"控件属性"面板中单击"鼠标点击"按钮，在弹出的脚本编辑器中添加脚本"显示隐藏对话框"，在"对话框名称"下拉框中选择"窗口"，将"类别"设置成"0 = 隐藏"。如图 5-48 所示。

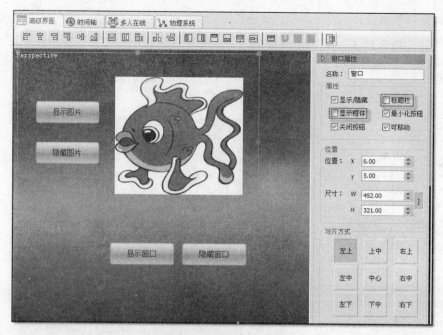

图 5-47　设置窗口控件属性

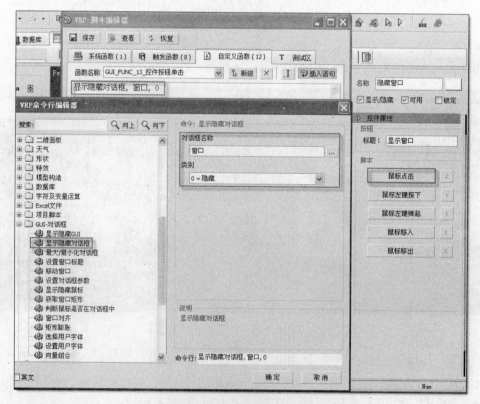

图 5-48　添加隐藏窗口的脚本

3）添加显示窗口的脚本。选中隐藏窗口按钮，在右边的"控件属性"面板中单击"鼠标点击"按钮，在弹出的脚本编辑器中添加脚本"显示隐藏对话框"，在"对话框名称"下拉框中选择"窗口",将"类别"设置成"显示",如图 5-49 所示。脚本中有一个 GUI 对话框的脚本文件包,这是一个针对窗口控件的脚本。

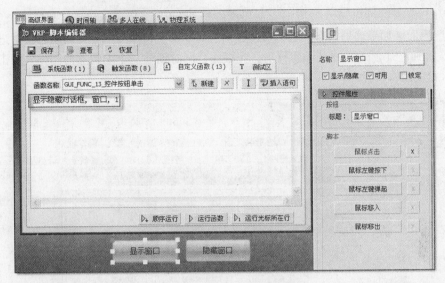

图 5-49　添加显示窗口的脚本

4)预览效果。按 F5 键运行当前场景,通过单击"显示窗口"和"隐藏窗口"按钮,可以实现对窗口的控制,制作项目时,在控件比较多的情况下,可以使用窗口对控件进行管理,如图 5-50 所示。

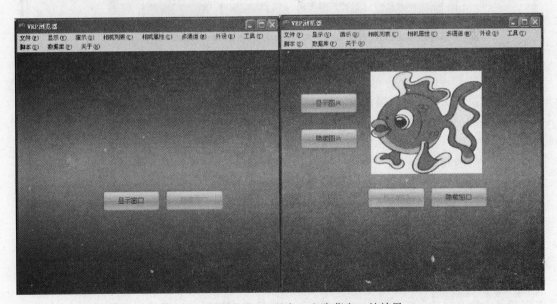

图 5-50　预览 VRP 显示窗口和隐藏窗口的效果

VRP 界面还可用于设置图片按钮、复选框、单选框、开关、输入框、下拉框、组合框和进度条等,操作步骤与前面所述界面的设计类似,也非常容易入手,这里就不一一赘述,读者可自行操作测试。

5.7 VRP 材质编辑器

1. 界面概述

从 VRP 编辑器可以进入材质编辑器界面。打开 VRP 编辑器，单击"材质库"，会弹出"材质库"界面。如果这里没有合适的材质，则可以单击"材质库"→"新建材质"进入材质编辑器，如图 5-51 所示。安装编辑器后，在桌面会同时创建一个编辑器的图标。双击该图标也可进入材质编辑器界面。

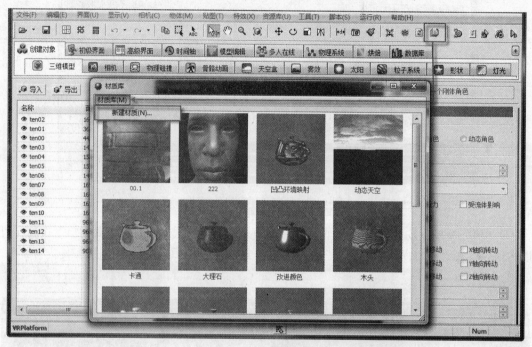

图 5-51　材质编辑器

（1）材质节点区和材质编辑区

如图 5-52 所示，界面的左边是材质节点区，有标准材质库、样例材质库、材质类型、用户输入值等分栏，客户可以从中选取材质编辑的模板；界面的右边是材质编辑区，客户可以从材质节点区选取所需的材质模板并拖曳到材质编辑区进行编辑。材质编辑区支持多个任务同时进行，可通过鼠标滚轮放大和缩小视图，操作简单方便。

（2）右键菜单

在材质显示框内右键单击，会弹出右键菜单。在这里可以选择精致显示、模型变更、平面展示、显示背景、删除节点、材质输出等选项，如图 5-53 所示。选择"精致显示"可以弹出更大的材质示例窗口，供客户详细查看材质编辑成果。选择"模型变更"可以从"Static Model"文件夹中选取不同的示例模型，供客户根据不同的需要进行查看。"显示背景"用于实现背景隐藏和显示，客户可以根据需要打开背景观察环境对材质的影响效果。"删除节点"可以删除不满意的材质节点。材质编辑完毕后，在右键菜单中单击"材质输出"命令，可以将编辑好的材质存储在系统默认的 MatLib 文件夹中，这样在 VRP 中打开材质库时可直接调用。

2. 材质类型及参数设置

材质类型有单色材质、Phong 材质、各向异性材质、金属材质、双层材质和卡通材质。

材质类型及其相关参数设置如图 5-54 所示。

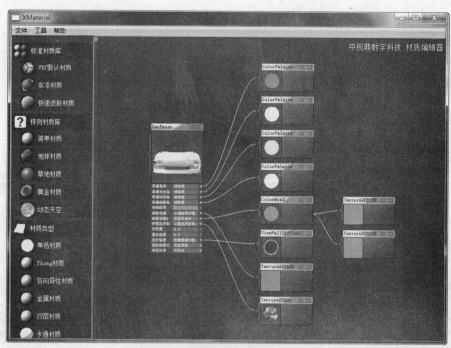

图 5-52　材质节点区和材质编辑区

图 5-53　右键菜单

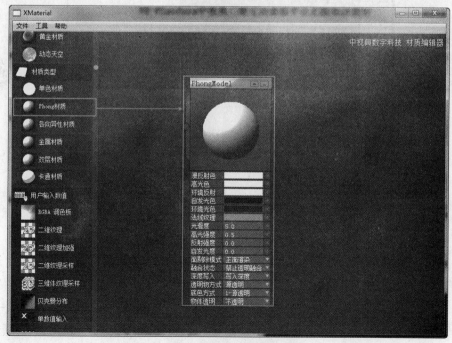

图 5-54　材质类型及参数设置

以上材质设置好通道信息后，均可对面剔除模式、融合状态、深度写入、物体透明等选项进行模式选择。以下对面剔除模式、融合状态、深度写入、物体透明四种模式进行介绍。

1）面剔除模式：决定材质是单面渲染还是双面渲染。

2）融合状态：决定材质在 VRP 中渲染时能否使用 alpha 通道混合。

3）深度写入：决定材质在 VRP 渲染时写入 z 通道。

4）物体透明：决定材质在 VRP 渲染时是否为透明。

5.8　VRP-atx 动画贴图

为了生动展现 VR 场景，VRP 还新增了 atx 动画贴图功能，以及一个 atx 动画贴图编辑器，用户可以很方便地编辑独立帧文件，以及设定每帧的停留时间，以实现非等时的序列帧动画。由此，用户可以用 VRP 来展现火焰、水面、喷泉、爆炸等动态效果。以霓虹灯的 atx 动画贴图制作为例，其制作步骤如下。

图 5-55　新建图片

1）新建图片。应用 Photoshop 新建一个图像文档，如图 5-55 所示。

2）填充渐变。应用"渐变"工具选择一种默认的渐变，然后通过"线性渐变"将选择的渐变填充到"背景"图层中，如图 5-56 所示。

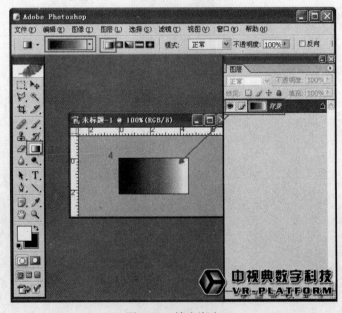

图 5-56　填充渐变

3）位移图像。直接按组合键"Ctrl+J"复制当前层为新的图层，然后应用"滤镜 / 位移"命令，在弹出的"位移"对话框中，将"水平"位移值设置为"10"，如图 5-57 所示。

4）循环位移图像。按组合键"Ctrl+J"复制当前层为新的图层，然后按组合键"Ctrl+JF"重复执行上次的滤镜命令，以使渐变滚动一周，即最后一层位移后与第一层相吻合，如图 5-58 所示。

图 5-57　位移图像

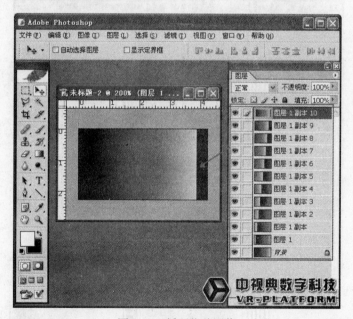

图 5-58　循环位移图像

5）编辑图像动画。单击"工具栏"下方的"在 ImageReady 中编辑"按钮切换到 Image-Ready 编辑器中，关闭其他图层，只显示最初的"背景"图层，然后打开"动画"面板，让第一帧与"背景"图层相对应，如图 5-59 所示。

6）创建多帧动画。单击"动画"面板下的"复制当前帧"以得到第二帧，然后再打开"图层 1"。依次创建多帧，并一一对应图层，如图 5-60 所示。

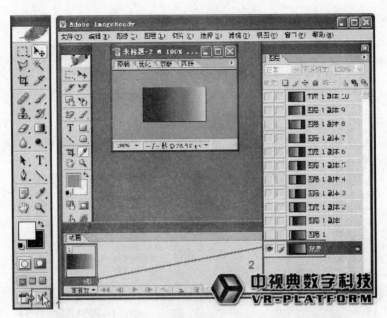

图 5-59　编辑图像动画

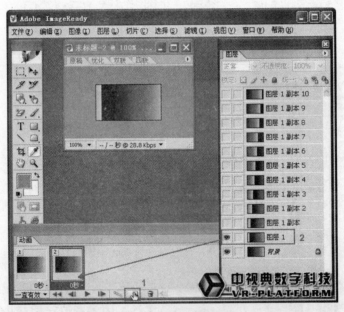

图 5-60　创建多帧动画

　　7）导出动画系列帧为独立图片。选择第一动画关键帧后，按住 Shift 键，再选择最后一个关键帧以选择所有的关键帧；然后，通过"文件 / 导出 / 动画帧作为文件"命令将所有的动画帧存储为独立的图像文件，如图 5-61 所示；最后，在"将动画帧作为文件导出"对话框中设置相应的参数，如图 5-62 所示。

　　以上只是制作 atx 动画贴图的方法之一。同样，应用 Flash 软件也可以生成系列图片。

atx 动态贴图的制作及后期编辑方法如下。

　　1）打开动态贴图编辑器。打开动态贴图编辑器，单击"插入图片"按钮，然后找到名称为"dolphin"的系列帧图片,如图 5-63 所示。

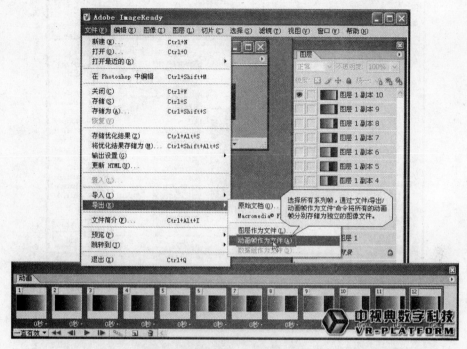

图 5-61　导出动画系列帧为独立图片

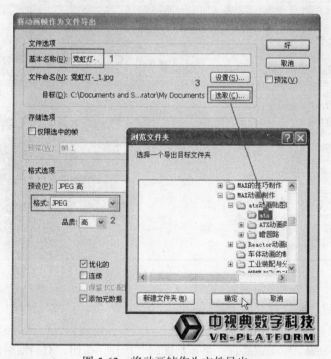

图 5-62　将动画帧作为文件导出

2)设置单帧时长。在打开的动画编辑器中,设置动态贴图的单帧时长为 100 毫秒,然后单击"设置到所有帧"按钮,如图 5-64 所示。

图 5-63   在动态贴图编辑器中选取序列帧图片

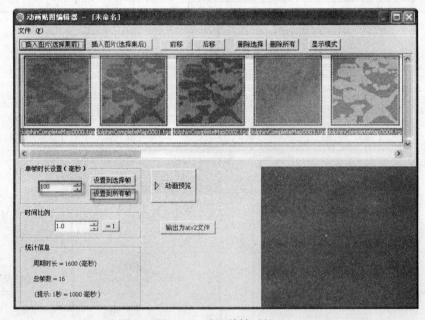

图 5-64   设置单帧时长

3）预览动画贴图。在打开的"动画贴图编辑器 –[未命名]"对话框中，单击"动画预览"
按钮，在弹出的预览窗口中单击"播放"按钮，可查看预览效果，如图 5-65 所示。

4）保存动态贴图。单击"文件"菜单下面的"保存"按钮，对当前制作的动态贴图进行
保存，并命名为"海豚动态贴图"，如图 5-66 所示。

5）添加动态贴图。打开 VRP 场景文件，选择"海豚"模型，打开"第一层贴图"面板，
添加动态贴图，如图 5-67 所示。

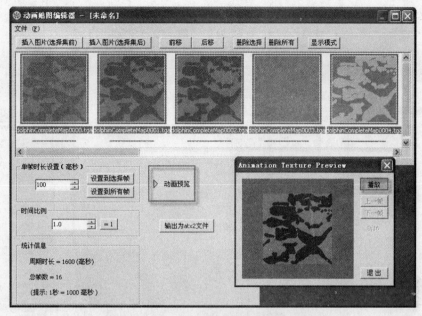

图 5-65　预览动画贴图

图 5-66　保存动态贴图

6）预览制作效果。按下 F5 键或选择"主工具栏"中的 ▷ 按钮，预览场景中的效果，如图 5-68 所示。

创建 ATX 序列帧图片时，推荐客户命名序列帧图片的最佳方式是 01 ~ 09；然后从 11 ~ 19 依次进行命名，这个规律与 Windows 的排名规律是一样的，即 00 后是 11，11 后是 21 等，用户也可以在数字前加中文字符，只要最后的序号遵循以上规律便可。只有用户遵循了以上命名规律，用户在将制作的序列图片一次性添加到 ATX 编辑器后，生成的 ATX 序列图片顺序才是正常的，这大大提高了工作效率。

图 5-67　添加动态贴图

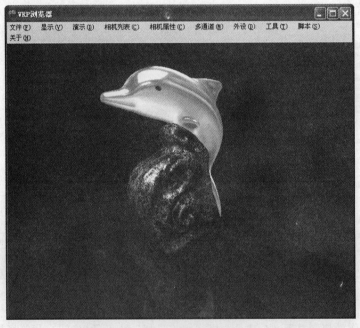

图 5-68　预览制作效果

5.9　VRP 相机设置

VRP 中有多种不同的相机来完成三维场景中不同的漫游需求，下面分别介绍。

1. 行走相机

在制作室内与室外的 VR 场景时，经常需要在 VR 场景中创建行走相机，如图 5-69 所示，应注意相机的命名，以示区别。这样便可以以第一人称的视角来游览整个 VR 场景。

图 5-69   创建行走相机

将相机中的"水平视角"设置为"90（度）"，相机小人的"身高"设置为"1500.00（厘米）"（建议根据实际生活中人的高度设定），其他参数设为默认，应用"平移物体"工具将小人拖到地面上方，如图 5-70 所示。用户可以应用"缩放工具"和"移动工具"对相机的位置进行适当调整。

很多时候，在 VR 场景中创建行走相机后，小人会被卡在地面中，这时需要将小人手动拖到地面上，如图 5-71 所示。走动的时候，由于重力作用，小人会自动落到地面上；否则，在为场景设置了碰撞之后，小人将不能前进。如果在 3DS Max 中制作场景的时候就将地面设置在原点处，那么在 VRP 编辑器中创建相机的时候，相机会自动落在地面上。

2. 飞行相机

在模拟室外场景（如旅游业的风景游览）时，经常会使用飞行相机来游览整个 VR 场景的概貌。可直接单击"相机"操作栏中的"飞行相机"按钮创建，如图 5-72 所示，飞行相机的"水平视角"一般设为"90（度）"；也可将当前行走相机转换为飞行相机。对飞行相机进行缩放操作不会改变相机的任何参数，只是为了其在视图中显示适当比例。

3. 动画相机

动画相机用来录制场景动画。用户先按 F5 键运行该场景，然后在弹出的运行界面中按 F11 键，如图 5-73 所示，应用键盘上的视点移动（如 W 或 ↑、S 或 ↓ 等）键进行动画录制，界面上的左上角显示的是录制秒数，再次按下 F11 键可结束动画相机的录制操作。可将已录制的相机动画存储到"相机列表"中。结束动画相机录制后，用户可为录制的动画相机命名。如果场景比较大，则用户可以分段录制动画（即录制一段动画后结束录制操作，然后接着录制下一段动画）。运行该场景时，VRP 会自动按相机列表中的相机所示顺序进行依次播放。

图 5-70　行走相机参数调整

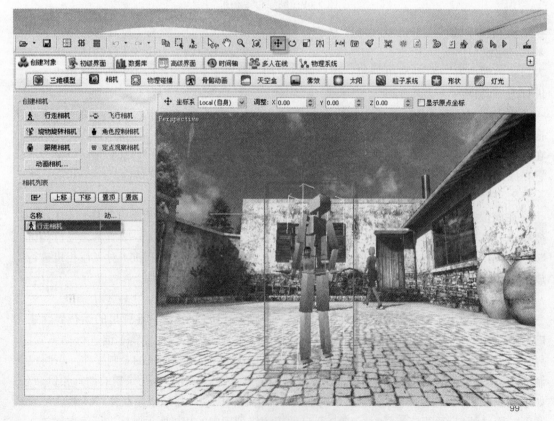

图 5-71　调整相机小人位置

图 5-72　创建"飞行相机"按钮

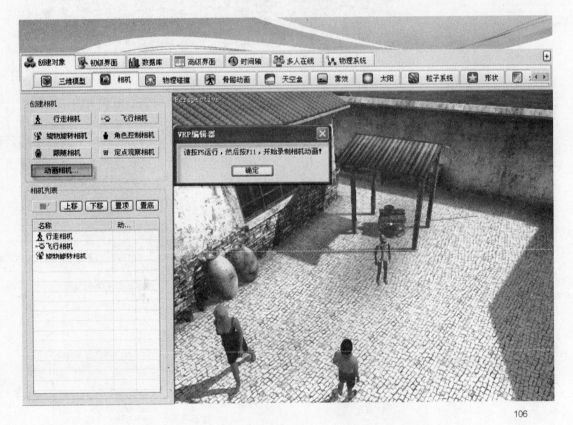

图 5-73　动画相机的录制操作

4. 绕物旋转相机

在浏览 VR 场景时，有时需要锁定一个建筑物，然后围绕这个建筑物对其进行环绕浏览。

这时，用户就需要在场景中创建一个绕物旋转相机，如图 5-74 所示，利用绕物旋转相机来浏览这个场景中的建筑外观。

图 5-74　创建绕物旋转相机

设置绕物旋转相机的中心参照物。在创建的绕物旋转相机的"属性"面板下的"旋转中心参照物"栏中单击"None"按钮，然后在"最低高度"一栏中输入最低高度值，如图 5-75 所示。"最低高度"是设置绕物旋转相机在 Z 轴上的旋转限制值，正值为 0 点以上的高度范围，负值为 0 点以下的高度范围。通常，用户也可以应用绕物旋转相机来完整地展现一个静物产品。

图 5-75　绕物旋转相机的参数设置

5. 定点观察相机

定点观察相机的特点是目标始终锁定某一物体。创建定点观察相机时，可在定点观察属性里设置跟踪物体，调整跟踪物体视点高度，如图 5-76 所示。

图 5-76　创建定点观察相机

6. 跟随相机

跟随相机通常绑定一个模型物体，完成虚拟路径跟随，可用于虚拟驾驶、虚拟路径漫游等。具体设置如下。

1）调用角色库。单击"主功能区"里的"骨骼动画"栏，单击"角色库"按钮，弹出"角色库"对话框，将角色调到场景中，通过"移动工具"和"缩放工具"调整其位置和大小，如图 5-77 所示。

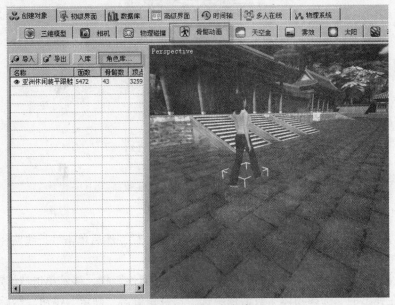

图 5-77　调用角色库

2）加入角色动作。在右侧"动作"属性栏中，单击"动作库"按钮，在弹出的"动作库"对话框中双击"行走原地（平跟女士）"，给角色模型加入动作，如图 5-78 所示。

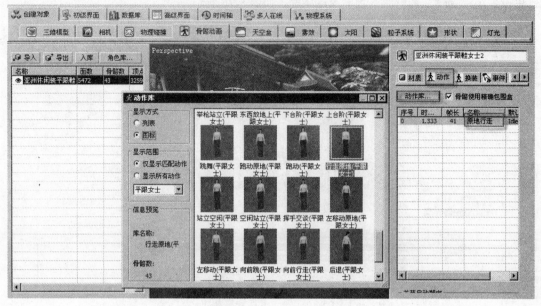

图 5-78　加入角色动作

3）设置角色动作。右键单击"行走原地（平跟女士）"，在弹出的菜单中选择"认为默认动作"，如图 5-79 所示。

图 5-79　设置角色动作

4）创建角色路径。单击"主功能区"里的"形状"栏，然后单击"折线路径"按钮，按住 Ctrl 键，在顶视图创建一条路径，如图 5-80 所示。

5）设置路径绑定角色。选择 path01 路径，打开"属性"栏，接着单击"绑定物体选择"右侧按钮，在弹出的"选择物体"对话框中选中角色，单击"确定"按钮，然后设置"绑定物的位移速率"为 8.00（厘米 /s），如图 5-81 所示。

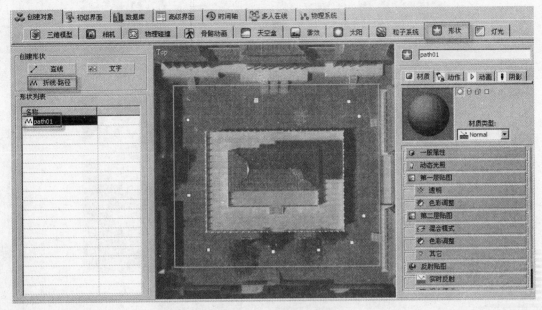

图 5-80　创建角色路径

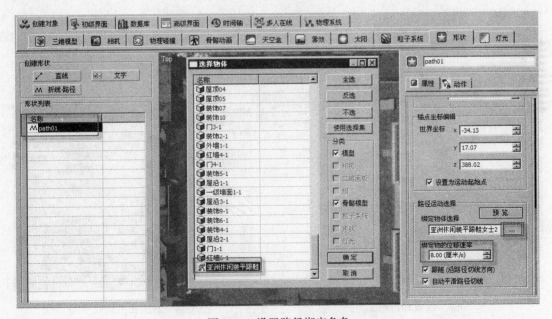

图 5-81　设置路径绑定角色

　　6）创建跟随相机。打开"主功能区"里的"相机"栏，接着单击"跟随相机"按钮，在弹出的"Camera name"对话框中输入相机名称，如图 5-82 所示。

　　7）设置相机跟踪角色。选择"跟随相机"，打开右侧相面属性面板，选择"跟踪控制"下的"选择跟踪物体"右侧按钮，在弹出的"选择物体"对话框中选择角色模型，单击"确定"按钮如图 5-83 所示。

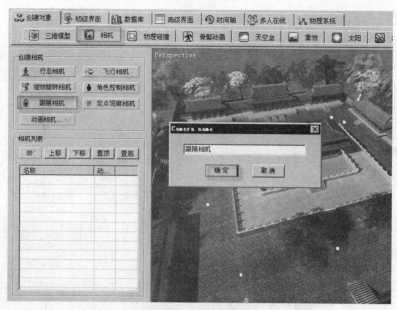

图 5-82　创建跟随相机

8）设置完成后的效果如图 5-84 所示。

图 5-83　设置相机跟踪角色

图 5-84　跟随相机的效果

7. 角色控制相机

角色控制相机，顾名思义就是用来控制角色的动作，具体设置如下。

1）调用角色库。单击"主功能区"里的"骨骼动画"栏，单击"角色库"按钮，弹出"角色库"对话框，双击"亚洲休闲装平跟鞋女士 2"将此角色调用到场景中，如图 5-85 所示。

2）调整角色大小和位置。通过"移动工具"和"缩放工具"调整其位置和大小，如图 5-86 所示。

图 5-85　调用角色库

图 5-86　调整角色大小和位置

3）加入角色动作。在右侧"动作"属性栏中，单击"动作库"按钮，在弹出的"动作库"对话框中双击"跑动原地（平跟女士）""空闲站立（平跟女士）""行走原地（平跟女士）"三个动作，加入到角色模型中，如图 5-87 所示。

4）设置角色动作。右键单击"空闲站立（平跟女士）"，在弹出的菜单中选择"设为默认动作"，用同样的方法将"行走原地（平跟女士）"设置为"行走动作"，"跑动原地（平跟女士）"设置为"跑步动作"，如图 5-88 所示。

5）创建角色控制相机。单击"主功能区"里的"相机"栏下的"角色控制相机"按钮，这时会弹出一个对话框，可在该对话框中对相机进行更名，如图 5-89 所示。

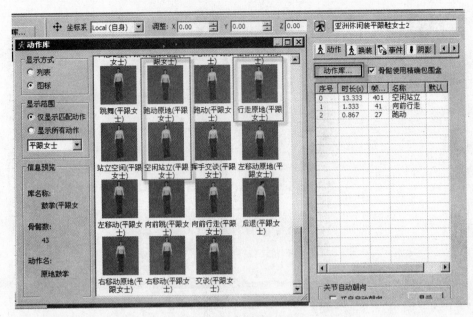

图 5-87　加入角色动作

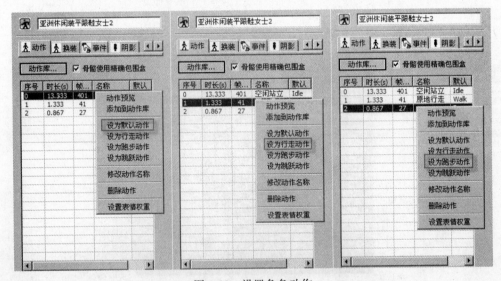

图 5-88　设置角色动作

　　6）设置相机控制角色。选择"角色控制相机",打开右侧相机属性面板,选择"跟踪控制"下的"选择跟踪物体"右侧按钮,在弹出的"选择物体"对话框中选择"亚洲休闲装平跟鞋",单击"确定"按钮,如图 5-90 所示。

　　7）切换角色控制相机。制作完成后,按住 F5 键运行,再按 C 键,在弹出的菜单中选择"角色控制相机"可以对角色进行控制,如图 5-91 所示。

　　注意:用键盘上的 W、S、A、D 分别控制前、后、左、右,也可以用鼠标直接单击要去的位置来控制角色,按"～"键可以切换到跑步状态。

　　8. 相机转场特效

　　帧转场特效作用于帧间,从一个相机转场到另一个相机所应用到的效果,只跟帧播放有关，这类转场在使用的时候，通常需要自己控制帧的播放，如播放动画相机等。帧转场特效支持淡入、淡出、运动模糊和马赛克四种模式，这四种模式的脚本添加方法均类似。用户只需要了解其中一种，便可以完成其他几种的添加方法。

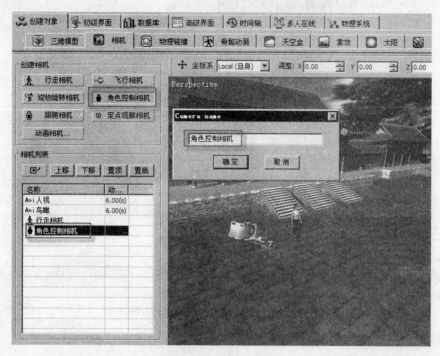

图 5-89　创建角色控制相机

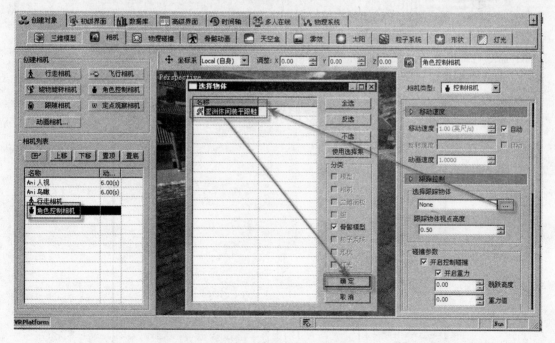

图 5-90　设置相机控制角色

图 5-91　切换角色控制相机

5.10　VRP 脚本编辑器

　　VRP 脚本编辑器主要用来实现 VR 场景的强大交互功能。用户可以根据项目需求通过脚本语句来实现场景丰富的交互功能。交互功能是虚拟现实的一个重要特性，单击 VRP 菜单脚本→脚本编辑器，可进行脚本编辑，如图 5-92 所示。

　　"VRP 命令行编辑器"集成了所有 VRP 交互脚本，用户可以通过"脚本编辑器"中的"插入语句"来添加事件脚本。"VRP 命令行编辑器"如图 5-93 所示。

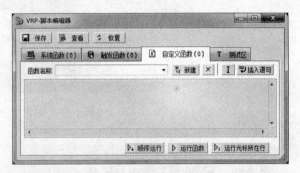

图 5-92　VRP- 脚本编辑器

　　下面介绍在虚拟现实项目中最常用的交互脚本的编写方法。

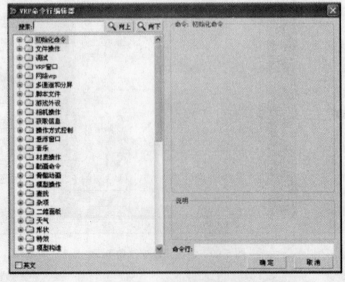

图 5-93　VRP 命令行编辑器

1.“# 初始化”函数的应用

初始化函数是指运行程序前所执行的脚本函数。通常用于设置背景音乐、播放动画、变量定义与赋值等。如果用户希望在一开始运行 VR 场景时能启动一些事件，就需要用户在“系统函数”面板下创建一个“窗口消息函数”。具体操作步骤如下。

1）创建“窗口消息函数”。单击“脚本”→“脚本编辑器”命令（或按 F7 键），在弹出的“VRP- 脚本编辑器”对话框中单击“系统函数（3）”面板下的“新建”按钮，然后在弹出的“系统函数类型”对话框中单击“窗口消息函数”按钮，由此创建一个窗口消息函数，如图 5-94 所示。

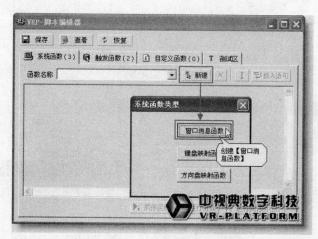

图 5-94　创建“窗口消息函数”

2）创建“初始化”函数。在弹出的“创建窗口消息映射函数”对话框中的“事件”下拉列表框中选择“# 初始化”选项，如图 5-95a 所示。添加完成后的效果如图 5-95b 所示。

a)　　　　　　　　　　　　　　　　　　　　b)

图 5-95　创建“初始化”函数

在脚本初始化编辑窗口下，可插入脚本语句实现某些功能。例如，程序已开始启动背景音乐。在“# 初始化”函数中单击插入语句，添加“设置可视距离 1000”脚本语句后，可视距离外的场景信息将被剔除，从而不占渲染资源。该脚本通常适合演示大场景时使用。

2. 添加背景音乐

添加 VRP 场景背景音乐的具体操作步骤如下。

在 VRP 项目脚本初始化编辑窗口下添加背景音乐脚本函数。在"VRP-脚本编辑器"中单击"插入语句"按钮，在弹出的"VRP 命令行编辑器"中单击"音乐"下的"播放音乐"选项，单击"音乐文件"右侧的按钮，在弹出的"打开"对话框中选择一个背景音乐；在"声道"下拉列表框中选择"–1＝无"选项；将"重复次数"设置为"0"，经过这样设置后，该背景音乐就可以无限循环播放，具体操作如图 5-96 所示。用户在给添加背景音乐时，最好将背景音乐的声道设置在"–1＝无"，其他音乐设置在其他声道中，这样背景音乐就不会与其他音乐相排斥。音乐声道的设置要遵循以下原则：同声道音乐相排斥；异声道音乐相兼容。

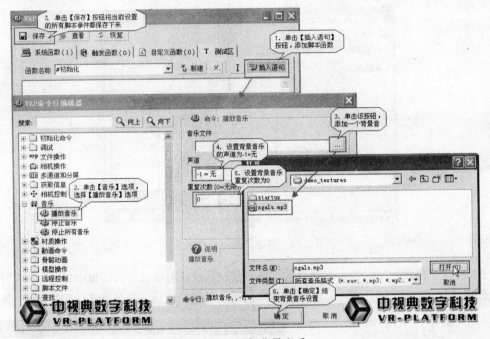

图 5-96　添加背景音乐

3. 二次单击事件

二次单击事件是指在鼠标循环单击中，物体可以在两种状态循环切换。二次单击事件的功能简单而实用。二次单击事件的应用相当广泛，在此以一个简单的按钮控制物体的显示与隐藏为例引导用户以脚本的形式实现按钮的二次单击事件功能。以某个家居场景为例说明具体操作步骤。

1）创建开关按钮。打开"高级界面"面板，创建"图片按钮"控件，在右边属性面板中添加"普通状态"的贴图和"鼠标经过"的贴图，如图 5-97 所示。

2）创建"系统'初始化'函数"。按下 F7 键或者单击主工具栏中的脚本编辑器按钮，在"系统函数（1）"中创建"初始化"函数，并添加"定义变量"脚本"定义变量，显示隐藏，0"，如图 5-98 所示。

3）选择开关按钮，打开属性面板，单击"鼠标单击"按钮，添加程序段 5-1 脚本语句，目的是播放音乐，添加比较变量对应开关两种不同状态。脚本编辑界面如图 5-99 所示。注意设置变量名称与初始化中定义变量的名称一致，由于状态值可以是 1 或 0，所以要对两个变量进行区分。另外，在开关属性面板"物体类型"栏选择"0＝组"选项；在"物体名称"栏输入组的名称；在"选项"栏选择"0=隐藏或者1=显示"选项。读者可测试该脚本，深入理解它的含义。编辑结束后按下F5键或选择"主工具栏"中的运行按钮，预览场景，效果如图5-100所示。

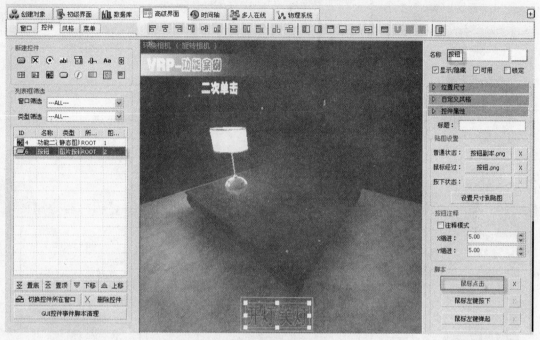

图 5-97　创建开关按钮

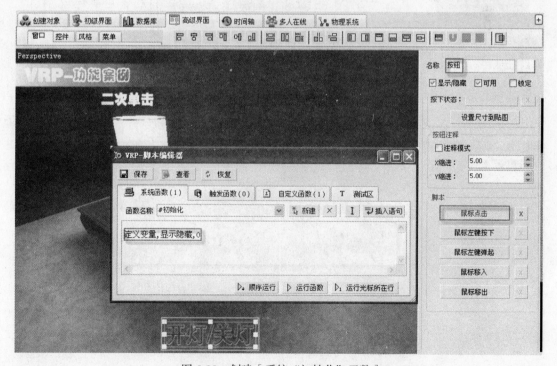

图 5-98　创建［系统"初始化"函数］

程序段 5-1　二次单击事件脚本

播放音乐，d:\demo\ 二次单击 \Fx10384_switch01.wav, 0, 1, 0
比较变量值，显示隐藏，0
显示隐藏物体，0，关灯，1
显示隐藏物体，0，开灯，0
变量赋值，显示隐藏，1
否则
比较变量值，显示隐藏，1
显示隐藏物体，0，关灯，0
显示隐藏物体，0，开灯，1
变量赋值，显示隐藏，0
结束

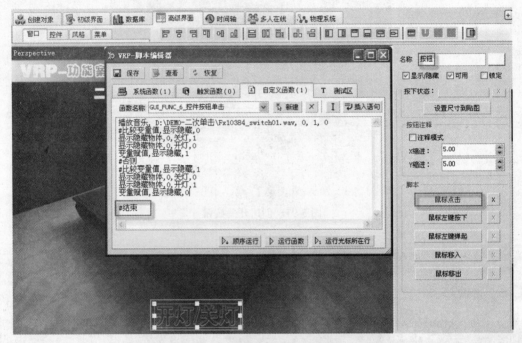

图 5-99　编辑二次单击事件脚本

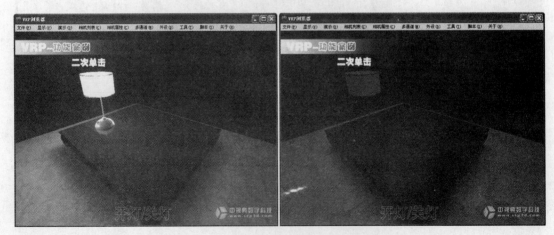

a）开灯　　　　　　　　　　　　　　　　　　　　　　　b）关灯

图 5-100　二次单击时间脚本运行效果

更多脚本语句功能，如时间轴动画交互、刚体动画交互、特效设置、漫游等可以通过后面章节的介绍陆续体验，这里就不赘述了。

5.11 VRP 骨骼动画

1. VRP 角色库的应用

用户可以从 VRP 编辑器的"角色库"中往任意一个 VR 场景中添加该角色模型。具体操作步骤如下。

1）打开 VR 场景。用 VRP 编辑器打开一个 VR 场景。

2）从"角色库"中调用角色模型。单击"功能分类"→"骨骼动画"，然后单击"主功能区"→"角色库"按钮，最后在弹出的"角色库"对话框中找到事先添加的角色模型，将鼠标放在其缩略图上右击，在弹出的下拉列表框中单击"引用应用"命令即可将该角色模型添加到当前的 VR 场景中，如图 5-101 所示。也可将鼠标放在"角色库"里的缩略图上，双击可直接将该角色模型添加到 VR 场景中，添加的角色为"引用应用"属性。

3）编辑角色模型以匹配场景。在将角色模型添加到 VR 场景之后，用户可以用 VRP 编辑器中的"移动"、"旋转"、"缩放"工具对其进行编辑，以匹配当前的 VR 场景尺寸，如图 5-102 所示。至此，用户已成功地将 VRP "角色库"中的角色模型添加到当前的 VR 场景中。

2. VRP 动作库的应用

用户从 VRP 的"角色库"中调用了某一个角色模型之后，就可以从 VRP 的"动作库"中为其添加一个或多个动作。具体操作步骤如下。

图 5-101　从"角色库"中调用角色模型

1）打开 VR 场景。打开一个添加了角色的 VR 场景。

2）给角色模型添加动作。选择角色模型，然后在其"属性"→"动作"面板中单击"动作库"按钮，在弹出的"动作库"对话框中勾选"显示范围"下的"仅显示匹配动作"复选项（默认为选中状态），这样在其右侧列表中就会显示出与当前角色模型骨骼数相匹配的动作类型。此时，用户只需要将鼠标放在某一动作上右击，在弹出的下拉列表框中单击"引用应用"命令（或双击该动作），即可将该动作添加到当前的角色模型上，如图 5-103 所示。注意，只有保证角色模型的骨骼数与动作的骨骼数一致，才可将选择的动作成功地添加到当前角色模型上；否则，添加不成功。

3）进行动作预览测试。按 F5 键，将场景切换到播放器中并预览角色模型添加动作后的效果，如图 5-104 所示。至此，用户就成功地将 VRP 动作库中的动作添加到角色模型上了。

图 5-102　编辑角色模型以匹配场景

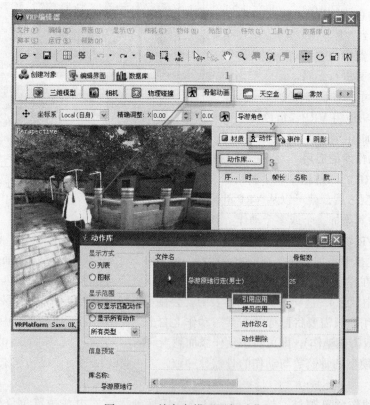

图 5-103　给角色模型添加动作

3. 创建 VRP 角色路径

用户可以应用 VRP 的"折线 – 路径"功能，为 VR 场景中的角色模型创建一条自定义行走路线。具体操作步骤如下。

图 5-104　进行动作预览测试

1）选择"折线－路径"按钮。将 VR 场景中影响路径绘制的模型树暂时隐藏起来，单击"功能分类"→"形状"→"折线－路径"按钮，此时会弹出一个"操作说明"提示对话框，用户单击"确定"按钮就可以了，如图 5-105 所示。

图 5-105　选择"折线－路径"按钮

2）绘制路径。按住 Ctrl 键，将鼠标放在场景中单击以绘制角色行走路径。绘制完毕后，双击鼠标以结束路径绘制操作，如图 5-106 所示。

图 5-106　绘制路径

3）编辑路径。在创建完路径后，用户可以双击某一路径锚点，然后用"移动工具"调整其位置，如图 5-107 所示。

图 5-107　编辑路径

4）编辑路径运动选择物。在路径"属性"面板中单击"路径运动选择"→"物体选择"后面的按钮，在弹出的"选择物体"对话框中选择"导游角色"骨骼模型，最后单击"确定"按钮即可将选择的角色模型约束到路径上，如图5-108所示。在经过以上操作后，按F5键，预览发现，角色模型在路径的拐角不能很好地沿路径方向行走，这主要是因为绘制的路径拐角为直角。用户将直角修改为弧角即可。

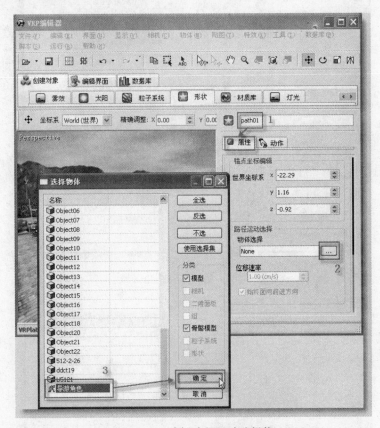

图5-108　编辑路径运动选择物

5）编辑路径拐角区域。选择拐角前一个锚点，然后在路径"属性"面板中，单击"插入锚点"按钮即可在当前选中的锚点后得到一个新的锚点，如图5-109所示。

重复以上操作，再选择拐角处的那个锚点，然后在路径"属性"面板中，单击"插入锚点"按钮即可在当前选中的锚点后得到一个新的锚点，如图5-110所示。使用插入锚点方法增加锚点，调整位置，可以获得更加圆滑的路径。

6）调节路径平滑系数。通过拖动路径"属性"面板中的"路径平滑系数"滑块，调节路径的平滑系数，以得到一个平滑的路径，如图5-111所示。通常，用户在调节了路径平滑系数之后，某部分路径可能会出现一些扭曲。这时，用户可以通过"插入锚点"进行调节。

7）调节角色模型位移速率。设置角色模型的"位移速率"为1.50(cm/s)；同时，勾选"始终面向前进方向"复选框以使角色模型永远沿路径的方向行走，如图5-112所示。

8）隐藏路径预览角色沿路径行走效果。单击路径前面的缩略图即可隐藏路径，然后显示场景中隐藏的树，再按F5键切换到播放器中，预览角色模型沿路径行走效果，如图5-113所示。经过以上操作，用户便在VR场景中创建了路径，并成功将角色模型约束到路径上。

图 5-109　编辑路径拐角区域

图 5-110　插入锚点

4. 创建 VRP 角色路径锚点事件

如何让角色模型到达路径的某一锚点后执行另一个骨骼动作并播放语音，在语音播放完成后角色模型继续执行默认动作？具体操作步骤如下。

图 5-111　调节路径平滑系数

图 5-112　调节角色模型位移速率

1）给角色模型再添加一个动作。单击"功能分类"→"骨骼动画"按钮，双击角色模型，然后为其再添加一个动作，详细操作如图 5-114 所示。

图 5-113　隐藏路径预览角色沿路径行走效果

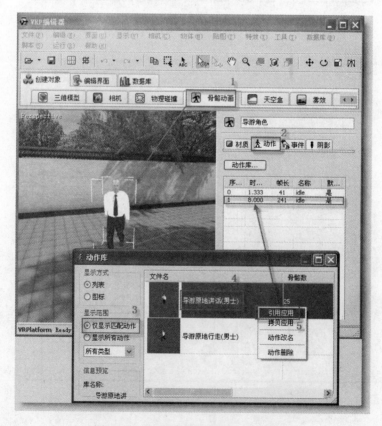

图 5-114　给角色模型再添加一个动作

2）重命名新动作。将鼠标放在角色模型新动作列表栏上右击，然后从弹出的下拉列表框中单击"修改动作名称"命令。此时，用户即可在弹出的"请输入动作的新名称"对话框中为新动作重命名，如图 5-115 所示。

图 5-115　重命名新动作

3）设置路径上的锚点事件。双击选择路径中的一个锚点，然后在其"属性"→"动作"→"锚点事件"下单击"锚点到达"后的"脚本"按钮进行脚本函数的设置。详细脚本函数的设置如图 5-116 所示。其中的脚本函数可以持续展开，分别参见图 5-117、图 5-118、图 5-119、图 5-120、图 5-121。

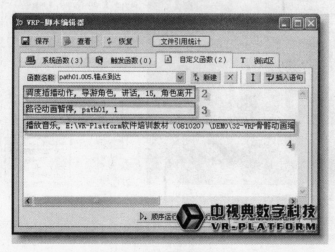

图 5-116　锚点事件脚本函数

4）预览锚点事件。在设置完锚点事件脚本之后，即可按 F5 键切换到播放器中，预览角色到达锚点后执行锚点事件脚本。通过预览可以看到：角色模型到达该锚点之后，停止向前行走，执行"讲话"动作并播放语音。待执行完 5 次"讲话"动作与语音播放后继续沿路径向前行走，效果如图 5-122 所示。

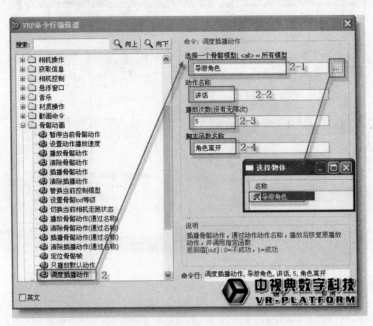

图 5-117　标注"2"的脚本函数

图 5-118　标注"2-3"部分的脚本函数

图 5-119　标注"2-4"部分的脚本函数

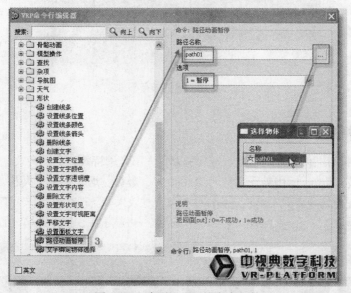

图 5-120　标注"3"的脚本函数

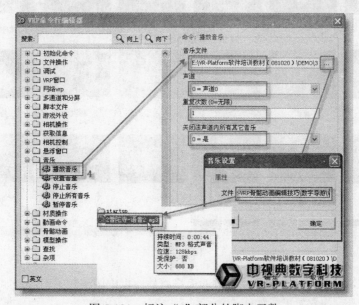

图 5-121　标注"4"部分的脚本函数

图 5-122   预览锚点事件

5.12   VRP 特效处理

VRP 特效包括有图像处理的特效、雾化特效、太阳光晕特效、全屏特效、运动模糊特效和粒子系统特效等。其中，运用粒子系统可以模拟火、爆炸、烟、水流、火花、落叶、云、雾、雨、雪、尘、流星尾迹或者像发光轨迹这样的抽象视觉效果等。现在以制作火焰效果为例来说明粒子效果的制作步骤。单击 VRP 编辑器中的粒子系统——粒子库，选择火焰，如图 5-123 所示。

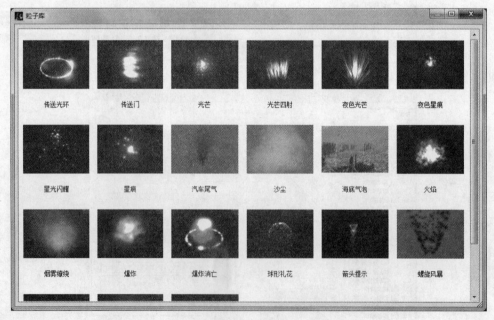

图 5-123   粒子库

选择粒子系统列表中的火焰，在右侧的火焰属性面板中调整相关参数，如图 5-124 所示，然后单击粒子预览可观察效果，如图 5-125 所示。

图 5-124 火焰属性面板

图 5-125 火焰效果

5.13 VRP 时间轴设置

时间轴功能可以提高使用者的工作效率，使用时间轴可以简便快捷地对 VRP 编辑器中的各类对象进行动画设置，如 GUI 控件、三维模型、相机、二维界面等。在时间轴中，针对物体进行关键帧设置之后，VRP 会自动计算关键帧中间的动画帧，同时还可以通过松紧值的调节来使设置的动画更具趣味性。VRP 的时间轴不仅可以充当调节各类动画的利器，还可以在时间轴上添加脚本，使时间轴在播放过程中可以调用各类 VRP 的脚本函数。时间轴动画制作的具体操作步骤如下。

1）准备 VR 场景。打开 VRP 场景，将"时间轴"栏中的锁定窗口按钮打开（打开此按钮后，可以将时间轴锁定，当转换到其他功能栏时，依然保持在原有的位置），如图 5-126 所示。

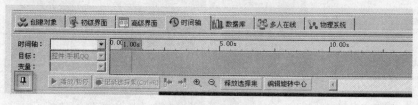

图 5-126 锁定窗口

2）新建时间轴。在"时间轴"栏，单击"主功能区"→"新建时间轴"按钮，在弹出的"请输入时间轴的总时间（秒）"对话框中输入"1"或你需要设定的秒数，单击"确定"按钮，如图 5-127 所示。

3）设置图片的时间轴动画。在"高级界面"栏，选择某个需要设置动画的控件或物体，将时间轴指针移动到指定时间位置，移动场景中需设定动画的对象到合适的位置，单击"记录选择集"按钮记录当前的状态，如此设定若干关键帧。之后单击播放暂停按钮，可以查看效果，注意当鼠标放到时间轴紫色滑块上拖动指针时可以观看动画效果，如图 5-130 所示。

图 5-127　新建时间轴

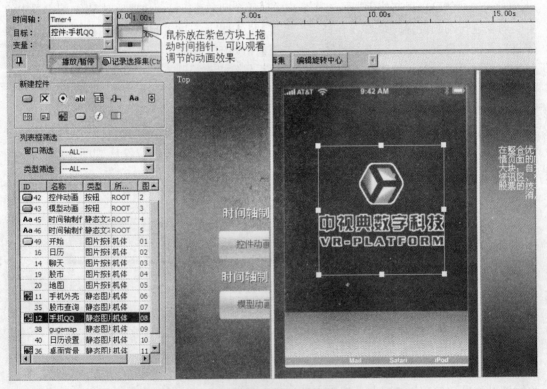

图 5-128　观看动画效果

运用时间轴，可以设置多个时间轴动画及时间轴脚本交互。例如选择场景中已经创建好的某个图片按钮，单击右侧"鼠标单击"按钮，弹出"VRP-脚本编辑器"对话框，单击"时间轴"→"时间轴播放"语句，在右侧的"时间轴名称"中选择时间轴名称"Timer1"，单击"确定"按钮，完成操作。可以实现触发按钮即播放时间轴动画，如图 5-129 所示。

图 5-129　时间轴动画播放脚本设置

5.14　VRP 综合实例制作

1. 案例 1：Qhome 室内漫游系统

这是一个 Q 版的室内漫游系统，类似过家家玩家，可切换场景，里面有互动操作。首先创建一些玩具卡通 Q 版家居模型，设置了四个场景，包括以小黄鸡为主题的客厅、以小花和草莓为主题的粉红色色调厨房、以蓝色哆啦 A 梦为主题的卧室和以绿色大眼蛙为主题的浴室。开始画面设有按钮，单击"鸟瞰"按钮可以鸟瞰整个场景的布局。单击"自动浏览"按钮，程序会自动浏览家居场景。单击"客厅""厨房""卧室""浴室"按钮，程序可以实现室内的交互漫游。

客厅沙发上的三个小抱枕都有动画效果，单击茶壶会有斟茶效果，单击电视柜的柜门可以打开，右击可以关上，点电视机的开关可以播放视频，右击停止视频。厨房是以小花和草莓为主题的粉红色色调，里面的冰箱门可以打开，右键可以关闭冰箱门，单击水龙头两边的开关可以分别开水和关水。

卧室里的床头是哆啦 A 梦的头像，窗对面有个储物柜，柜子有 10 格，每格上有不同的哆啦 A 梦头像，每个哆啦 A 梦头像上的鼻子就是柜门的把手，单击鼻子可以打开柜门，右击鼻子可以关闭柜门，储物柜上有个小球，单击小球，小球会掉下来。

浴室是以大眼蛙为主题的绿色色调，有浴缸、洗手盆、马桶毛巾等物体。单击"浴室"按钮可以浏览整个浴室。

所采用的制作方法包括 3DS Max 中的建模技术、UVW 展开技术、烘焙技术、刚体动画技术和 Max 导入 VRP 技术，VRP 中的粒子效果技术、视频贴图技术、音频播放技术、骨骼模型跟随路径技术、画中画技术和物体属性的动态光照技术。制作过程和运行效果如图 5-130 ~ 图 5-150 所示。

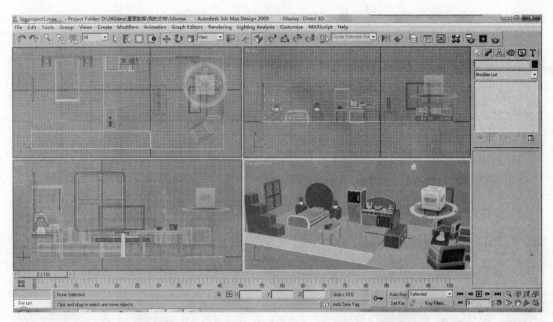

图 5-130   在 3DS Max 中建模

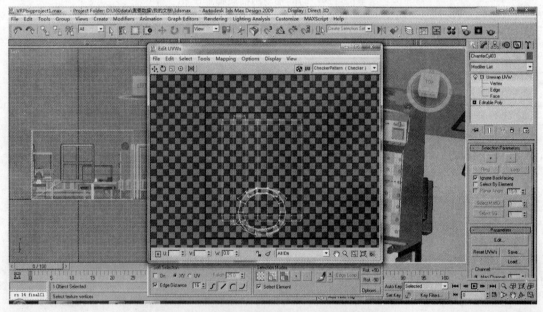

图 5-131   3DS Max 中的 UVW 贴图展开模型

2. 案例 2: 灵异之屋

此为游戏类交互项目,将玩家置于一个密闭的屋内,屋内有一系列未知的交互,即"灵异现象",玩家出场就为第一人称视野。需要完成的任务主要是:在屋内找到一把钥匙,该钥匙是游戏任务是否成功的关键,只要得到钥匙,就会出现成功的标志,并且游戏中没有任何时间限制。其中,玩家并不知道钥匙藏在哪里,所以需要不断尝试去单击各种物体,还要注意玩家躲避的地方。另外,玩家很有可能会遇到最终的"BOSS"(女孩玩偶)而导致任务的失败,图 5-151 所示为 VRP 中制作的全景图。

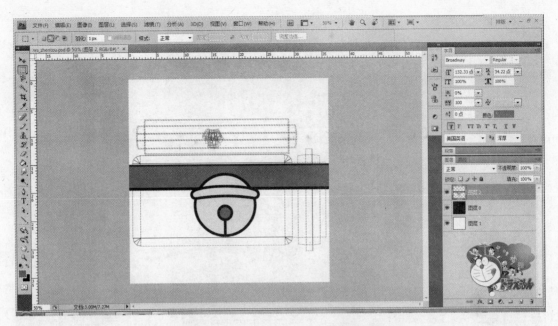

图 5-132　Photoshop 中的 PS 制作贴图

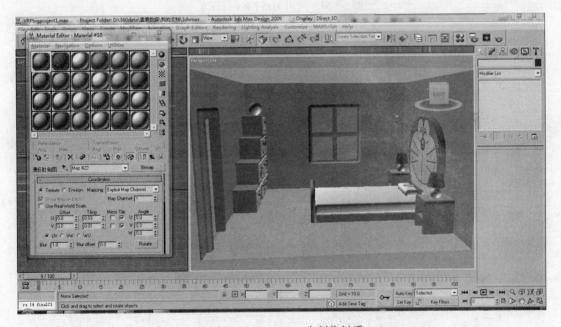

图 5-133　3DS Max 中制作材质

　　项目所采用的技术方法包括 3DS Max 静态建模、动画、光效、贴图、VRP 脚本交互、特效（光效、音效）。项目效果与详细操作步骤如下。

　　1）出场。单击图 5-152 中右方的小盒子，会出现提示（所需完成的任务），多次单击皆有效。

　　2）走廊。如图 5-153 所示，右边为卧室，直接按方向键可往前卧室，门会自动打开，即可进入，若离开门后，门会自动关闭。左边为楼梯，接近楼梯会出现文字（楼梯有些诡异，还是不要上去的好）。

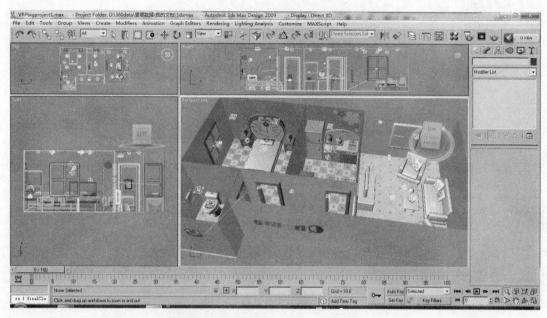

图 5-134 使用 3DS Max 打灯光

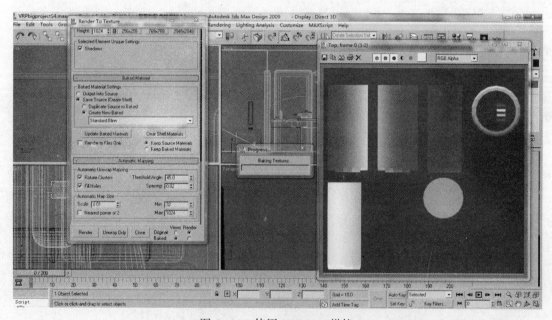

图 5-135 使用 3DS Max 烘焙

3）卧室。如图 5-154 所示，图中包含椅子和书、衣柜、衣柜里的相片、壁画、摇椅等。
接近衣柜，有一只带血的手伸出再收回去；接近衣柜右门，门开始抖动。单击打开该衣
柜两扇门，发现里面的相框，单击相片，出现文字"有东西出现"！此时发现刚进来时静止
的摇椅和空空如也的柜子发生了变化：柜子上站着一个红衣女娃；摇椅开始前后摇摆。接近
壁画，壁画发生变换。单击两本书、倒下的椅子，都有简单交互动画。

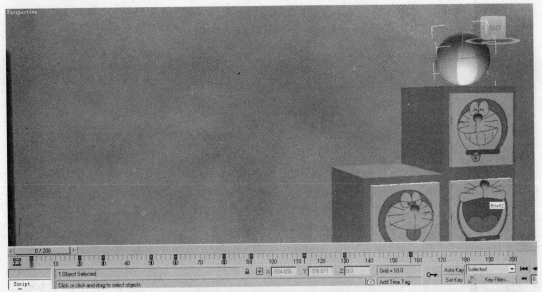

图 5-136　使用 3DS Max 制作刚体动画

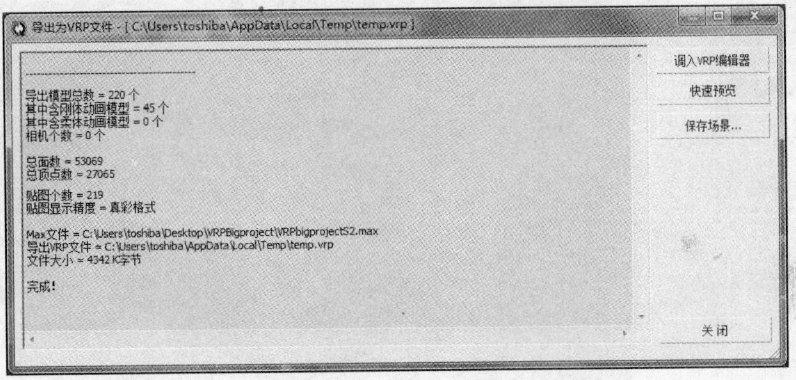

图 5-137　导入 VRP

图 5-138　在 VRP 中设置行走相机、动画相机、飞行相机

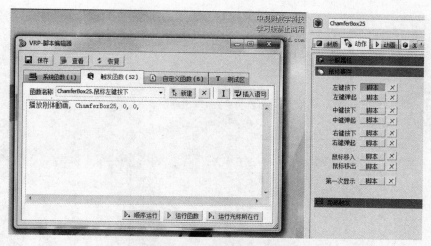

图 5-139   在 VRP 中设置刚体动画触发事件

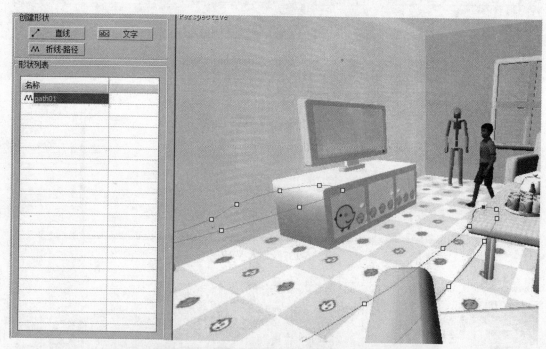

图 5-140   在 VRP 中加入骨骼模型，创建路径，绑定骨骼模型

4）客厅。如图 5-155 所示，图中包括瓷瓶、窗、台灯、柜子抽屉、坐垫、茶壶、桌上的纸、椅子等。

接近窗子，图片发生变换。单击抽屉第三层，原本椅子上是空的，后出现红衣娃娃。单击桌上的纸，出现游戏攻略。分别单击瓷瓶、茶壶、台灯、坐垫、柜子门，都有简单交互内容。

5）厕所。如图 5-156 所示，图中包括水管和柜子。

单击上方柜子的门，门打开，角落出现红衣女娃。单击水管开关，水龙头出现蓝色如水滴的特效。

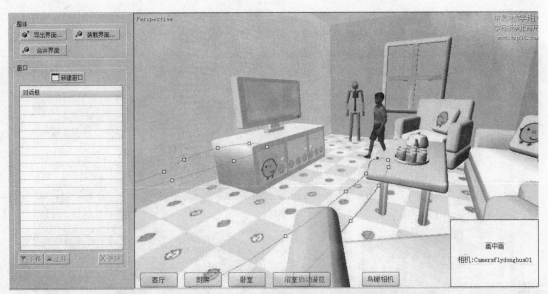

图 5-141 在 VRP 中的高级界面设置按钮、视频贴图,并添加相应的相机转换、音频插入

图 5-142 在 VRP 中设置加载画面和运行画面

图 5-143 项目运行画面

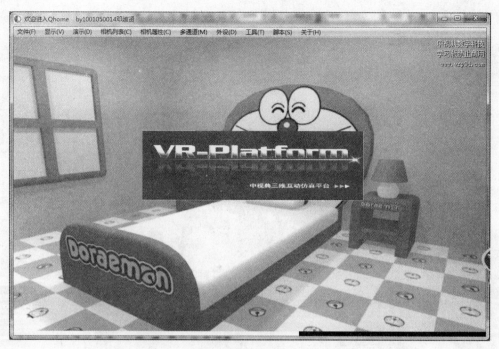

图 5-144　加载画面

图 5-145　开始画面

6）过道。如图 5-157 所示，单击前方的门出现幽灵（从后往前走）；需要立即躲到右边的杂物间，只需要按方向键进入，门会自动打开。

7）杂物间。如图 5-158 所示，进入杂物间，躲避之前因为开门而出现的幽灵。若没有躲避直接被其撞上，则出现游戏失败的画面。另外，在杂物间可以在箱子内找到钥匙（若玩家没发现，则继续往下走）。

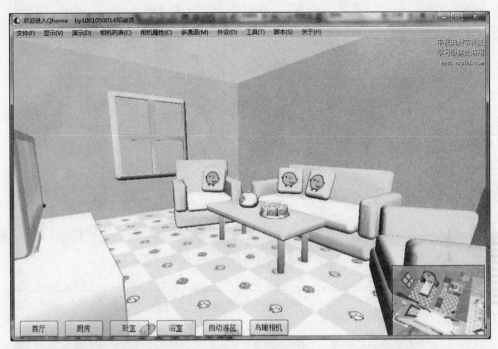

图 5-146　客厅场景

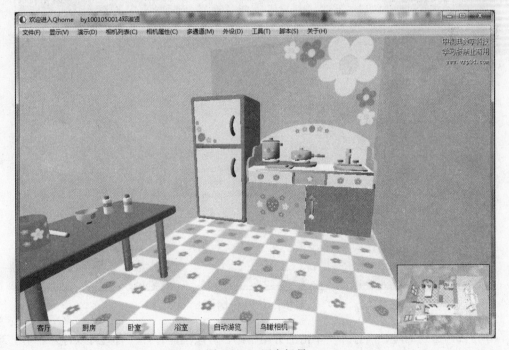

图 5-147　厨房场景

8）厨房。如图 5-159 所示，图中包括柜子、碗、盘子。

图 5-148　卧室场景

图 5-149　浴室场景

单击离门最近的碗，门打开。单击上方柜子门，有些不能打开，有些可以打开。单击碗、盘子、砧板，有简单交互。

9）BOSS 及游戏失败。如图 5-160 与图 5-161 所示，因为门打开而出现的"BOSS"，也就是在之前的房间里都能看到的那个红衣女娃娃，可以发现的是，之前的娃娃都是笑脸对着你，而此时却发现她是一个两面人，前面为笑脸，后面的脸则为狰狞状。说明任务失败。

图 5-150　鸟瞰效果图

图 5-151　VRP 全景图

10）找到钥匙及游戏成功。如图 5-162 及图 5-163 所示，在杂物间找到如下盒子，单击打开盒子，可以看到盒子里面的钥匙，单击钥匙，游戏成功。

图 5-152　出场场景

图 5-153　走廊场景

图 5-154　卧室场景

图 5-155　客厅场景

图 5-156　厕所场景

图 5-157　过道场景

图 5-158　杂物间场景

图 5-159　厨房场景

图 5-160　BOSS 场景

图 5-161　游戏失败

图 5-162　找到钥匙

图 5-163　游戏成功

5.15　本章小结

　　本章详细介绍了 VRP 硬件和软件的组成结构，VRP 系统配置安装与设计流程、VRP 项目制作流程和制作技巧，包括 VRP 界面设计、材质编辑、动画贴图、相机设置、脚本编辑、骨骼动画、特效处理、时间轴设置和 VRP 综合实例制作。VRP 是一款简单、操作方便的虚拟现实软件，可有效降低制作成本，提高成果质量。

习题

1. 4 次循环单击事件中用到的循环语有几个？（多选）
   A. 3　　　　　　　　　　B. 4　　　　　　　　　　C. 5　　　　　　　　　　D. 6
2. 以下哪些是系统函数类型？（多选）
   A. 窗口映射函数　　　　B. 键盘映射函数　　　　C. 鼠标映射函数　　　　D. 方向盘映射函数
3. 二次单击事件和多次单击事件的脚本添加方法有什么不同之处？
4. 简述系统函数、触发函数和自定义函数各自的作用。
5. AVRP 有哪些特效？试制作一个烟雾效果特效。
6. A 画中画有什么效果？试制作 VRP 画中画场景效果。
7. AVRP 有哪些相机设置方法？各有什么作用？
8. A 水波纹效果可用哪种 VRP 制作技术实现？试制作水波纹场景效果。
9. A 结合实际生活应用，制作一个 VRP 综合项目，要求有界面和交互效果。

第 6 章　Unity 游戏引擎

本章首先总体介绍了 Unity 游戏引擎，然后分别从编辑器的结构、游戏元素、Unity 脚本、GUI 游戏界面、物理引擎、输入控制、持久化数据以及多媒体与网络层面描述了 Unity 的技术，最后给出了两个综合实例——基于 Unity 的北师虚拟校园和街机金币游戏。

6.1　Unity 概述

Unity 是由 Unity Technologies 公司开发的一个让玩家能够轻松创建诸如三维视频游戏、建筑可视化、实时三维动画等类型互动内容的多平台的综合型游戏开发工具，是一个全面整合的专业游戏引擎。Unity 类似于 Director、Blender game engine、Virtools 和 Torque Game Builder 等利用交互的图形化开发环境为首要方式的软件。其编辑器运行在 Windows 和 Mac OS X 下，可发布游戏至 Windows、Mac、Wii、iPhone、Windows phone 8 和 Android 平台。也可以利用 Unity web player 插件发布网页游戏，支持 Mac 和 Windows 的网页浏览。它的网页播放器也被 Mac widgets 所支持。Unity 主要使用 C# 或者 JavaScript 进行客户端的逻辑开发，也可以使用外部语言制作 DLL 来完善增加更多的功能。

使用 Unity 引擎开发的项目实现平台的移植非常方便，大部分的时候只需调整一下目标平台的特殊输入操作、文件存储路径、资源压缩格式等就可以移植了。游戏的主体逻辑程序不需要太大的改动。很多开发商、企业都会选择使用 Unity 开发 3D 手机游戏。当下比较热门的虚拟现实和增强现实技术（VR/AR），Unity 都有很好的支持。

Unity 引擎根据平台、地域、用途的不同可分为 Windows 版本、Mac 版本和 iOS Pro 移动终端发布版本，大陆发布版本、商业版、教育版和免费学习版。在成书前 Unity Technologies 公司已正式推出 5.3 版本。

使用 Unity 开发的游戏不计其数，其中比较经典的包括网页游戏如坦克英雄、木乃伊、魔晶星球、将神、天宠岛、极限摩托车和枪战世界等，手机游戏如失落帝国、战舰少女、地牢女王、全民炫舞、口袋四驱车、心灵颤音、纪念碑谷和出租车司机等，单机游戏如七日杀、轩辕剑六、御天降魔传、凡人修仙传、模拟外科、新剑侠传奇、竞技飞车、永恒之柱、侠客风云传和金庸群侠传等。

Unity 已经成为开发 VR/AR 项目的主流引擎。Unity 官方目前已经与从事 VR/AR 研发的知名厂商如 Oculus、Samsung、Sony 和 Microsoft 达成了合作关系，开发者能够使用 Unity 轻松地开发出适用于 Oculus Rift、Samsung Gear、Sony Morpheus 以及 Microsoft HoloLens 的应用。2015 年，微软的 Build 开发大会上，宣布了与全球知名游戏及应用开发引擎 Unity 的技术合作关系，强强联手的两家公司将共同致力于为 Hololens 头戴式全息影像增强现实装置提供最佳的开发方案，给更多的开发商打造各式各样的 VR/AR 游戏或应用。

6.2　编辑器的结构

以 Unity 5.3 为例，Unity 界面如图 6-1 所示，菜单包括文件（File）、编辑（Edit）、资源

（Assets）、游戏对象（GameObject）、组件（Component）、窗口（Window）和帮助（Help）。界面视图分为层次视图（Hierarchy）、场景视图（Scene）、游戏视图（Game）、项目视图（Project）、检视面板（Inspector）和工具栏（Toolbar）。

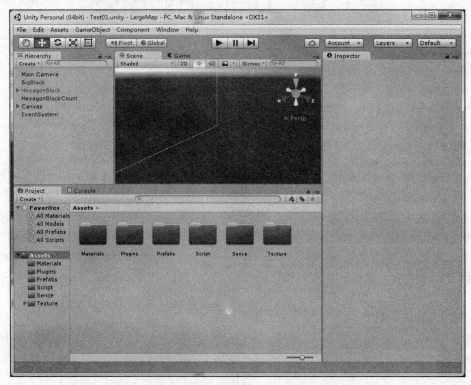

图 6-1　Unity 界面

层次视图是场景管理中的场景图概念。如图 6-2a 所示，它包含了每一个当前场景的所有游戏对象。场景图中的节点在 Unity 中被称为游戏对象，游戏对象上面可以挂接各种各样的组件。其中一些游戏对象是资源文件的实例，如 3D 模型和其他预制物体（Prefab）的实例。可以在层次结构视图中选择对象或者生成对象。当在场景中添加或者删除对象时，层次视图中相应的对象则会出现或消失。

游戏对象名称前端的灰色小箭头表示该物体下包含子物体，鼠标左键单击箭头就可以查看子物体了。子物体的矩阵坐标系继承了父物体。例如图 6-2b 中山脉（Mountain）对象是画布（Canvas）的子物体，那么山脉的坐标系原点的位置就是画布在世界坐标系中的位置。

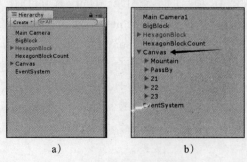

图 6-2　层次视图及其子物体关系

　　场景视图是交互式沙盒，这个窗口主要显示编辑场景可视的内容，可以使用它来选择和布置当前场景中的环境、模型、玩家、摄像机、敌人、UI 界面和所有其他游戏对象，如图 6-3a 所示。一些抽象的对象会以图标（Icon）的形式描述它的位置，比如相机、音效、特效等。单击视图中的 Gizmos 按钮即可编辑这些图标的显示和大小，如图 6-3b 所示。

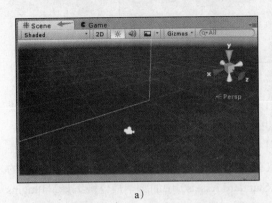
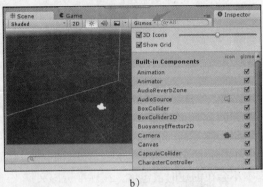

a)   b)

图 6-3　场景视图

　　游戏视图显示最后发布游戏后的运行画面，需要使用一个或多个摄像机来控制玩家在游戏时实际看到的画面，播放状态执行游戏对象（GameObject）中所有的组件，如图 6-4a 所示。单击视图上的播放按钮进入播放模式，单击 FreeAspect 按钮可改变窗口分辨率大小，如图 6-4b 所示。游戏（Game）窗口为相机渲染的窗口，玩家也是通过这个相机渲染的窗口观察游戏世界。Unity 的渲染设计主要是由世界矩阵、视矩阵、投影矩阵组成的。世界矩阵表示游戏对象在世界空间中的具体位置，视矩阵表示相机的位置和方向，投影矩阵决定相机的视角、远近裁剪面等参数。这三个矩阵最终合成一个，决定顶点出现在屏幕上的位置，也就是游戏窗口的画面内容。

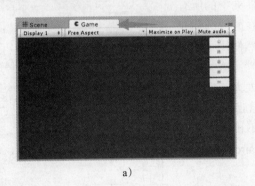
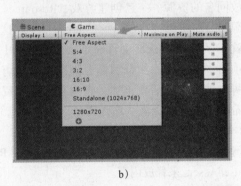

a)   b)

图 6-4　游戏视图

　　项目视图显示当前 Unity 项目的所有资源文件，包括场景、模型、脚本、纹理、音频文件和预制组件等，如图 6-5 所示。每个 Unity 的项目包含一个资源文件夹，此文件夹的内容呈现在项目视图中。如果在项目视图里右击任何资源，可以选择在浏览器中展示（Show in Explorer，在 Mac 系统中是 Reveal in Finder）切换到资源管理器中显示这些资源文件。鼠标左键单击可以创建一些基本的资源文件。

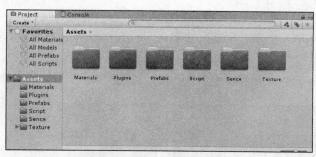

图 6-5　项目视图

　　Unity 有比较特殊的命名文件夹，开发者可以自定义创建文件夹，这些特殊命名的文件夹有不同的功能。Editor 文件夹可以在根目录下，也可以在子目录里，只要名字叫 Editor 就可以。以 Editor 命名的文件夹允许其中的脚本访问 Unity Editor 的 API。如果脚本中使用了在 UnityEditor 命名空间中的类或方法，它必须被放在名为 Editor 的文件夹中。Editor 文件夹中的脚本不会在创建时被包含。在标准资源文件夹（Standard Assets）中的脚本最先被编译。Plugins 文件夹用来放本地（native）插件，它们会被自动包含进 build 中。注意这个文件夹只能是 Assets 文件夹的直接子目录。在 Windows 平台下，本地插件是 dll 文件，Mac OS X 下是 bundle 文件，Linux 下是 .so 文件。跟标准资源文件夹一样，这里的脚本会更早地编译，允许它们被其他的脚本访问。StreamingAssets 文件夹里的文件会被拷贝到 build 文件夹中，不会修改（移动版和网页版不同，它们会被嵌入到最终 build 文件中）。它们的路径会因平台而有差异，但都可以通过 Application.streamingAssetsPath 来访问。Resources 文件夹允许在脚本中通过文件路径和名称来访问资源，但还是推荐使用直接引用来访问资源。

图 6-6　检视面板

放在这一文件夹中的资源永远被包含进 build 中，即使它没有被使用。因为 Unity 无法判断脚本是否访问了其中的资源。项目中可以有多个 Resources 文件夹，因此不建议在多个文件夹中放同名的资源。一旦创建游戏，Resources 文件夹中的所有资源被打包进游戏存放资源的 archive 中。这样在游戏的创建中就不存在 Resources 文件夹了。即使脚本中仍然使用了资源在项目中的路径，当资源作为脚本变量被访问时，这些资源在脚本被实例化后就被加载进内存。如果资源太大，你可能不希望它被这样加载。那么你可以将这些大资源放进 Resources 文件夹中，通过 Resources.Load 来加载。当不再使用这些资源时，可以通过 Destroy 物体，再调用 Resources.Unload-UnusedAssets 来释放内存。

　　检视面板显示当前选定的游戏对象的所有附加组件（脚本属于组件）及其属性的相关详细信息。以当前窗口为例讲解，图 6-6 显示的是一个相机的属性面板。鼠标左键单击场景图中的任意一个对象，检视面板就会出现该对象的属性、具体组件及其相关参数。Unity 有很多内置自带的组件，这些组件有自己特定的功能，开发者可以为游戏对象自由组合组件使其获得自定义的功能。如果 Unity 内置的组件无法满足开发需求，则需要开发者自行使用 C# 或者 JavaScript 语言编写脚本挂接在对应的游戏对象上。Unity 主要的开发思想便是通过自定义脚本组件挂接在游戏对象上，使对象拥有脚本组件的功能。

如图 6-7 所示，检视面板中框住的这个按钮表示可以选择当前选中对象在编辑场景中图标的形状颜色。旁边的勾选框表示是否启用当前游戏对象，如果取消勾选，表示该游戏对象隐藏起来不显示、不参与游戏运行。单击检视面板名称框可更改游戏对象的名称，按回车键确定更改。名称框右边的静态属性（Static）表示目标对象是否为静态对象，如图 6-8 所示。在编辑器中设置的静态对象表示在游戏运行的时候该游戏对象不可移动更改。它一般用于场景模型的批处理操作，为了优化绘制调用（DrawCall）。因为每次绘制画面都需要调用一次绘制函数，绘制对象越多，函数调用的次数就越多，这样程序运行时就会越慢。如果将使用同一个材质的模型勾选了静态属性，只需调用一次绘制函数，就会将这类模型批处理，这样就大大降低了调用的次数，提高了绘制效率。在将场景模型进行光照烘焙时，也需要将烘焙的对象勾选上静态属性。此外还可以编写自定义脚本代码来将游戏对象设置为静态，使用代码设置为静态的好处是可以使物体移动，包括其子物体。

   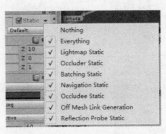

图 6-7　图标按钮   图 6-8　静态属性

检视面板中变换组件（Transform）是每个游戏对象的基本组件，表示这个游戏对象在世界矩阵中的位置、方向和大小。若其有父物体，那么表示其在以其父物体为原点的矩阵中的位置、方向和大小。如图 6-9 所示，Position 表示旋转位置，Rotation 表示旋转角度，Scale 表示缩放大小；X、Y、Z 表示三维空间的三个轴。Unity 的坐标轴为 Y 轴向上，Z 轴正方向向前，X 轴正方向向右，在场景视图会出现 Unity 的坐标轴标识 Gizmo，如图 6-10 所示。

图 6-9　变换属性   图 6-10　坐标轴表示

工具栏有播放 | 暂停 | 步进工具栏、改变视图工具栏、变换工具、手柄工具、移动工具、旋转工具、缩放工具，如图 6-11 所示。在播放 | 暂停 | 步进工具栏（图 6-11a）中，单击播放按钮可立即运行游戏，暂停用于分析复杂的行为。游戏过程中（或暂停时）可以修改参数、资源甚至是脚本，播放或暂停中修改的数据在停止后会还原到播放前的状态。改变视图工具栏（图 6-11b）用于改变视图模式，可将每个窗口或大小调整至自己最舒服的状态后，在右侧下拉列表中可选择"Save Layout"保存视图。图 6-11c 中变换工具 用于场景视图改变鼠标左键功能，任何状态下滚轮为放大 / 缩小键，右键为旋转视角键。单击手柄工具 （快捷键 Q）按住左键拖动视角。按下移动工具 （快捷键 W）后首先选择物体，物体会出现方向轴，拖

动方向轴移动物体。按下旋转工具 ![icon] (快捷键 E) 后首先选择物体，物体会出现旋转轴，拖动旋转轴旋转物体。按下缩放工具 ![icon] (快捷键 R) 后首先选择物体，物体会出现缩放方向轴，拖动可缩放物体大小。

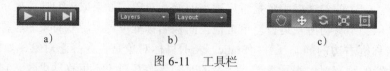

a)   b)   c)

图 6-11　工具栏

6.3　游戏元素

1. 地形

在 Unity 工作流程内，地形是一个不可缺少的重要元素，不论是游戏或虚拟现实都会使用到各种类型的地形效果。Unity 中的地形编辑器可以让开发者实现游戏中任何复杂的地形，还可以制作地形上的一些元素，如树木、草坪、石头等。创建一个新的 Unity 项目文件，如图 6-12 所示。在资源（Assets）菜单中选中导入资源包（Import package）导入地形资源（Terrain Assets），如图 6-13 所示，并选中所有资源引入（Import），如图 6-14 所示。

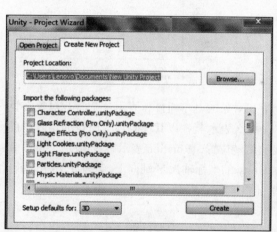

图 6-12　创建 Unity 项目

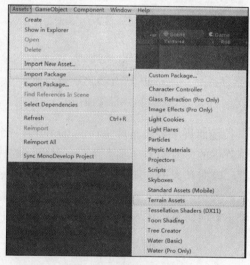

图 6-13　选择地形资源

图 6-14　引入地形所有资源

　　然后单击菜单 GameObject → 3D → Terrian 开始在当前场景中创建了一个地形，如图 6-15 所示。此时可以在地形上方添加一盏平行光，调整摄像机的位置和方向以便使其清晰地观察到地形。在层次视图中选中地形（Terrian），界面右边出现地形检视面板，面板中有个工具栏包含 7 个按钮，从左至右依次为高度工具、特定高度工具、平滑工具、贴图工具、画树工具、地皮细节工具、地形参数设置，如图 6-16 所示。单击面板中的"地形参数设置"按钮可以修改地形参数，如图 6-17 所示，其中地形的主要参数说明如表 6-1 所示。

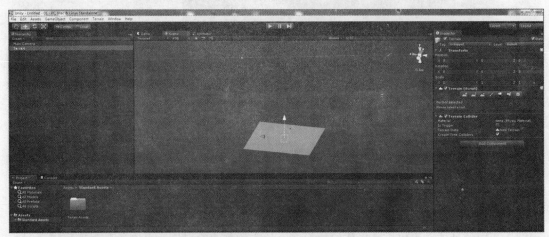

图 6-15　创建地形

图 6-16　地形工具栏

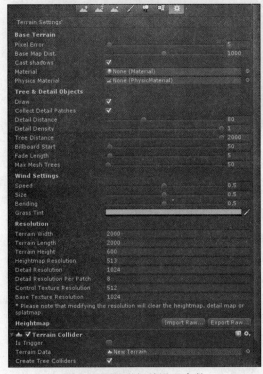

图 6-17　地形相关设置参数

表 6-1　地形主要参数说明

参数名称	说明
Terrain Width	地形宽度
Terrain Height	地形高度
Terrain Length	地形长度
Height-Map Resolution	高度图分辨率
Detail Resolution	细节分辨率，控制草地和细节模型的地图分辨率。考虑性能（节省描绘调用）这个值越低越好
Control Texture Resolution	控制贴图分辨率，用于绘制到地形上混合不同贴图的溅斑贴图的分辨率
Base Texture Resolution	基础贴图分辨率，在一定的距离用于代替溅斑贴图的复合贴图的分辨率。根据项目需求调节参数

使用地形工具栏的高度等工具编辑地形，整个地形高度发生不同的变化。隆起地形高度的笔刷（Brushes）工具的大小、形状和透明度可以不同，如图 6-18a 和图 6-18b 所示。

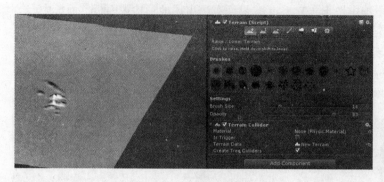

a)   b)

图 6-18   地形编辑

单击地形工具栏上的贴图工具，地形检视面板刷子工具下方会出现编辑贴图（Edit Textures）工具图标按钮，如图 6-19a 所示。单击 Edit Textures 按钮，选择添加贴图（Add Texture），如图 6-19b。单击对话框中的选择（Select）按钮，如图 6-19c，选择地皮贴图，然后双击该贴图，如图 6-19d，再单击对话框下面的 Add 按钮，如图 6-19e 所示，可以给地形表面贴上不同的地皮。可以重复操作给地形多个地方添加多个贴图，贴图绘画强度可以通过控制强度（Target Strength）来让不同的贴图之间自然过渡，如图 6-20 所示。

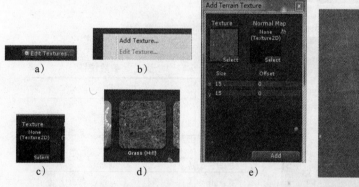
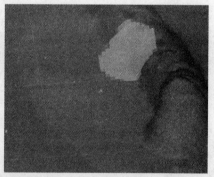

图 6-19   编辑地皮贴图   图 6-20   地皮自然过渡

单击地形工具栏上的画树工具，地形检视面板上出现树木设置的相关参数，这些参数都可以调整，如图 6-21a 所示，这时可以给地形添加树木，具体做法是单击 Edit Trees 按钮，选择 Add Tree，出现添加树的对话框，单击右边的"添加树"按钮，见图 6-21b，在呈现的树贴图中选择一个树的贴图，见图 6-21c，添加树的地形如图 6-21d 所示。类似的操作步骤可以添加地形的花草细节，操作过程如图 6-22 所示。添加花草细节后的地形如图 6-23a 所示，似乎看不到什么，也可以单击"地形参数设置"按钮调整花草细节的距离（Detail Distance）和密度（Detail Density），之后在地形画面滑动鼠标滚轮拉近距离就可以看到地形上花草的细节，如图 6-23b 所示。经过以上步骤反复调整修改，一个简单的地形就创建完成了，如图 6-24 所示。

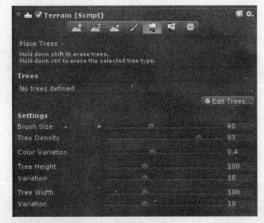

b)

a)

c)

d)

图 6-21　树木设置图

a) 选择 "花草细节" 按钮   b) 单击 Add 显示花草贴图

c) 选择某种花草, 然后单击地形

图 6-22　添加花草细节操作步骤

2. 天空盒

在使用 Unity 开发游戏的时候, 设置天空盒肯定是必不可少的。如果使用 3D 建模, 建出天空盒放在场景中会比较麻烦。Unity 中提供了简单设置天空盒的功能。只要有天空盒资源文件就可以 (天空盒资源文件其实就是六张无缝连接的图片和一个着色器, 对于着色器 Unity 已经内置了), 天空盒资源可以从资源菜单→导入资源包 (Import Package) →天空盒 (Skyboxes) 导入, 如图 6-25 所示。

a) 什么都看不到   b) 镜头拉近看细节

图 6-23　添加花草细节后的地形

图 6-24　Unity 地形

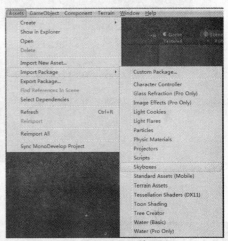

图 6-25　导入天空盒资源包

　　然后单击编辑菜单→渲染设置（Render Settings），在渲染设置面板中的天空盒材质（Skybox Material）中选择一种天空盒，天空盒就添加好了，操作过程如图 6-26a、b、c 所示。

a)

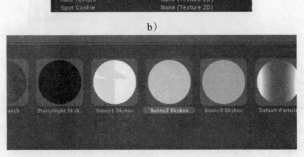

b)

c)

图 6-26　添加天空盒

3. 光源

Unity 的灯源包括点光源（Point Light）、平行光源（Directional Light）、聚光源（Spot Light）和面积光源（Area Light）等。下面以添加平行光为例说明添加光源的步骤。单击游戏对象（GameObject）→光源（Light）→平行光（Directional Light）在当前场景添加平行光，如图 6-27 所示，平行光在场景中的显示效果如图 6-28 所示。在平行光的检视面板中可调整平行光相应的参数，如光的位置、光的强度和光的颜色等，如图 6-29 所示。

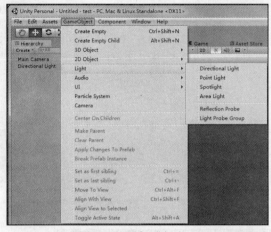

图 6-27　添加平行光

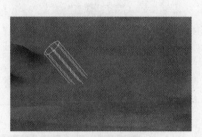

图 6-28　平行光

4. 角色控制资源

Unity 游戏引擎自带第一人称角色（First Person Character）控制和第三人称角色（Third Person Character）控制资源。第一人称视角游戏是指屏幕上并不出现玩家所控制的游戏主角，而是表现为主角的视野，主角的视点即为整个场景的视点。第三人称视角游戏是最原始的游戏类型，这种游戏是玩家以旁观者的视角观察场景与游戏主角的动作。这种视角因为通常处于玩家所控制的游戏主角的后上方，所以第三人称游戏也称为上帝视角。在创建 Unity 项目后，单击菜单资源（Assets）→导入资源（Import Package）→角色（Characters），如图 6-30 所示，然后出现导入角色资源对话框，如图 6-31 所示，选择导入（Import）按钮，这样在当前 Unity 项目资源文件夹中就有了角色资源。

图 6-29　平行光检视面板

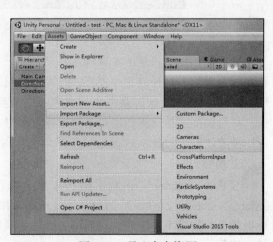

图 6-30　导入角色资源

　　下面分别介绍第一人称角色控制和第三人称角色控制在场景中的设置。在场景的项目视图→资源文件夹→标准资源→第一人称角色控制→预设中选取角色 FPSController 或者刚体角色（RigidBodyFPSController）拖入到场景相应位置，此时可调整第一人称角色的视点、位置、方向和大小，如图 6-32 所示，然后切换到游戏视图，单击"运行"按钮观看效果，如图 6-33 所示。这时场景就有了简单漫游的效果，拖拽鼠标可以拖拽整个场景。

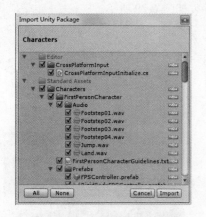

图 6-31　导入角色资源对话框

图 6-32　第一人称角色在场景中

图 6-33　场景运行效果

　　而在场景的项目视图→资源文件夹→标准资源→第三人称角色控制→预设中选取第三人称角色控制拖入到场景相应位置，此时可调整第三人称角色的视点、位置、方向和大小，如图 6-34 所示。注意此时第三人称角色不能悬空，需要附着在地面上，以免受重力影响掉下去。然后切换到游戏视图，单击"运行"按钮观看效果，这时场景就有了第三人称角色下的简单漫游效果，如图 6-35 所示。

5. 相机

　　相机（Camera）是向玩家捕获和显示世界的设备。Unity 场景中一般自带一个主相机（Main Camera），如图 6-36 所示。通过自定义和操纵相机，可以使游戏表现得真实独特。场景中摄像机的数量不受限制，它们可以以任何顺序设定放置在屏幕上的任何地方，或在屏幕的某些部分。

图 6-34　第三人称角色

图 6-35　第三人称场景效果

　　以相机（Camera）组件为例来说明组件的一些属性特征。相机组件是 Unity 内置的相机组件，当游戏对象挂接该组件后就拥有了相机组件的功能，可以渲染游戏场景。Camera 属性面板如图 6-37 所示。下面用表 6-2 分别说明面板上相关属性的含义。创建渲染贴图（RenderTexture）示意过程如图 6-38 所示。

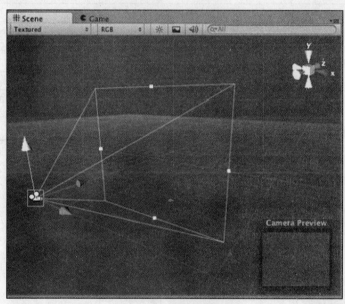

图 6-36　场景中的相机

图 6-37　相机组件属性面板

表 6-2　相机属性参数说明

参数名称	说明
Clear Flags	清除标记，决定屏幕中哪部分被清除。一般用于多台相机来描绘不同对象的情况，有三种模式
Skybox	天空盒（默认项）。在屏幕空白处显示当前相机的天空盒，如果没有指定天空盒，则会显示默认背景色
Solid Color	纯色。如果没有设置天空盒，将默认显示此处设置的背景色
Depth only	仅深度。该模式用于对象不被裁剪
Don't Clear	不清除，该模式不清除任何颜色或深度缓存，但这样做每帧渲染的结果都会叠加在下一帧之上。一般与自定义的着色器（Shader）配合使用
Culling Mask	剔除遮罩，根据对象所指定的层来控制渲染的对象
Projection	投影方式，分为透视和正交

（续）

参数名称	说明
Field of View	视野范围（透视模式的参数）
Clipping Planes	剪裁平面，相机的渲染范围。Near 为最近的点，Far 为最远的点
Normalized View Port Rect	标准视图矩形，用四个数值来控制相机的视图在屏幕中的位置及大小。该项使用屏幕坐标系，数值在 0 ~ 1 之间
X	水平位置起点
Y	垂直位置起点
W	宽度
H	高度
Depth	深度，用于控制相机的渲染顺序，较大值的相机将被渲染在较小值的相机之上。这个参数可同 Normalized View Port Rect 做小地图，类似 CF 右上角的地图
Rendering Path	渲染路径，用于设定相机的渲染方法
Use Player Settings	使用项目设置（Project Settings）→角色（Player）中的设置
Vertex Lit	顶点光照，将所有的对象作为顶点光照对象来渲染
Forward	快速渲染，相机将对所有对象按每种材质一个通道的方式来渲染
DeferredLighting	延迟光照，先对所有对象进行一次无光照渲染，用屏幕空间大小的缓冲器（Buffer）保存几何体的深度、法线以及高光强度，生成的缓冲器将用于计算光照，同时生成一张新的光照信息缓冲器。最后所有对象再次被渲染，渲染时叠加光照信息 Buffer 的内容
Target Texture	目标贴图，将画面渲染在指定的渲染贴图上，可以将渲染贴图挂接在模型面上
HDR	高动态光照渲染，用于启用相机的高动态范围渲染功能。因为人眼对高动态范围的光照强度更为敏感，所以用高动态范围渲染能让场景变得更为真实，光照的变化不会显得太突兀

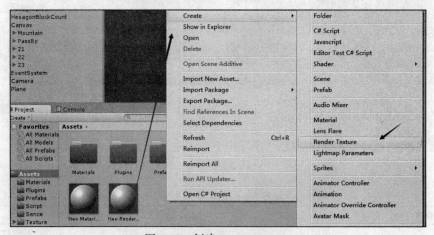

图 6-38　创建 RenderTexture

　　注意，相机可以被定制，可以作为父节点，也可以编写脚本。如果添加刚体（Rigidbody）组件，相机可用于物理模拟。正交相机能很好地制作 3D 用户界面，但无法同时渲染游戏画面和渲染贴图，只能渲染其中一个。Unity 相机自带预先安装的摄像机脚本，在检视面板→组件→相机控制（Camera Control）中能找到。试用一下它们，看看能做什么。

6. 几何物体

　　我们可以在主流的三维软件中（如 3DS Max）建立好模型，导入到 Unity 中，但是有时候所需的模型非常简单，可以在 Unity 中直接建立。Unity 可以创建自己的 3D 和 2D 几何物体，包括球体、立方体、胶囊体、地形、树、圆柱、平面，四面体、风、3D 文字和精灵等。下面以球体为例说明在场景中创建几何物体的过程。

单击菜单栏中的 GameObject → 3D Object → Sphere 后，在 Unity 项目文件当前的场景视图中就可以看到创建好的球体模型。在层次视图中，选择球体，可以通过工具栏对其进行移动、旋转、缩放等操作，也可以在右边的检视面板中调整球体的相关参数，例如在球体的网格渲染器（Mesh Renderer）→ 材质（Materials）→ 元素 O（Element O）选择一种材质替换球体的默认材质，如图 6-39 所示。图 6-40 为球体使用 EthanGrey 材质后的效果。

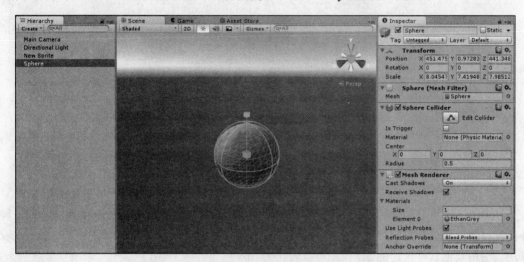

图 6-39　选择球体材质

图 6-40　球体使用 EthanGrey 材质后效果

7. 模型导入

3D 模型在贴完图之后想要把它导入 Unity 里面，一般先导出成通用 3D 格式（如 .fbx 格式），然后把模型和贴图的图片一起放在 Unity 项目文件夹的 Assets 文件夹下。打开 Unity 项目文件，将其拖拽进 Unity 的当前场景中，并调试模型的位置、大小和贴图。注意，3D 模型贴图图片的命名不要带汉字，要求是字母或数字，否则模型贴图导入可能不成功。也可以在项目视图的 Assets 文件夹，选择"在浏览器中展示"把 3D 模型及其贴图复制粘贴进去，再拖拽到 Unity 当前场景中。图 6-41 为在地形场景中导入的北京师范大学珠海分校励耘楼建筑模型。

图 6-41　场景中的模型

Unity3D 支持多种外部导入的模型格式，包括静止模型和动画模型，但并不是对每一种外部模型的属性都支持。具体的支持参数可以对照表 6-3。由表可以看出，通用 .fbx 格式比较好用。使用其他软件创建的 3D 模型可以转化为 .fbx 后再导入 Unity。

表 6-3　Unity 支持的模型格式参数

种类	网格	材质	动画	骨骼
MAYA 的 .mb 和 .mal 格式	√	√	√	√
3DS Max 的 .max 格式	√	√	√	√
通用 .3ds 格式	√			
通用 .fbx 格式	√	√	√	√
通用 .obj 格式	√			
通用 .dsf 格式	√			

6.4　Unity 脚本

什么是脚本（Script）？简而言之，就是使用代码来执行一系列动作命令的特殊文本，它需要编译器来重新解读。我们需要知道脚本的使用规则。目前 Unity 主要支持的可用作编写游戏脚本代码的语言是 C# 和 JavaScript。本书以 C# 脚本为例来说明脚本编写的基本技巧。

1. 配置脚本编译环境

Unity 可以有两个不同的脚本编译环境，一是 Unity 内部自带的 MonoDevelop 编译环境；二是在装有微软 Visual Studio 的电脑上，我们也可以使用微软的脚本编辑工具来编写 Unity 脚本。打开 Unity 后，在编辑菜单→偏好（Preference）→外部工具（External Tools）→外部脚本编译器（External Script Editor）这里可以选取编译器，单击"浏览"（Browse）可以选取微软 Visual Studio 编译器，如图 6-42 所示。注意 Unity 自带的 MonoDevelop 编译器不支持中文注释语句。

2. 用 C# 编写脚本

C#（发音 C Sharp）是微软开发的面向对象编程语言。由于有强大的 net 类库支持，以及由此衍生出的很多跨平台语言，C# 逐渐成为 Unity3D 开发者推崇的程序语言。用 C# 编写的脚本都以 cs 为文件后缀名。在 Unity 项目视图→资源（Assets）窗口中单击鼠标右键，选择创建（Create）→创建 C# 脚本（C# Script）来创建 C# 脚本文件，如图 6-43 所示。程序段 6-1 为一个脚本实例。

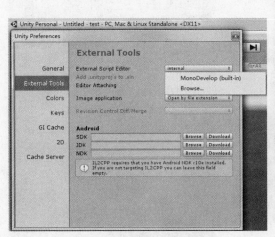

图 6-42　配置脚本编译环境

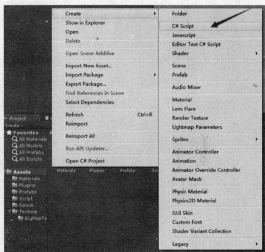

图 6-43　创建 C# 脚本

程序段 6-1　帮助脚本 Help.cs

```
using UnityEngine;                          // 引用 UnityEngine 命名空间
using System.Collections;                   // 引用 System.Collections 命名空间
public class Help : MonoBehaviour           // 声明类 Help 继承 MonoBehaviour 基类
  {
      public Texture2D helppic;             // 声明公有对象 helppic 为 2D 纹理 Texture2D 类别
      void OnGUI()                          // 调用界面方法 OnGUI
      {
          // 绘制贴图，大小为整个屏幕，贴图用 helppic，图片填充为伸展模式
          GUI.DrawTexture(new Rect(0, 0, Screen.width, Screen.height),helppic,ScaleMode.
StretchToFill);
          // 在屏幕 Screen.width-380, Screen.height-80 处绘制一个大小为 320×80 的按钮，字符显示 "back"
          if (GUI.Button(new Rect(Screen.width-380, Screen.height-80, 320, 80), "back"))
          {
              Application.LoadLevel("menu")// 切换到 menu 场景
          }
      }
  }
```

程序段 6-1 中每条语句都有注释。脚本前面两句是在 Unity 创建 C# 脚本时自动添加的 using 引用语句，UnityEngine 和 System.Collections 都是用来存放类的容器，称为命名空间。类是数据成员以及处理这些数据成员相应函数的集合。这里注意到 Unity 脚本文件名和脚本中的类名保持一致，例如程序 6-1 的脚本名 Help.cs，而程序中的类名也是 Help。Mon-oBehaviour 是 Unity 中所有脚本的基类，Unity 的 C# 脚本主要继承 MonoBehaviour 这个类，这个类是

Unity 官方写好的非开源 API 库。如果使用 C# 的话，你需要显式继承 MonoBehaviour，如程
序中所示。C# 脚本继承这个类后才可以挂接到游戏场
景中的对象身上。一些特殊单例模式、自定义的工具
类可以不用继承该类。

脚本编译好后需要激活脚本才能运行。脚本激活
需要将编译好的脚本绑定到运行脚本的对象上，一般
为 Unity 场景中的游戏对象，如主相机、游戏角色、
3D 模型等，一个游戏对象可以同时绑定多个游戏脚
本。脚本绑定的方法通常是将编译好的脚本拖拽给场
景中的某个游戏对象即可。在这个游戏对象的检视面
板上可以看到该脚本的属性。图 6-44 的检视面板显示
了该游戏对象上绑定了命名为 Help 的一个脚本，面板
上脚本下面出现的参数为脚本自设的相关参数。

3. 脚本常用函数

简单介绍几个比较常用的 MonoBehaviour 内置函
数，这些函数有特殊的功能可以帮助开发者更便捷地
完成游戏逻辑需求。

● void OnGUI() 函数

Unity 提供了使用脚本创建 GUI 界面的功能，
Unity 中的界面设计是通过创建脚本并定义 OnGUI 方
法来执行的。所有的 GUI 渲染都应该在该方法中执行
或者在一个被 OnGUI 方法调用的函数中执行，程序段
6-1 就是一个实例。实际上就是绘制了一个有背景贴图
的界面，界面上还带有一个返回按钮。

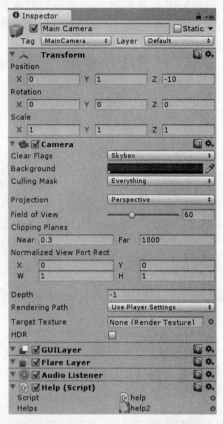

图 6-44　Help 脚本出现在检视面板上

● void Awake() 函数

初始化函数，在游戏开始时系统自动调用，即在当前脚本对象被加载的时候调用一次。
一般用来创建变量之类的东西。

● void Start() 函数

初始化函数，在当前脚本对象生成完成后调用一次。它在所有 Awake 函数运行完之后
（一般是这样，但不一定），在所有 Update 函数前系统自动调用。一般用来给变量赋值。程序
段 6-2 是一个同时使用 Awake 和 Start 函数的脚本实例，运行后可以看出程序先显示 Awake
函数中的"Awake called."字符，然后再显示 Start 函数中的"Start called."字符，读者可自
行试之。

程序段　6-2

```
using UnityEngine;
using System.Collections;
public class AwakeAndStart : MonoBehaviour
{
    void Awake ()
    {
        Debug.Log("Awake called.");
```

```
    }

    void Start ()
    {
        Debug.Log("Start called.");
    }
}
```

● void Update () 函数

在脚本加载完成后每帧调用一次，通常将用户输入操作写在此函数内，或者在判断某个时间点或者某个布尔变量是否为真（true）然后执行或者调用其他操作时使用该方法。程序段6-3表示一个键盘输入的实例，脚本运行后按下 F1 键，即切换到 help 场景。

程序段　6-3

```
using UnityEngine;
using System.Collections;
public class keyboardback : MonoBehaviour
{
  //Update is called once per frame
  void Update ()
  {
  if (Input.GetKeyDown(KeyCode.F1))
  {
  Application.LoadLevel("help");
  }
  }
}
```

与此类似的方法还有 void FixedUpdate() 方法、void LateUpdate() 方法。void FixedUpdate 用于固定更新，update 跟当前平台的帧数有关，而 FixedUpdate 是真实时间，所以处理物理逻辑的时候要把代码放在 FixedUpdate 而不是 Update 中。当处理刚体时，需要用 FixedUpdate 代替 Update。例如，给刚体加一个作用力时，必须应用作用力在 FixedUpdate 里的固定帧，而不是 Update 中的帧，两者帧长不同。void LateUpdate() 晚于更新，LateUpdate 是在所有 Update 函数调用后被调用。它可用于调整脚本执行顺序。例如，当物体在 Update 里移动时，跟随物体的相机可以在 LateUpdate 里实现。Update 是在每次渲染新的一帧的时候才会调用，也就是说，这个函数的更新频率和设备的性能以及被渲染的物体（可以认为是三角形的数量）有关。在性能好的机器上可能 fps 为 30，差的可能小些。这会导致同一个游戏在不同的机器上效果不一致，有的快、有的慢，这是因为 Update 的执行间隔不一样。而 FixedUpdate 是在固定的时间间隔执行，不受游戏帧率的影响，有点像 Tick。所以处理刚体的时候最好用 FixedUpdate。FixedUpdate 的时间间隔可以在项目设置中更改，选择编辑→项目设置（ProjectSetting）→时间（time）找到固定时间步（Fixedtimestep），就可以修改了。

4. 脚本之间的通信

两个游戏对象之间的脚本公共参数和公共方法的访问，如图 6-45。创建两个脚本 A、B，并创建两个游戏对象分别为 A、B。将 A、B 脚本挂接到对应的游戏对象 A 和 B 上。

在 A 脚本中声明一个变量类型为 B 的变量名为 bScrpit，需要访问哪个脚本就声明哪个脚本的类名作为变量，如图 6-46 所示。在 B 脚本中，我们创建一个 Bfunction 的公共方法，如

图 6-47 所示。当它被调用时，将会在控制台信息打印出 Bfunction 字符串。

图 6-45　创建两个脚本 A、B

```
1 using UnityEngine;
2 using System.Collections;
3
4 public class A : MonoBehaviour {
5     public B bScrpit;
6     // Use this for initialization
7     void Start ()
8     {
```

图 6-46　脚本 A 部分代码

回到 A 脚本在 Start() 函数中调用变量 bScrpit 中的 Bfunction 方法，如图 6-48 所示。最后实例化 bScrpit 变量，这在 Unity 中有两个方法。一是利用 Unity 编辑器用鼠标拖拽游戏对象到对应的变量槽位中来实例化变量，如图 6-49a、b 所示。运行编辑器后控制台窗口如图 6-50 所示。二是修改脚本，通过寻找游戏对象的组件为变量实例化，如图 6-51 所示。

```
public void Bfunction()
{
    Debug.Log ("Bfunction");
}
```

图 6-47　脚本 B 部分代码

```
1 using UnityEngine;
2 using System.Collections;
3
4 public class A : MonoBehaviour {
5     public B bScrpit;
6     // Use this for initialization
7     void Start ()
8     {
9         bScrpit.Bfunction ();
10     }
11
12     // Update is called once per frame
```

图 6-48　添加 bScript 中的 Bfunction 方法

a）实例化前

b）实例化后

图 6-49　实例化变量

图 6-50　控制台窗口

```
public B bScrpit;
// Use this for initialization
void Start ()
{
    bScrpit = GameObject.Find ("b").GetComponent<B> ();
    bScrpit.Bfunction ();
}
```

图 6-51　寻找游戏对象的组件

6.5　GUI 游戏界面

GUI（Graphics User Interface），图形用户界面在程序设计中一直占有很重要的位置。GUI

在游戏的开发中也占有重要的地位，游戏的 GUI 是否友好、使用是否方便，很大程度上决定了玩家的游戏体验。Unity 内置了一套完整的 GUI 系统，提供了从布局、控件到皮肤的一整套 GUI 解决方案，可以做出各种风格和样式的 GUI 界面。在 Unity 中使用 GUI 来完成 GUI 的绘制工作。Unity 的 GUI 类提供了丰富的界面控件，可以将这些控件配合使用。GUI 控件如表 6-4 所示。

表 6-4　Unity 界面控件

控件名称	作　　用
Label	绘制文本和图片
Box	绘制一个图形框
Button	绘制按钮，响应单击事件
RepeatButton	绘制一个处理持续按下事件的按钮
TextField	绘制一个单行文本输入框
PasswordField	绘制一个密码输入框
TextArea	绘制一个多行文本输入框
Toggle	绘制一个开关
Toolbar	绘制工具条
SelectionGrid	绘制一组网格按钮
HorizontalScrollbar	绘制一个水平方向的滑动条
VerticalScrollbar	绘制一个垂直方向的滑动条
Window	绘制一个窗口，可以用于放置控件

　　GUI 代码需要在 OnGUI 函数中调用才能绘制，GUI 的控件一般都需要传入 Rect 参数来指定屏幕绘制区域，如 Rect (0, 10, 200, 300)，对应的屏幕矩形区域左上角的坐标为（0，10），宽度为 200，高度为 300。在 Unity GUI 中，屏幕坐标系以左上角为原点。接下来以 Label 控件为例说明控件的使用方法。Label 控件适合用来显示文本信息或者图片，新建一个 C# 脚本，叫做 TestGUI.cs，然后绑定到我们的 Main Camera 对象上，Label 初始化代码部分如程序段 6-4 所示。

程序段　6-4

```
void OnGUI()
{
//GUI.color = Color.red;
GUI.Label(new Rect (10, 10, 100, 200), "Hello World!");
GUI.Label (new Rect (100, 100, texture.width/4, texture.height/4), texture);
}
```

　　程序段 6-5 使用 GUI.Button 方法在界面中创建出一个按钮，该方法返回一个布尔值，当单击按钮时，返回 true 并退出应用程序，所以使用 if 语句进行判断是否进行单击。

程序段　6-5

```
using UnityEngine;
using System.Collections;
public class QuitCsript : MonoBehaviour        // 创建类 QuitCscript
{
    Rect windowRect = new Rect(20, 20, 100, 50); //声明矩形对象，尺寸 20, 20, 100, 50
```

```
GUI.WindowFunction windowFunction;//
void OnGUI ()                                                    //调用 OnGUI 方法
{
    windowRect = GUI.Window(0, windowRect, DoMyWindow, "System");  //开窗大小 windowRect
}
void DoMyWindow(int windowID)                                    //调用窗口设计函数
{
        if(GUI.Button(new Rect(10,20,80,20), "Quit"))            //创建退出 Quit 按钮
        {
                Application.Quit();                              //如果按下按钮，程序退出
        }
}
//Use this for initialization
void Start ()
{
        windowFunction = DoMyWindow;                             //程序一开始就调出窗口
}
//Update is called once per frame
void Update ()                                                   //更新函数中无操作
{
}
}
```

Unity 4.6 版本以后开始有新的界面 UGUI（Unity Graphic User Interface）系统，其主要特点是在 NGUI 的基础上更加便捷、更加原生化。在层次视图中鼠标单击右键，选择 UI 菜单栏出现 UI 控件对象，单击列表中的控件对象就可以创建目标 UI 了，如图 6-52 所示。创建 Text 控件，创建 Text 后在层次视图自动生成画布（Canvas）和事件系统（EventSystem），如图 6-53 所示。画布类似一个根节点，创建的 UI 控件都会自动成为它的子物体。在场景（Scene）编辑窗口中是一个白色的矩形线框，UI 控件就在画布里面，如图 6-54 所示。

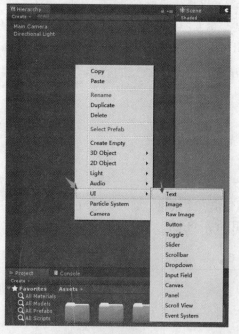

图 6-52　创建目标 UI

图 6-53　画布和事件系统

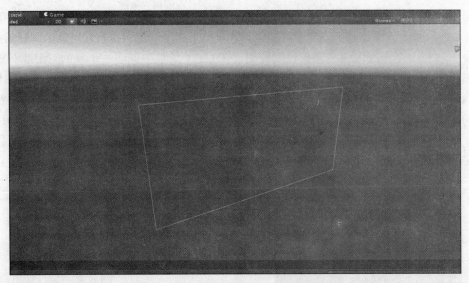

图 6-54　画布在场景视图中的白色矩形框

画布组件渲染模式（RenderMode）有三种，其中覆盖重叠（Overlay）模式表示画布下的 UI 控件会覆盖在游戏相机的最上面，如图 6-55 所示。而相机模式需要指定一个相机渲染 UI，如图 6-56 所示，使用这个模式可以实现游戏世界中的物体遮挡 UI 的效果。

图 6-55　选择画布的覆盖重叠渲染模式

图 6-56　选择画布的相机渲染模式

如图 6-57 所示，如果画布的 UI 比例模式（UI Scale Mode）选择 Scale With ScreenSize，则使得画布根据屏幕大小来调整 UI 缩放值。如图 6-58，在文本（Text）中写入需要显示的内容，控件就会显示出来，也可以通过脚本代码写入字符串来动态更改文本中的内容。

图 6-57　画布的比例模式设置

图 6-58　画布文本框文字输入

UI 系统中的按钮（Button）控件由图片（Image）组件、按钮（Button）组件和一个文本（Text）子控件组成，图片组件负责渲染按钮的图形，按钮组件负责按钮的逻辑事件处理，文本子控件表示按钮的名称，它的检视面板如图 6-59 所示。可调整相关参数，例如单击如图 6-59 "+"号处，添加一个响应事件槽位，表示按下这个按钮会执行此对象的目标函数。

下面通过一个实例说明按钮控件的使用。在 Unity 场景中创建一个新的空游戏对象，命名为 ButtonTest。创建一个新的脚本叫 ButtonTest，脚本代码如程序段 6-6 所示，将脚本挂接到游戏对象上，如图 6-60 所示。当脚本执行的时候会在控制台（Console）窗口打印字符，如图 6-61 所示。在图 6-62 中单击按钮控件检视面板箭头所指位置，选择刚刚创建的 ButtonTest 场景对象，或者将场景创建的 ButtonTest 对象拖拽至此处，继续选择刚刚编写的函数，如图 6-63 箭头所示。

图 6-59　按钮控件的检视面板

图 6-60　游戏脚本 ButtonTest 挂接到
　　　　　游戏对象 ButtonTest 上

程序段　6-6

```
using UnityEngine;
using System.Collections;

public class ButtonTest : MonoBehaviour {
// Use this for initialization
void Start (){

}

// Update is called once per frame
void Update (){

}

public void ButtonTestClick()
{
Debug.Log("Click");
}
}
```

图 6-61　控制台窗口

图 6-62　选择游戏对象

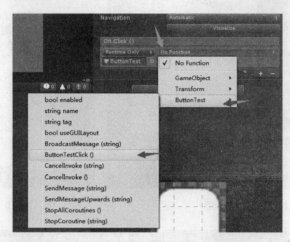

图 6-63　选择函数

　　左键单击游戏视图中的运行按钮，如图 6-64 所示，按钮（Button）出现，如图 6-65 所示，单击该按钮，控制台窗口出现了字符，表示函数有响应。开发者可以自定义函数的内容以满足开发需求。

图 6-64　单击运行按钮

图 6-65　单击 Button 按钮

图 6-66　控制台出现了字符

　　UGUI 还允许直接在层次面板中上下拖拽游戏对象来对渲染进行排序（支持程序控制），如图 6-67，画布下面的游戏对象从上到下依次为文本（Text）、按钮（Button）和图片（Image）。上面的 UI 会先被渲染，下面的 UI 后渲染，最终效果是下面的 UI 控件会阻挡上面的 UI 控件，如图 6-68 所示，白色图片（Image）遮挡了按钮（Button）。

图 6-67　游戏对象排序

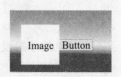

图 6-68　遮挡效果示意

　　图片控件需要一张图片来设置。首先选择一张图片，将该图片放置在 Unity 项目文件下，在项目视图下单击鼠标右键，在快捷菜单中选择"在浏览器中显示"即可打开当前项目文件所在的文件夹，如图 6-69 所示。单击资源对象查看检视面板，在贴图类型（TextureType）中选择精灵（Sprite）类型，如图 6-70 所示，Image 组件在运行画面和检视面板上就可以显示这个图片，如图 6-71 所示。检视面板上的组件的公有参数 public 都是可以通过脚本代码访问修改的，动态更改也比较方便。

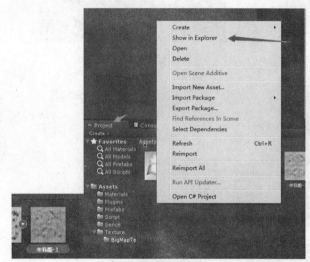

图 6-69　选择图片　　　　　　　　　　　　　　　图 6-70　设置贴图类型

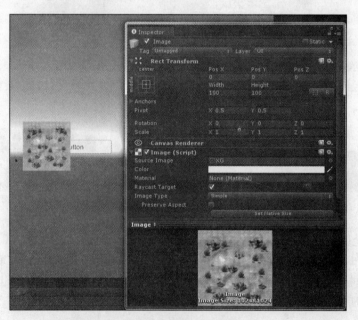

图 6-71　显示图片

　　UI 系统下还有其他控件的设置与使用，如开关、滑动条、面板、输入框和下拉菜单等，这里就不一一叙述了。在帮助菜单下有 Unity 使用手册（Unity Manual）和脚本参考（Scripting Reference）。开发者可以打开后了解更多详细内容。

6.6　物理引擎

　　物理引擎就是在游戏中模拟真实的物理效果。比如在游戏中击打一个物体，这个物体就会受到力的作用，当物体受到击打力之后产生的效果就叫做物理效果。物理引擎就是实现这种效果的一个组件。如果没有这个组件，我们就必须用大量的代码来描述这种效果，现在加上这个组件之后，我们只需要设置一下参数，就可以将这些复杂的效果模拟出来，极大地减少了工作量。Unity 内置英伟达公司的 NVIDIA PhysX 物理引擎。物理引擎中主要分为两大块，即刚体组件和碰撞器。要使一个物体在物理控制下有物理效果，首先简单添加一个刚体给物体。这时，物体将受重力影响，并可以与其他物体碰撞。刚体是物理模拟物体。使用刚体的东西，玩家能够围绕推动。例如，包装箱或松散的物体或可以移动的刚体，可直接通过脚本施加力。

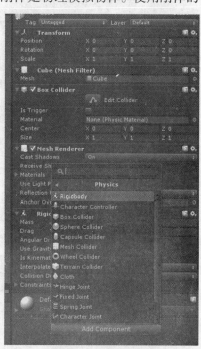

1. 刚体组件

　　刚体组件可以给物体添加一些常见的物理属性，比如物体的质量、摩擦力、碰撞参数等，这些属性可用来真实地模拟物体在 3D 游戏世界中的一切行为。新创建的物体默认是不具备刚体组件的，下面介绍如何给一个物体添加刚体组件。首先创建一个场景，其中包括一个地面、三个立方体（Cube）。三个立方体分别设置不同的颜色以便区分，选中红色的立方体然后在菜单栏中选择添加组件（Add Component）→物理（Physics）→刚体（Rigidbody），如图 6-72 所示，这样一个刚体组件就添加完成了，运行游戏看看有什么变化。我们发现运行游戏后，红色的物体开始自由下落，而其他两个没有变化。这是因为我们给红色物体添加了刚体组件后，它受到了重力的影响。当物体添加刚体组件后，在检视面板中就可以看到刚体物体的相关属性，如图 6-73 所示，其中刚体物体属性相关参数说明如表 6-5 所示。

图 6-72　添加刚体组件

表 6-5　刚体物体属性参数说明

属性名称	说明
质量（Mass）	物体的重量以千克为单位，建议质量不超过或不小于其他刚体的 100 倍
阻力（Drag）	当通过力移动时，有多少空气阻力影响物体，0 表示没有空气阻力，阻力无穷大时，会让物体立刻停下来
角阻力（Angular Drag）	当通过扭矩旋转时，有多少空气阻力影响物体，0 表示没有空气阻力，阻力无穷大时，会让物体立刻停下来
使用重力（Use Gravity）	如果启用，物体将受重力影响
是否运动学（Is Kinematic）	如果启用运动学，物体将不受物理引擎驱动，即不受力、重力或碰撞影响，只能由设置变换或动画的位置和旋转显示，它们仍然可以与其他非运动学刚体互动。这通常用于移动平台或受铰链关节连接（HingeJoint）的刚体
插值（Interpolate）	当发现刚体运动速度改变，可尝试以下选项： ● 不插值（None）：不应用插值 ● 内插值（Interpolate）：基于前一帧的变换来平滑本帧变换 ● 外插值（Extrapolate）：基于预估的下一帧变换来平滑本帧变换

（续）

属性名称	说明
碰撞检测（Collision Detection）	用于防止快速移动的物体通过其他物体却未触发碰撞 不连续（Discrete）碰撞检测：针对所有其他碰撞器，用于标准碰撞（这是默认值）。 连续（Continuous）碰撞检测：用于连续动态检测需要碰撞的物体，为了防止快速移动的碰撞器相互穿过，也防止刚体通过任意静态（如非刚体）网格碰撞器。 连续动态（Continuous Dynamic）：碰撞检测用于快速移动的物体，也防止刚体穿过任意其他检测模式设置为"连续"或"连续动态"的刚体
约束（Constraints）	限制刚体的运动 冻结位置（Freeze Position）：在世界坐标 X、Y、Z 轴停止刚体移动 冻结旋转（Freeze Rotation）：在世界坐标 X、Y、Z 轴停止刚体旋转

2. 碰撞器

碰撞器（Collider）是另一种组件，必须和刚体一起添加以便产生碰撞。碰撞器和刚体通过彼此碰撞进行物理模拟。从物体的检视面板上选择添加组件（Add Component）→物理（Physics）→添加碰撞器。浏览组件参考页面，我们看到有多种碰撞器，如图 6-74 所示，这些碰撞器的说明参考表 6-6。

表 6-6　碰撞器的说明

碰撞器名称	说明
盒碰撞器（Box Collider）	原始立方体形状
球体碰撞器（Sphere Collider）	原始球体形状
胶囊碰撞器（Capsule Collider）	原始胶囊形状
网格碰撞器（Mesh Collider）	从物体网格创建一个碰撞器，不能与另一个网格碰撞器碰撞
车轮碰撞器（Wheel Collider）	专用于轿车或其他行驶车辆
地形碰撞器（Terrain Collider）	为地形而设

一个可供选择的碰撞器的使用方法是把它们标记为触发器，仅需要选中检视面板中的 Is Trigger 属性复选框，如图 6-75 所示。触发器不受物理引擎控制，当与一个触发器发生碰撞时会发出三个独特的触发信息。触发器用于触发游戏中的其他事件，比如过场动画、自动门开启、显示教程信息等。

当然也应该意识到，为了使两个触发器碰撞时发出碰撞事件，其中一个必须包含刚体。一个触发器和一个普通碰撞器碰撞，其中之一必须附加刚体。想了解不同类型碰撞的详细情况，可以参考下面的碰撞行为矩阵（Collision action matrix）。

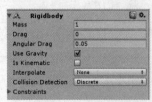

图 6-73　刚体物体属性

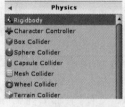

图 6-74　多种碰撞器

图 6-75　触发器选择

基于两个碰撞对象的配置，可以产生很多不同的效果。表 6-7 概括了基于附加不同组件的两个碰撞对象所产生的效果。其中有些组合只能导致碰撞的两个对象中的一个受到影响，所以考虑到保持标准的规则，物理效果将不会对没有附加刚体的对象生效。

表 6-7 两种类型碰撞器碰撞后是否有碰撞检测并有碰撞信息发出

Collision detection occurs and messages are sent upon collision (两种类型碰撞器碰撞后有碰撞检测并有碰撞信息发出)

	Static (静态)	Rigidbody (刚体)	Kinematic Rigidbody (运动学刚体)	Static Trigger (静态触发)	Rigidbody Trigger (刚体触发)	Kinematic Rigidbody Trigger (运动学刚体触发)
Static (静态)						
Rigidbody (刚体)	Y	Y	Y			
Kinematic Rigidbody (运动学刚体)		Y				
Static Trigger (静态触发)						
Rigidbody Trigger (刚体触发)						
Kinematic Rigidbody Trigger (运动学刚体触发)						

Trigger messages are sent upon collision (碰撞后有触发信息)

	Static (静态)	Rigidbody (刚体)	Kinematic Rigidbody (运动学刚体)	Static Trigger (静态触发)	Rigidbody Trigger (刚体触发)	Kinematic Rigidbody Trigger (运动学刚体触发)
Static (静态)					Y	Y
Rigidbody (刚体)				Y	Y	Y
Kinematic Rigidbody (运动学刚体)				Y	Y	Y
Static Trigger (静态触发)		Y	Y		Y	Y
Rigidbody Trigger (刚体触发)	Y	Y	Y	Y	Y	Y
Kinematic Rigidbody Trigger (运动学刚体触发)	Y	Y	Y	Y	Y	Y

脚本中关于碰撞与触发的内置函数、触发信息检测函数和碰撞信息检测函数如下：

- MonoBehaviour.OnTriggerEnter (Collider other)：当进入触发器时
- MonoBehaviour.OnTriggerExit (Collider other)：当退出触发器时
- MonoBehaviour.OnTriggerStay (Collider other)：当逗留触发器时
- MonoBehaviour.OnCollisionEnter (Collision collisionInfo)：当进入碰撞器时
- MonoBehaviour.OnCollisionExit (Collision collisionInfo)：当退出碰撞器时
- MonoBehaviour.OnCollisionStay (Collision collisionInfo)：当逗留碰撞器时

程序段 6-7 为物体碰撞后启动其中一个物体的触发器进入事件 C# 代码。

程序段　6-7

```
using UnityEngine;                              // 引用 UnityEngine 命名空间
using System.Collections;                       // 引用 System.Collections 命名空间
public class ExampleClass: MonoBehaviour {      // 声明 ExampleClass 类
    void OnTriggerEnter(Collider other) {       // 当进入触发器时事件
        Destroy(other.gameObject);              // 销毁碰撞时的另一物体
    }
}
```

其他触发信息检测函数和碰撞信息检测函数代码需根据具体事件分析，可参考程序段 6-7 来编写。注意角色控制器（Character Controller）不遵循物理规则，角色控制器执行碰撞检测以保证角色可以沿着墙滑动、上下台阶等。角色控制器不受力影响，但是可以被由代码施加的力推动。通常，所有类似人的角色都用角色控制器来执行。

6.7　输入控制

Unity 封装了 Input 类来支持开发者的输入控制需求，不同的平台其输入设备不同。目前比较主流的 PC 平台使用键盘鼠标控制，移动平台使用触屏控制，主机游戏使用手柄摇杆等，Unity 原生都有很好的支持，某些特殊的输入方式也会有第三方的插件支持。一般在 Update() 函数中判断用户的输入指令。图 6-76 示意了键盘、鼠标和触屏点输入代码框架。

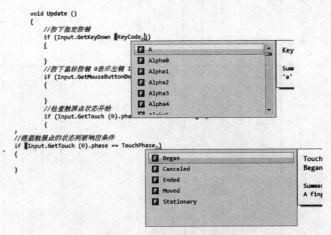

图 6-76　输入控制代码框架

1. 键盘事件

键盘事件是最基本的输入方式。在脚本中使用 Input.GetKeyDown() 方法、Input.GetKeyUp()

方法、Input.GetKey() 方法和 Input.anyKeyDown 值来判断键盘是否按下、抬起、长按状态和任意键判断。程序段 6-8 ～程序段 6-11 分别表示键盘按下事件响应、键盘抬起事件响应、鼠标长按事件响应以及键盘任意键响应。

程序段 6-8　键盘按下事件

```
using UnityEngine;
using System.Collections;

public class Script: MonoBehaviour
{
// Update is called once per frame
    void Update () {
        if(Input.GetKeyDown(KeyCode.Escape)){
            Debug.Log("你按下了退出键");
            }
    }
}
```

程序段 6-9　键盘抬起事件

```
using UnityEngine;
using System.Collections;

public class Script: MonoBehaviour
{
// Update is called once per frame
    void Update () {
        if(Input.GetKeyUp(KeyCode.w)){
            Debug.Log("你抬起了 w 键");
            }
    }
}
```

程序段 6-10　键盘长按事件

```
using UnityEngine;
using System.Collections;

public class Script: MonoBehaviour
{

// Update is called once per frame
int keyFrame=0;
    void Update () {
        if(Input.GetKey(KeyCode.A)){
            keyFrame++;
            Debug.Log("A 连按:"+keyFrame+"帧");
            }
    }
}
```

程序段 6-11　键盘任意键事件

```
using UnityEngine;
using System.Collections;
```

```
public class Script: MonoBehaviour
{

// Update is called once per frame
    void Update () {
        if(Input.anyKeyDown){
                Debug.Log("任意键被按下");
                }
    }
    }
```

2. 鼠标事件

鼠标事件也是最基本的输入方式。鼠标一般只有三个按键，即左键、右键和中键，在脚本中使用 Input.GetMouseButtonDown() 方法、Input.GetMouseButtonUp() 方法和 Input.Get-MouseButton() 方法来实现鼠标是否按下、抬起和长按状态的判断。程序段 6-12、6-13、6-14 分别表示鼠标按下事件响应、鼠标抬起事件响应和鼠标长按事件响应。

程序段 6-12　鼠标按下事件

```
using UnityEngine;
using System.Collections;

public class Script: MonoBehaviour
{
// Update is called once per frame
    void Update ()
{
        if(Input.GetMouseButtonDown(0)){
            Debug.Log("你单击的鼠标左键位置为:" +Input.mousePosition);
            }
    if(Input.GetMouseButtonDown(1)){
            Debug.Log("你单击的鼠标右键位置为:" +Input.mousePosition);
            }
    if(Input.GetMouseButtonDown(2)){
            Debug.Log("你单击的鼠标中键位置为:" +Input.mousePosition);
            }
        }
    }
```

程序段 6-13　鼠标抬起事件

```
using UnityEngine;
using System.Collections;

public class Script: MonoBehaviour
{
// Update is called once per frame
    void Update ()
    {
        if(Input.GetMouseButtonUp(0)){
            Debug.Log("你抬起的鼠标左键位置为:" +Input.mousePosition);
            }
    if(Input.GetMouseButtonUp(1)){
            Debug.Log("你抬起的鼠标右键位置为:" +Input.mousePosition);
```

```
            }
        if(Input.GetMouseButtonUp(2)){
            Debug.Log("你抬起的鼠标中键位置为:"+Input.mousePosition);
            }
    }
}
```

程序段 6-14   鼠标长按事件

```
using UnityEngine;
using System.Collections;

public class Script: MonoBehaviour
{
//Update is called once per frame
    int MouseFrame=0;
    void Update ()
{
        if(Input.GetMouseButton(0)){
            MouseFrame++;
                Debug.Log("鼠标左键长按"+MouseFrame+"帧");
                }
        if(Input.GetMouseButton(1)){
            MouseFrame++;
                Debug.Log("鼠标右键长按"+MouseFrame+"帧");
                }
        if(Input.GetMouseButton(2)){
            MouseFrame++;
                Debug.Log("鼠标中键长按"+MouseFrame+"帧");
                }
    }
}
```

3. 输入管理器（InputManager）

输入管理器可以设置项目的各种输入和操作，单击编辑菜单→项目设置→输入（Input）（如图 6-77）可以进入输入管理器界面，如图 6-78 所示。

在输入管理器中设置的轴（Axes）有两个目的：①让你可以在脚本中通过轴的名称来使用输入。②让游戏玩家可以自定义游戏的输入。

在游戏加载界面中，玩家可以看到所有定义的轴，包括名称、详细说明、默认按键，他们可以通过选项改变轴的按键。因此，在脚本中最好也使用轴而不是单独的按键，这样玩家就可以在游戏中自定义按键。注意该部分内容不适用于 Android 和 iOS 设备。

轴是一个变量值，通过判断这个变量的值来判断用户的操作，该值与输入管理器中的按钮（Button）设置有关。如果输入管理器中设置的按钮没有按下，则轴的默认值为 0；否则按下正向按钮（Positive Button），则轴的值为 1；按下反向按钮（Negative Button），轴的值为 –1。例如，图 6-78 输入管理器中正向按钮设置为左箭头键（left），反向按钮设置为右箭头键（Right）。

输入管理器中轴下的 Size 为轴的数量，用来设置当前项目中的所有输入轴。Size 的值为 0、1 等元素时，可以对每个轴的参数进行修改。当 Size 值为 19 时，最下方多出一个 Cancel，如图 6-79 所示。Cancel 下的相关参数（参见图 6-80）说明如表 6-8 所示。

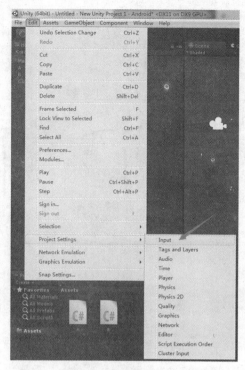

图 6-77　单击输入菜单

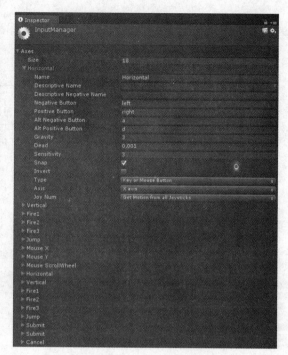

图 6-78　输入管理器界面

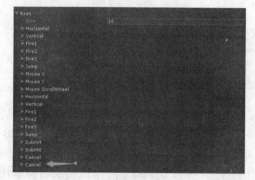

图 6-79　轴中的相关参数

图 6-80　Cancel 下的相关参数

表 6-8　Cancel 下的相关参数说明

英文名称	中文名称	说明
Name	名称	轴的名称，用于游戏加载界面和脚本中开发者可自定义修改。为了区别上面的 Cancel 我们修改为 AxesTest
Descriptive Name	描述	游戏加载界面中，轴的正向按键的详细描述
Descriptive Negative Name	反向描述	游戏加载界面中，轴的反向按键的详细描述
Positive Button	正向按钮	该按钮会给轴发送一个正值
Negative Button	反向按钮	该按钮会给轴发送一个负值
Alt Positive Button	备选正向按钮	给轴发送正值的另一个按钮
Alt Negative Button	备选反向按钮	给轴发送负值的另一个按钮
Gravity	重力	输入复位的速度，仅用于类型为键／鼠标的按键。当按键弹起的时候，值逐渐变为 0
Dead	阈	任何小于该值的输入值（不论正负值）都会被视为 0，用于摇杆

（续）

英文名称	中文名称	说明
Sensitivity	灵敏度	对于键盘输入，该值越大则响应时间越快，该值越小则越平滑。对于鼠标输入，设置该值会对鼠标的实际移动距离按比例缩放
Snap	对齐	如果启用该设置，当轴收到反向的输入信号时，轴的数值会立即置为 0，仅用于键 / 鼠标输入
Invert	反转	启用该参数可以让正向按钮发送负值，反向按钮发送正值
Type	类型	所有的按钮输入都应设置为键 / 鼠标（Key/Mouse 类型，对于鼠标移动和滚轮应设为鼠标移动（Mouse Movement）。摇杆设为摇杆轴（Joystick Axis），用户移动窗口设为窗口移动（Window Movement）
Axis	轴	设备的输入轴（摇杆、鼠标、手柄等）
Joy Num	摇杆编号	设置使用哪个摇杆。默认是接收所有摇杆的输入。仅用于输入轴和非按键

下面程序段 6-15 说明如何利用轴控制游戏对象的移动旋转。首先创建一个 ExampleClass 脚本，挂接到指定游戏控制对象上面，编译运行后就可以通过 WASD 或者方向键控制游戏对象。

程序段 6-15　使用轴控制游戏对象

```
using UnityEngine;
using System.Collections;

public class ExampleClass : MonoBehaviour {
    public float speed = 10.0F;
    public float rotationSpeed = 100.0F;
    void Update() {
        float translation = Input.GetAxis("Vertical") * speed;
        float rotation = Input.GetAxis("Horizontal") * rotationSpeed;
        translation *= Time.deltaTime;
        rotation *= Time.deltaTime;
        transform.Translate(0, 0, translation);
        transform.Rotate(0, rotation, 0);
    }
}
```

6.8　持久化数据

在 Unity 中提供了一个用于本地持久化保存与读取数据的类——PlayerPrefs，它是轻量级的存储。它的工作原理是以键值对的形式将数据保存在文件中。PlayerPrefs 类可保存与读取三种基本的数据类型：浮点型、整型和字符串型。表 6-9 表示 PlayerPrefs 类提供的几种方法。

表 6-9　PlayerPrefs 类提供的方法

方法	说明
SetFloat()	保存浮点类型
SetInt()	保存整型
SetString()	保存字符串
GetFloat()	获取浮点类型
GetInt()	获取整型
GetString()	获取字符串

例如语句：

```
PlayerPrefs.SetString("key", "value");
string str = PlayerPrefs.GetString("key", "default"));
```

第一条语句中的键值（Key）对应一个值（Value），使用 SetString() 方法存储后通过 GetString() 方法中的 Key 可以得到之前存储的 Value。GetString() 方法中的第二个参数代表默认值。意思是如果通过第一个参数的 Key 没有找到对应的值 Value 的话，GetString() 方法就会返回我们写的第二个参数的默认值。

Unity 还支持大部分数据保存文件，包括比较简单的 TXT、XML 等，如果需要链接数据库的话需要 DLL 的支持。Unity 的文件保存路径的途径可通过如下方式获得：

1）使用 Application.dataPath 来读取文件进行操作，但是移动端是没有访问权限的。

2）在项目根目录中创建 StreamingAssets 文件夹来保存文件。此方法在 PC/Mac 中可实现对文件实施"增删查改"等操作，但在移动端只支持读取操作。

使用 Application.persistentDataPath 来操作文件时，该文件存在手机沙盒中，因为不能直接存放文件。所以有两个方法：

1）通过服务器直接下载保存到该位置，也可以通过 Md5 码比对下载更新的资源。

2）没有服务器的，只有间接通过文件流的方式从本地读取并写入 Application.persistentDataPath 文件下，然后再通过 Application.persistentDataPath 来读取操作。注意 PC/Mac 以及 Android、iPad、iPone 都可以对文件进行任意操作。另外，在 iOS 上该目录下的东西可以被 iCloud 自动备份。

程序 6-16 是使用 Application.persistentDataPath 路径保存数据的一个实例。首先要在 Application.persistentDataPath 路径下创建一个 TXT 文本文件。然后创建一个脚本 CreatText，在顶部引入相应命名空间，代码如下：

程序段 6-16　使用 Application.persistentDataPath 路径

```
using UnityEngine;
using System.Collections;
using System.IO;
using System.Collections.Generic;
using System;

public class CreatText : MonoBehaviour {
    //文本中每行的内容
    ArrayList infoall;
    //皮肤资源，这里用于显示中文
    public GUISkin skin;
    void Start ()
    {
    //删除文件
    DeleteFile(Application.persistentDataPath,"FileName.txt");
    //创建文件，共写入数据
    CreateFile(Application.persistentDataPath,"FileName.txt","This is a txt
file"); //得到文本中每一行的内容
    infoall = LoadFile(Application.persistentDataPath,"FileName.txt");
    }
    /**
```

```
    * path: 文件创建目录
    * name: 文件的名称
    *  info: 写入的内容
    */
        void CreateFile(string path,string name,string info)
        {
            // 文件流信息
        StreamWriter sw;
        FileInfo t = new FileInfo(path+"//"+ name);
        if(!t.Exists)
        {
            // 如果此文件不存在则创建
            sw = t.CreateText();
        }
        else
        {
            // 如果此文件存在则打开
            sw = t.AppendText();
        }
        // 以行的形式写入信息
        sw.WriteLine(info);
        // 关闭流
        sw.Close();
        // 销毁流
        sw.Dispose();
    }
    /**
* path: 读取文件的路径
* name: 读取文件的名称
*/
ArrayList LoadFile(string path,string name)
{
    // 使用流的形式读取
    StreamReader sr =null;
    try{
        sr = File.OpenText(path+"//"+ name);
        }catch(Exception e)
    {
        // 路径与名称未找到文件则直接返回空
        return null;
    }
    string line;
    ArrayList arrlist = new ArrayList();
    while ((line = sr.ReadLine()) != null)
    {
        // 一行一行地读取
        // 将每一行的内容存入数组链表容器中
        arrlist.Add(line);
    }
        // 关闭流
        sr.Close();
        // 销毁流
        sr.Dispose();
        // 将数组链表容器返回
        return arrlist;
```

```
    }
    /**
* path: 删除文件的路径
* name: 删除文件的名称
*/
    void DeleteFile(string path,string name)
    {
        File.Delete(path+"//"+ name);
    }
    void OnGUI()
    {
        // 用新的皮肤资源，显示中文
        GUI.skin = skin;
        // 读取文件中的所有内容
        foreach(string str in infoall)
        {
            // 绘制在屏幕当中
            GUILayout.Label(str);
        }
    }
}
```

在 Unity 中文件的保存路径建议使用 Application.persistentDataPath 路径，该路径下的文件可读取和写入，这个路径根据程序运行的平台会返回不同的路径。

程序段 6-17 是使用 XML 文件存储数据的一个实例。XML 文件方便处理字符串之间的逻辑对应关系，存储方式是树状的节点。使用时，要引用 XML 命名空间。

程序段 6-17   使用 XML 文件存储数据

```
using System.Xml;
// xml 保存的路径，这里放在 Assets 路径，注意路径
    public void createXml()
    {
                        // xml 保存的路径，这里放在 Assets 路径，注意路径
        string filepath = Application.dataPath + @"/my.xml";
                        // 继续判断当前路径下是否有该文件
        if(!File.Exists (filepath))
        {
                    // 创建 XML 文档实例
            XmlDocument xmlDoc = new XmlDocument();
                    // 创建 root 节点，也就是最上一层节点
            XmlElement root = xmlDoc.CreateElement("transforms");
                    // 继续创建下一层节点
            XmlElement elmNew = xmlDoc.CreateElement("rotation");
                    // 设置节点的两个属性 ID 和 NAME
            elmNew.SetAttribute("id","0");
                    // 继续创建下一层节点
                XmlElement rotation_X = xmlDoc.CreateElement("x");
                    // 设置节点中的数值
                rotation_X.InnerText = "0";
                XmlElement rotation_Y = xmlDoc.CreateElement("y");
                rotation_Y.InnerText = "1";
                XmlElement rotation_Z = xmlDoc.CreateElement("z");
                rotation_Z.InnerText = "2";
```

```
                        // 这里在添加一个节点属性，以示区分
                        rotation_Z.SetAttribute("id","1");
    // 把节点一层一层地添加至 XMLDoc 中 ，请仔细看它们之间的先后顺序，这将是生成 XML 文件的顺序
                        elmNew.AppendChild(rotation_X);
                        elmNew.AppendChild(rotation_Y);
                        elmNew.AppendChild(rotation_Z);
                   root.AppendChild(elmNew);
                        xmlDoc.AppendChild(root);
                        // 把 XML 文件保存至本地
                        xmlDoc.Save(filepath);
                   Debug.Log("createXml OK!");
    }
    }
```

XML 文件内容如程序段 6-18 所示。

程序段 6-18   XML 文件内容示例

```
<transforms>
    <rotation id="0" >
        <x>0</x>
        <y>1</y>
        <z id="1">2</z>
    </rotation>
</transforms>
```

程序段 6-19 是 XML 文件读取与更改的一个实例。

程序段 6-19   XML 文件读取与更改

```
public void UpdateXml()
{
    string filepath = Application.dataPath + @"/my.xml";
    if(File.Exists (filepath))
    {
        XmlDocument xmlDoc = new XmlDocument();
                        // 根据路径将 XML 读取出来
        xmlDoc.Load(filepath);
                        // 得到 transforms 下的所有子节点
        XmlNodeList  nodeList=xmlDoc.SelectSingleNode("transforms").ChildNodes;
                        // 遍历所有子节点
        foreach(XmlElement xe in nodeList)
        {
                        // 拿到节点中属性 ID =0 的节点
            if(xe.GetAttribute("id")=="0")
            {
                // 更新节点属性
                xe.SetAttribute("id","1000");
                // 继续遍历
                foreach(XmlElement x1 in xe.ChildNodes)
                {
                    if(x1.Name=="z")
                    {
                // 这里是修改节点名称对应的数值，而上面的拿到节点连带的属性
                x1.InnerText="update00000";
```

```
                }
            }
                break;
        }
    }
        xmlDoc.Save(filepath);
        Debug.Log("UpdateXml OK!");
    }
}
// 删除 XML 内的节点
public void deleteXml()
{
// 文件路径位置
        string filepath = Application.dataPath + "/my.xml";
        if(File.Exists (filepath))
        {
        XmlDocument xmlDoc = new XmlDocument();
        xmlDoc.Load(filepath);
        XmlNodeList nodeList=xmlDoc.SelectSingleNode("transforms").ChildNodes;
        foreach(XmlElement xe in nodeList)
        {
            if(xe.GetAttribute("id")=="1")
            {
                xe.RemoveAttribute("id");
            }
            foreach(XmlElement x1 in xe.ChildNodes)
            {
                if(x1.Name == "z")
                {
                    x1.RemoveAll();
                }
            }
        }
        xmlDoc.Save(filepath);
        Debug.Log("deleteXml OK!");
    }
    }
```

6.9   多媒体与网络

1. 视频播放

Unity3D 中播放游戏视频的方式有两种，第一种是在游戏对象中播放，例如在游戏世界中创建一个平面（Plane）对象，相机直直地照射在这个面上。第二种是在 GUI 层面上播放视频。播放视频其实和贴图非常相像，因为播放视频用到的视频贴图（MovieTexture）属于贴图（Texture）的子类。

Unity 支持的播放视频格式有 .mov、.mpg、.mpeg、.mp4、.avi 和 .asf。如果在非苹果系统上开发，需要安装 QuickTime 视频播放器。因为 Unity 的第一个版本最开始就是面向苹果系统开发的一款 3D 漫游编辑软件。

创建 Unity 项目时，将对应的视频文件拖拽入项目视图，就会自动生成对应的视频贴图对象。有时候视频拖拽后文件没

图 6-81　含有音频的视频文件

有识别，可能是视频发生过转码，开发者可以通过 AE Premiere Combustion 等软件再次转码就可以了。

将视频文件拖拽入项目视图中，如果视频中含有音频的话会对应生成音频（Audio）文件，如图 6-81 所示，视频文件 ShuiHuCG 的音频文件为 ShuiHuCG。接着在层次视图中创建一个平面对象，视频将在它之上播放，平行光（Directional light）用于照亮整个游戏场景，最后场景的主相机（Main Camera）对象将直直地照射在平面对象上。程序段 6-20 是一个编写脚本控制视频播放的程序实例。

程序段 6-20 编写脚本控制视频的播放

```
using UnityEngine;
using System.Collections;
public class PlayMovie: MonoBehaviour
{
    // 电影贴图
    public MovieTexture movTexture;
    void Start()
    {
        // 设置当前对象的主贴图为电影贴图
        gameObject.GetComponent<MeshRenderer> ().material.mainTexture= movTexture;
        // 设置电影贴图播放模式为循环
        movTexture.loop = true;
    }
    void OnGUI()
    {
        if(GUILayout.Button(" 播放 / 继续 "))
        {
            // 播放 / 继续播放视频
            if(!movTexture.isPlaying)
            {
                movTexture.Play();
            }
        }
        if(GUILayout.Button(" 暂停播放 "))
        {
            // 暂停播放
            movTexture.Pause();
        }
        if(GUILayout.Button(" 停止播放 "))
        {
            // 停止播放
            movTexture.Stop();
        }
    }
}
```

脚本编好后，将脚本挂接到需要显示视频的模型上，并将视频拖拽给脚本上的视频变量槽位，如图 6-82 所示。单击"运行"按钮，播放视频效果如图 6-83 所示。

第二种播放视频的方式基于 Unity 界面 GUI，在 GUI 中播放视频的原理是直接通过 GUI 调用贴图绘制（DrawTexture）方法。程序段 6-21 是使用这种方法播放视频的程序实例。

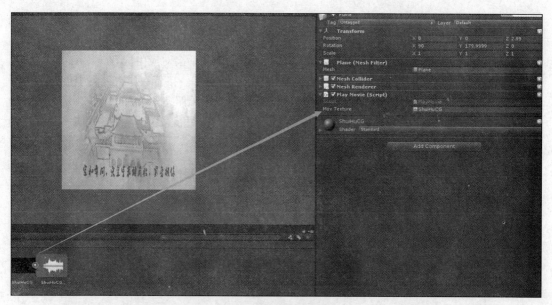

图 6-82　视频脚本绑定

图 6-83　播放视频

程序段 6-21　GUI 方法播放视频

```
using UnityEngine;
using System.Collections;
public class PlayMovie: MonoBehaviour
{
    //电影贴图
    public MovieTexture movTexture;
    void Start()
    {
        //设置电影贴图播放模式为循环
        movTexture.loop = true;
```

```
    }
    void OnGUI()
    {
        //绘制电影贴图
        GUI.DrawTexture (new Rect (0,0, Screen.width, Screen.height),movTexture,ScaleMode.
StretchToFill);
        if(GUILayout.Button(" 播放 / 继续 "))
        {
            //播放 / 继续播放视频
            if(!movTexture.isPlaying)
            {
                movTexture.Play();
            }
        }
        if(GUILayout.Button(" 暂停播放 "))
        {
            //暂停播放
            movTexture.Pause();
        }
        if(GUILayout.Button(" 停止播放 "))
        {
            //停止播放
            movTexture.Stop();
        }
    }
}
```

　　在移动设备上播放视频需要使用另外一种方式来播放。程序段 6-22 是一个移动平台播放视频的脚本实例。注意将视频文件放置在 Assets/StreamingAssets/ 路径下。使用该方法在 iOS 和 Android 上能够流畅播放游戏视频。

程序段 6-22　移动设备上播放视频

```
using UnityEngine;
using System.Collections;
public class Test : MonoBehaviour {
    void OnGUI()
    {
        if (GUI.Button (new Rect (20,10,200,50), "PLAY ControlMode.CancelOnTouch"))
        {
//视频播放时触摸屏幕视频关闭
Handheld.PlayFullScreenMovie("test.mp4",Color.black, FullScreenMovieControlMode.CancelOnInput);
        }
        if (GUI.Button (new Rect (20,90,200,25), "PLAY ControlMode.Full"))
        {
//视频播放时弹出高级控件，控制视频暂停播放全屏等
Handheld.PlayFullScreenMovie("test.mp4", Color.black, FullScreenMovieControlMode.Full);
        }
        if (GUI.Button (new Rect (20,170,200,25), "PLAY ControlMode.Hidden"))
        {
            //视频播放时无法停止，当其播放完一次后自动关闭
            Handheld.PlayFullScreenMovie("test.mp4", Color.black, FullScreenMovieControlMode.
Hidden);
        }
        if (GUI.Button (new Rect (20,250,200,25), "PLAY ControlMode.Minimal"))
```

```
    {
        // 视频播放时弹出 iOS 高级控件，可控制播放进度
        Handheld.PlayFullScreenMovie("test.mp4", Color.black, FullScreenMovieControlMode.
Minimal);
    }
  }
}
```

2. 音频播放

Unity3D 游戏引擎一共支持四种音乐格式的文件，如表 6-10 所示。

表 6-10　Unity 音频格式文件说明

类型	说明
.AIFF	适用于较短的音乐文件，可用作游戏打斗音效
.WAV	适用于较短的音乐文件，可用作游戏打斗音效
.MP3	适用于较长的音乐文件，可用作游戏背景音乐
.OGG	适用于较长的音乐文件，可用作游戏背景音乐

下面说明在 Unity 项目中如何进行参数设置播放音乐。首先在场景中创建一个空的游戏对象音频（Audio），给这个空游戏对象添加一个音频源（AudioSource）组件，将音频文件拖拽至音频源组件的音频剪辑（Audio Clip）槽位。这个过程分别如图 6-84、图 6-85 和图 6-86 所示。

图 6-84　创建空对象图　　　　　　图 6-85　添加 Audio Source 组件

图 6-86　Audio Clip 槽位

表 6-11 是音频源组件相关参数的说明。也可以创建音频脚本，通过代码控制音乐。程序段 6-23 就是一个音频控制脚本的实例。将程序段 6-23 的脚本文件 Audio.cs 绑定在摄像头上，将音频游戏对象拖动赋值给脚本中声明为音乐（music）的音频源对象。注意摄像头应该添加有音频监听器（Audio Listener）组件（如图 6-87 所示），才能起到声音监听的作用。

表 6-11 音频源组件相关参数说明

英文名称	中文名称	说明
Audio Clip	音频剪辑	将被播放的声音剪辑文件
Mute	静音	如果启用，声音将被播放，但没有声音（静音）
Bypass Effects	直通效果	应用到音频源的快速"直通"过滤效果。一个用来打开／关闭所有特效的简单方法
Play On Awake	唤醒时播放	如果启用，则声音会在场景启动的时候开始播放。如果禁用，则需要从脚本中使用的 play() 命令来启动它
Loop	循环	启用这个属性使音频剪辑在播放结束后循环
Priority	优先权	确定场景所有并存的音频源之间的优先权。（0 为最重要的优先权。256 为最不重要。默认为 128。）使用 0 的音乐曲目，以避免偶尔换出
Volume	音量	声音从距离音频监听器 1 个世界单位（1 米）处有多响
Pitch	音调	改变音调值，可以减速／加速音频剪辑的播放。1 是正常播放速度
3D Sound Settings	3D 声音设置	三维的声音应用到音频源的设置
Pan Level	平衡调整级别	设置多少才使三维引擎在音频源上有效果
Spread	扩散	设置三维立体声或者多声道音响在扬声器空间的传播角度
Doppler Level	多普勒级别	决定了多少多普勒效应将被应用到这个音频信号源（如果设置为 0，就是无效果）
Min Distance	最小距离	在最小距离（MinDistance）之内，声音会保持最响亮。在最小距离之外，声音就会开始衰减。增加声音的最小距离，可以使声音在 3D 世界"更响亮"，减少最小距离可使声音在三维世界"安静"
Max Distance	最大距离	声音停止衰减距离。超过这一点，它将在距离监听器最大距离单位保持音量，并不会作任何衰减
Rolloff Mode	衰减模式	声音淡出的速度有多快。该值越高，越接近监听器最先听到声音（这是由图形决定）
Logarithmic Rolloff	对数衰减	当接近音频源，声音响亮；但是当远离对象，声音下降明显快
Linear Rolloff	线性衰减	越远离音频源，可以听到的声音越小
Custom Rolloff	自定义衰减	根据设置的衰减图形，来设置音频源的声音
2D Sound Settings	2D 声音设置	二维的声音应用到音频源的设置
Pan 2D	2D 平衡调整	设置多少才使引擎在音频源上有效果

程序段 6-23 代码控制音乐

```
using UnityEngine;
using System.Collections;
 public class audio : MonoBehaviour {
    // 音乐文件
    public AudioSource music;
    // 音量
    public float musicVolume;
    void Start()
    {
        // 设置默认音量
        musicVolume = 0.5F;
    }
    void OnGUI()
```

```
    {
        // 播放音乐按钮
        if (GUI.Button(new Rect(10, 10, 100, 50), "Play music"))
        {
        // 没有播放
        if (!music.isPlaying)
        {
            // 播放音乐
            music.Play();
        }
        }

        // 关闭音乐按钮
        if (GUI.Button(new Rect(10, 60, 100, 50), "Stop music"))  {

            if (music.isPlaying){
                // 关闭音乐
                music.Stop();
            }
        }
        // 暂停音乐
        if (GUI.Button(new Rect(10, 110, 100, 50), "Pause music"))  {
            if (music.isPlaying){
                // 暂停音乐
                // 这里说一下音乐暂停以后
                // 单击播放音乐为继续播放
                // 而停止以后在单击播放音乐
                // 则为从新播放
                // 这就是暂停与停止的区别
                music.Pause();
            }
        }

        // 创建一个横向滑动条用于动态修改音乐音量
        // 第一个参数 滑动条范围
        // 第二个参数 初始滑块位置
        // 第三个参数 起点
        // 第四个参数 终点
        musicVolume = GUI.HorizontalSlider (new Rect(160, 10, 100, 50), musicVolume,
0.0F, 1.0F);

        // 将音量的百分比打印出来
        GUI.Label(new Rect(160, 50, 300, 20), "Music Volueme is " + (int)(musicVolume
* 100) + "%");

        if (music.isPlaying){
            // 音乐播放中设置音乐音量 取值范围 0.0F 到 1.0F
            music.volume = musicVolume;
        }
    }
}
```

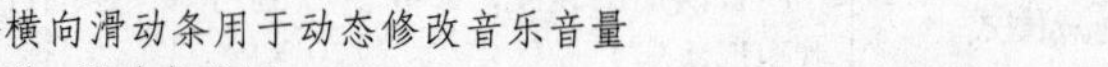

图 6-87 音频监听器

3. 网络传输

Unity 一般使用 WWW 类处理网络请求。WWW 类是 UnityAPI 内置的一个方法，专门应对协程用于资源加载，资源可来自于本地，也可来自网络。开发者需要架构服务器或者依托第三方提供的服务器资源进行网络通信。从服务器上下载一个文本文件，需要知道服务器的 IP 地址、端口号和文件在服务器中的路径。例如在 Unity 项目中显示百度上的一张 LOGO 图片，首先从百度上复制图片的链接，操作如图 6-88 所示，脚本编写如程序段 6-24 所示。

图 6-88　百度 LOGO 图片

程序段 6-24　将图片链接作为 WWW 的 URL 参数传入

```
using UnityEngine;
using System.Collections;
public class WWWTest : MonoBehaviour {
    // Use this for initialization
    void Start ()
    {
        // 开启协程
        StartCoroutine ( OpenWeb());
    }
    // 自定义一个协程方法，WWW 类一般在协程方法内调用
    IEnumerator OpenWeb()
    {
        // 实例一个 WWW 类 将百度图片的 URL 作为参数传入 WWW 类中，这样就表示下载百度图片
        WWW www = new WWW
          ("https://ss0.bdstatic.com/5aV1bjqh_Q23odCf/static/superman/img/logo/logo_
white_fe6da1ec.png");
        // 等待图片下载完成
        yield return www;
            // 通过 www.texture 获取下载的图片文件格式，复制给当前游戏对象的渲染组件中材质的主贴
图，将下载的图片显示出来
        gameObject.GetComponent<MeshRenderer> ().material.mainTexture = www.texture;
    }
}
```

将写好的脚本 WWW Test.cs 挂接到场景中的一个平面上，如图 6-89 所示。单击 "运行" 按钮，该平面会显示网络上的百度 LOGO 图片，如图 6-90 所示。

WWW 类是一个简单的访问网页的类，可以下载网络上的文本数据、字节数据、图片数据、音频和视频等。你通过连接 WWW (url) 在后台开始下载，并且返回一个新的 WWW 对象，WWW 类的具体属性说明如表 6-12 所示。你可以检查 isDone 属性来查看是否已经下载完成，或者自动等待下载物体，直到它被下载完成（不会影响游戏的其余部分）。如果你想从 Web 服务器上获取一些数据，如高分列表或者调用主页，从 Web 上下载的图片来创建一个贴图，下载或加载新的 Web 播放器数据文件时，你可以使用 WWW 类的相关属性来实现这些

功能。WWW 类还可以用来发送 GET 和 POST 请求到服务器，WWW 类默认使用 GET 方法，如果提供一个 postData 参数可用 POST 方法。注意 iPhone 支持 https:// 和 file:// 协议，ftp:// 协议的支持仅限于匿名下载。其他协议不被支持。

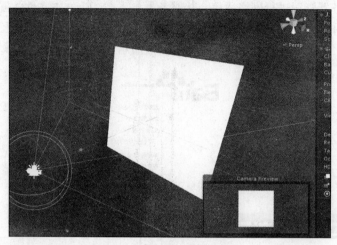

图 6-89　场景中的一个平面

图 6-90　平面显示网络图片

表 6-12　WWW 类的具体属性说明

属性	说明
text	通过网页获取并以字符串的形式返回内容（只读）
bytes	以字节组的形式返回获取到的网络页面中的内容（只读）
error	返回一个错误消息，在下载期间如果产生了一个错误的话（只读）
texture	从下载的数据返回生成的一个二维贴图（只读）
audioClip	从下载的数据，返回一个音频剪辑（只读）
movie	从下载的数据，返回一个视频贴图（只读）
isDone	判断下载是否已经完成（只读）
progress	下载进度有多少（只读）
uploadProgress	上传进度有多少（只读）
oggVorbis	加载一个 Ogg Vorbis 文件到音频剪辑
url	该 WWW 请求的 URL（只读）

（续）

属性	说明
assetBundle	AssetBundle 的数据流，可以包含项目文件夹中的任何类型资源
threadPriority	AssetBundle 解压缩线程的优先级

6.10　游戏实例

1. 案例 1：基于 Unity 的 3D 北师漫游系统

（1）系统策划

利用 Unity、3DS Max 软件，制作北京师范大学珠海分校 3D 校园漫游系统。该漫游系统具备以下特征：

1）根据校园基本环境特征，逼真地塑造校园环境，重要景点一目了然。

2）整个校园全方位进行漫游，可以引导漫游者浏览校园。

3）具备导航能力，通过人机交互实现景点介绍，了解重要景点的背景和资料。

（2）校园建筑设计

校园建筑取材于数字媒体专业同学制作的北师校园模型。数字媒体技术专业的同学任天翔、郑嘉欣、杨一扬、戴佳翼、邓淑贤等项目组成员在项目前期，已经完成了校园建筑模型的构建。本项目在此基础上对模型及系统进行了修改和部分重建。

由于本项目的 Unity 校园漫游没有涉及室内部分，所以需要对每栋建筑进行碰撞封装。具体方法是创建一个立方体，使之依附在一栋建筑上面，然后调整立方体的大小，使得立方体边界包含建筑，再去掉立方体的网格渲染器（Mesh Renderer）属性（即透明化）。

然后在建筑模型上添加鼠标交互事件。这种方法要求目标物体具有碰撞盒（Box Collider）属性。有些建筑很规范，直接添加碰撞盒调整大小使其包围整个建筑即可，但是有些建筑不规范，可以在建筑外面再加一个立方体，使立方体包围建筑，再对立方体添加碰撞盒属性来实现碰撞检测功能。图 6-91 为没有碰撞盒的图书馆模型，图 6-92 为有碰撞盒的图书馆模型。程序段 6-25 为图书馆鼠标交互示意代码。该代码实现的功能是单击图书馆模型，就会弹出"图书馆简介"窗口，其他标志性建筑的实现方法类似。最终效果图如图 6-93 所示。

图 6-91　无碰撞盒的图书馆　　　　　图 6-92　有碰撞盒的图书馆

程序段 6-25　图书馆简介

```
public class profiletushuguan : MonoBehaviour {
    public Rect windowRect = new Rect(160, 20, 520, 480);
    public Rect ExitwindowRect = new Rect(400, 420, 110, 50);
```

```
public bool tsg=false;//定义一个标志布尔量
    void OnGUI(){
    if(tsg){
        //标志量改变弹出图书馆简介的窗口
            windowRect = GUI.Window(0, windowRect, DoMyWindow, "图书馆简介");
            }
    }
void OnMouseDown() {
    tsg=true;//鼠标单击修改标志量
}
void DoMyWindow(int windowID) {
    if(GUI.Button(ExitwindowRect, "取消")){
        tsg=false;
        }
    }
}
```

图 6-93　图书馆景点简介效果图

（3）界面设计

漫游系统首先建立了一个相机动画作为开始界面。开始界面由在空中缓慢俯瞰校园的背景动画加上开始结束等按钮构成。动态的背景非常真实地展示了校园全景图，而且也巧妙地作为了开始界面，这样会使得程序启动画面丰富、主体鲜明。开始界面相机和漫游过程中的相机分开控制，程序段 6-26 为开始界面相机代码，考虑到开始界面的简洁性，这段代码只创建了两个按钮，分别为"进入漫游"和"退出漫游"。配上"北京师范大学珠海分校"LOGO。程序段 6-27 为漫游第一人称界面代码，漫游界面中添加了"学校简介"、"校园地图"和"退出"按钮，用以切换到不同界面。

程序段 6-26　开始界面相机代码

```
using UnityEngine;
using System.Collections;
public class MainCamera : MonoBehaviour {
    public Rect StartwindowRect = new Rect(20, 20, 120, 50);
    public Rect QuitwindowRect = new Rect(20, 40, 120, 70);
    public GameObject CharterCamera;
    public GameObject MiniMap;
    // Use this for initialization
```

```
    void Start () {
        MiniMap.SetActive(false);          // 在进入漫游之前关闭小地图
        CharterCamera.SetActive(false);    // 在进入漫游之前关闭第一人称相机，即漫游相机
    }
    // Update is called once per frame
    void Update () {
    }
    void OnGUI (){
        if (GUI.Button(StartwindowRect, "进入漫游")){
            CharterCamera.SetActive(true);    // 进入漫游打开第一人称相机
            MiniMap.SetActive(true);          // 进入漫游打开小地图
            gameObject.SetActive(false);      // 关闭开始相机
        }
        if (GUI.Button(QuitwindowRect, "退出漫游")){
            Application.Quit();               // 退出程序
        }
    }
}
```

程序段 6-27　漫游第一人称界面

```
using UnityEngine;
using System.Collections;
public class Themenu : MonoBehaviour {
    public Rect windowRect = new Rect(20, 20, 120, 50);
    public Rect ExitwindowRect = new Rect(20, 20, 120, 50);
    public Rect profilewindowRect = new Rect(20, 550, 120, 50);
    public Rect QuitwindowRect = new Rect(20, 40, 120, 70);
    public Rect worldmapwindowRect = new Rect(20, 550, 120, 50);
    public Texture2D Schoolprofile;
    public Texture2D Schoolmap;
    public bool a=false;
    public bool b=false;
    void OnGUI() {
        if (GUI.Button(profilewindowRect, "学校简介")){
            a=true;
        }
        if(a){
            windowRect = GUI.Window(0, windowRect, DoMyWindow, "北京师范大学珠海分校简介");
        }
        if (GUI.Button(QuitwindowRect, "退出")){
            Application.Quit();
        }
        if (GUI.Button(worldmapwindowRect, "校园地图")){
            b=true;
        }
        if(b){
            windowRect = GUI.Window(0, windowRect, DoMyWindow, "校园地图");
        }
    }
    void DoMyWindow(int windowID) {
        if(a)
            GUI.Label(new Rect(5, 20, Schoolprofile.width, Schoolprofile.height),
Schoolprofile);
        if(b)
            GUI.Label(new Rect(7, 20, Schoolmap.width, Schoolmap.height), Schoolmap);
```

```
if(GUI.Button(ExitwindowRect, "取消")){
    a=false;
    b=false;
}   }}
```

（4）导航图

导航图的制作运用了导航图插件 MiniMap（可在 Unity 相关资源网站下载）。这款插件功能强大，完全满足了本项目的要求，下面对这款插件和它的使用进行说明。

首先导入插件资源包，选择 KGFMapSystem.perfab，拖入到场景面板中。这个时候单击 KGFMapSystem，可以看到参数设定栏中提示目标（Target）不能为空。于是将主角模型 Alexis 拖入到目标栏。再将玩家 KGFMapIcon_player 拖入到主角模型 Alexis 附体中，最终效果如图 6-94 所示。小地图的功能分为放大视野范围、缩小视野范围、锁定相机方向和大小窗口切换四个功能。单击小地图上的"＋""－"进行地图的缩放；单击锁型图标锁定视角，使箭头始终朝向上方；单击右下地球形状按钮可以切换到大地图窗口，如图 6-95 所示，再次单击该按钮，则重新返回小地图。

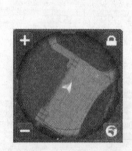

图 6-94　小地图

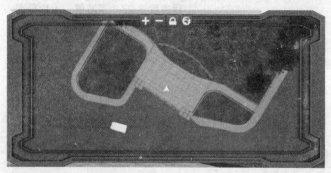

图 6-95　大地图窗口

（5）导航列表

导航列表实现的功能是漫游者可以通过下拉菜单直接到达想要到达的区域。下拉菜单中包含了校园重要景点的位置，程序段 6-28 描述了如何实现这一功能。代码中前面的七行定义了后续函数用到的各个变量，而 Building 字符数组存储的是各个地点的名称，在使用时会显示在下拉菜单中。BuildingPoint 数组存放地点信息，每个量对应一个地点，灵活变动，增加地点时增加 Building 字符数组中的地点名称即可。

程序段 6-28　导航列表实现

```
public Rect GuideWindow = new Rect(235,15,104,25);
public bool show = false;
public bool grow = false;
public float min = 0.0f;
public float max = 0.0f;
public float height ;
public float speed = 0.0f;
public Transform My_Transform;
public AudioSource tap;
string[] Building = new string[] { "百年广场","励耘楼", "乐育楼","图书馆","设计楼","综合楼","风雨操场","大操场","丽泽楼","学三食堂","海华宿舍","京华宿舍","学一食堂","粤华宿舍","国交中心","工程楼"};
```

```
    public Transform[] BuildingPoint;

if(show)
{
    GUILayout.BeginArea(new Rect(235,40,100,height),"","Box");
    GUILayout.BeginVertical();
    for(int i = 1;i<16;i++){
        if(GUILayout.Button(i+"."+Building[i-1])){
            tap.Play();
            float step = 99999* Time.deltaTime;
             My_Transform.position = Vector3.MoveTowards(My_Transform.position,
BuildingPoint[i-1].position, step);
        }
    }
    GUILayout.EndVertical();
            GUILayout.EndArea();
        }

        if(grow)
        {
            speed += Time.deltaTime*5.0f;
            height = Mathf.Lerp(min,max,speed);
            if(Mathf.Approximately(height,max))
            {
                grow = false;
                max = min;
                min = height;
                speed = 0.0f;
                if(min == 0)
                    show = false;
            }
        }
```

通过 MoveTowards 函数进行地点之间的切换，实现了从当下位置移动到目标地点的功能。其函数本身可以设置移动速度，为了设计需要，把移动速度调到了一个极大量，所以实现的效果是直接移动到目标位置，并由半空短暂落下。最终效果如图 6-96 所示。

图 6-96　导航列表最终效果图

（6）地形建立

地形设计流程如图 6-97 所示。

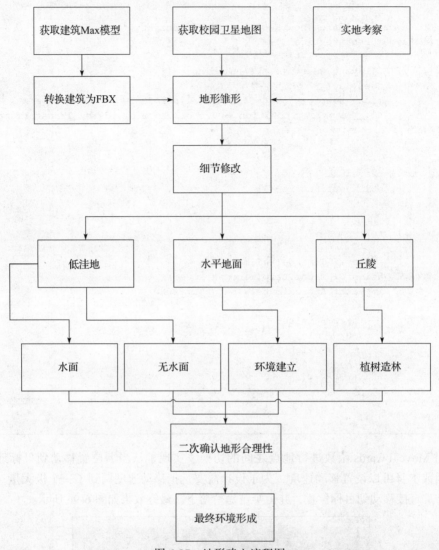

图 6-97　地形建立流程图

　　地形的建立是整个漫游系统的关键，只有比例相对合适，地形相对符合真实环境的地形才可以达到项目要求。在制作地形的过程中，采用标志物点的判定方法。具体来说就是先把主要的建筑物初步模型放入空白的平面地形当中，然后从俯视图开始调整所有模型的相对位置和大小。图 6-98 为 Unity 地形编辑面板，可以选择对地形进行抬高、降低、贴图刷新、植被刷新和设置等。

　　对于不同的地面，需要选择不同的区域形状。例如大面积草地和沥青路面需要选用实心的区域，这样效率会提高，边界也会容易控制。而绘制山坡和景观地面时需要斑点区域，这样

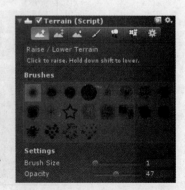

图 6-98　Unity 地形编辑面板

才能显示地面无规律，有自然感。又比如山的塑造，需要皱纹和斑点配合，才能绘制出有起伏、有地面凹凸感的真实山峦效果。在制作地形中遇到的最大困难应该就是最小地形单位了。由于地图大小有限，而模型数量多，最小地形编辑单位常常不能达到需要的效果。解决这个问题的方法是使用地形光滑功能。编辑地形时通过最小单位调整和光滑地形，一步一步地使地形达到设计要求。

（7）天空盒

在 Unity 渲染设置里本系统选取了简单的天空盒材质 Sunny3 Skybox。天空盒效果如图6-99。设置步骤简单明了。漫游系统设计为"夏天"，由于这个天空盒材质美观，而且蓝天白云的效果和学校实际情况比较吻合。

图 6-99　天空盒效果图

（8）树木和植被

选择 Unity 的重要原因之一就是 Unity 中自然景物种类繁多而且外观精致美观。树木和植被的面片数量庞大，可以逼真地营造校园环境。资源包非常丰富，其中着重引用了热带植物包（Tropical Nature Pack）。可以挑选出最贴近现实的植被品种，这大大增强了校园的自然感和真实度。图 6-100 为校名石灌木效果图。

图 6-100　校名石植被覆盖效果图

（9）第一人称控制和相机跟随

对于第一人称自由漫游 Unity 自带有完整代码和实现。但是其代码有略微欠妥的地方，于是做了小小修改，以满足漫游需要。主要是添加了语句" if (Input.GetAxis ("Fire2") ==1)"，使得控制者按住鼠标右键才可以调整视角，代码参见程序段 6-29。

程序段 6-29　鼠标调整视角

```
void Update ()
{
    if(Input.GetAxis ("Fire2")==1)// 鼠标右键按下才可活动视角
    {
    if (axes == RotationAxes.MouseXAndY)
    {
        float rotationX = transform.localEulerAngles.y +
        rigidbody.freezeRotation = true;
    }
}
```

（10）道路建设

Unity 道路建设遇到了很大的困难。刚开始接触 Unity 时，发现可以刷新地表贴图，以此完美地展现地面面貌，所以最初计划利用这一功能进行道路绘制。后来发现这种方式非常难以控制道路的角度、精度、宽度、贴图，而且边缘部分无法达到设计要求。本系统使用 EasyRoads3D 道路绘制插件。这款道路绘制插件大大提高了道路绘制的效率和道路本身的品质。

图 6-101　道路参数设置面板

首先导入 EasyRoads3D 资源包，将 EasyRoads3DProject 放入场景中，然后设置关键点。只需设置三个关键点，就可自动连成道路。如需要更长或者弯道更多的路，只需多设置关键点即可。关键点和一般模型一样，可以在 X、Y、Z 轴各个方向进行移动。也可以增加删除关键点进行道路修改。需要注意的是，关键点在首次安插时会紧贴地表，导致最终生成的路面紧贴地表，达到了和贴图刷新一样的效果。在进行关键点设置的时候，可以调节每一个关键点以改变道路的方向和弧度。这个灵活的功能使得绘制时操作人性化，调节道路变得十分方便。

图 6-101 为道路详细参数设置面板，主要针对道路宽度和光滑度进行调节。图 6-102 为道路编辑模式，通过控制关键点的高度和方向，实现对道路起伏和弧度控制。具体来说，对道路宽度（Road width）直接进行数值输入就可以直接看到道路效果，以便调整到最适宜。参数几何分辨率（Geometry Resolution）可以调节道路一小段的长度，数值越小，弯道越光滑。绘制道路变得十分简洁，图 6-103 为海华至粤华沥青道路效果，地势起伏很大，有上坡、下坡、低洼地、S 弯道。

（11）水面

北京师范大学珠海分校多山多水。水面是学校的重要组成部分。而通过实地考察可以发现，学校水面大都能见度低，具有波动速度、流动速度缓慢以及湖面不规则等特点。经过多方寻找，本书选取了 Unity 水资源库（Water）专业版。此资源包呈现的水面十分美观，但是参数设置复杂，浮点计算复杂使得程序运行不流畅。于是在场景放置时，尽可能少用实例，只复制实例中的 Tile 面片，这样就会大大减少浮点运算，程序运行流畅度提高很多。本系统将水面的透明度变低，使之更贴近真实环境。同时对波纹间距和振幅进行调节，使水面波动幅度降低。反射光强度也进行了修改，使水面更加有质感。图 6-104 为图书馆旁水面效果图。

图 6-102　道路控制点及地形波及　　图 6-103　海华至粤华沥青路　　图 6-104　水面效果图
　　　　　　　　　　　　　　　　　　　　　　　最终效果

（12）最终渲染效果

最终形成的渲染效果图项目组很满意。图 6-105 为 45°俯瞰校园，图 6-106 为 90°俯瞰图，图 6-107 为校名石励耘楼渲染效果图，图 6-108 为综合楼、传媒楼最终效果图。

图 6-105　校园 45°俯瞰图　　　　　　　　　图 6-106　校园 90°俯瞰图

图 6-107　校名石励耘楼渲染效果图　　　　　图 6-108　综合楼、传媒楼最终效果图

（13）系统优化

1）画质调整。由于本项目资源繁多，场景十分巨大，导致渲染工作非常依赖强大的显卡，所以画质的提升无疑是最头疼的问题。表 6-13 对软件在各个环境下的不同画质的表现进行了总结。

表 6-13　不同环境下运行效果对比表

开发设备	CPU 型号	内存	显卡	画质最低	画质一般	画质极高
笔记本	P6100	4G	HD5470	正常运行	无法运行	无法运行
笔记本	I5	4G	310M	良好	良好	无法运行
笔记本	I7	8G	GTX765	优秀	优秀	良好
工作站	E5-1620	16G	K2000	优秀	优秀	优秀

　　总的来说，程序对计算机性能要求过高，需要后期进行"瘦身"，降低运行的门槛，以便更好地加以推广。

　　2）减少碰撞体。碰撞体的数量是影响程序运行效率的另一个重要参数。因此，本系统决定去掉所有树木的碰撞体，这样既可以增加漫游自由度，又可以适度提升运行流畅度。具体方法如下：

　　减少前所有树木都默认设有胶囊碰撞体（Capsule Collider）。Unity 中的树木资源默认都具有胶囊碰撞体附着，如图 6-109 所示的线条构成的类似胶囊的碰撞检测面。减少后所有树木没有了碰撞，人物能穿越丛林树木。其实这样的设计也符合漫游自由度的需要，所以这一举措是合理的。具体效果对照图如图 6-109 和图 6-110 所示。

图 6-109　有碰撞体的树木

图 6-110　无碰撞体的树木

（14）小结

　　基于 Unity 游戏引擎下的北京师范大学珠海分校 3D 校园漫游系统全方位地展示了校园的景色，具备一定的校园导航和介绍功能。项目在进行过程中遇到了诸多的问题，比如建筑模型建模复杂、校园环境复杂、整个场景庞大、运行不流畅、对 PC 要求较高、漫游系统游戏点的合理性等。漫游系统最大的功能就是漫游，而其余的游戏功能很难做到亮点和趣味性，所以在游戏策划上面需要创新和毅力。系统对面片精简和场景烘培没有做到位，一定程度影响了推广性，后期还需要继续优化。

2. 案例 2：金币游戏

　　这是一个模仿街机的游戏。游戏中通过发射金币击中转盘中的怪物来获取分数，金币的数量有限制，掉在地板上的金币会被铲板推动，被推落的金币可重复使用。

（1）游戏场景

　　本项目涉及的美术资源和初始场景在本书的资源文件中已经准备好，现在需要的是让这些场景对象动起来，增加背景音乐。

　　步骤 1：打开 Unity 项目，项目内提供项目需要的模型、动画、音效等资源，目录结构如图 6-111 所示。

　　步骤 2：打开本项目已经准备好的场景 First，该场景由一个背景图、一个木地板、地板上面的转盘和铲板组成，如图 6-112 所示。

　　步骤 3：在层次窗口选择 main_camera 对象，在菜单栏选择 Component → Audio → Audio Source 添加音源组件。选择文件 Assets/RawData/Level/backMusic.mp3 作为背景声音文件，在设置选项上选择循环播放，如图 6-113 所示。

图 6-111　目录结构

　　步骤 4：选择游戏体转盘（Wheel），在菜单栏选择 Component → Physics → Rigidbody 为

转盘添加刚体；在菜单栏选择 Component → Physics → Mesh Collider 为转盘添加多边形碰撞体，设置碰撞材质为木头（Wood），如图 6-114 所示。

图 6-112　游戏场景

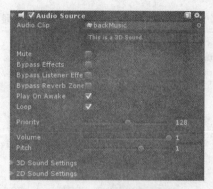

图 6-113　设置背景音乐

步骤 5：在 Script 目录中创建脚本 Wheel.cs，并把它指定给游戏体转盘，修改转盘参数 Omiga 控制转盘的转速。代码如程序段 6-30 所示。

程序段 6-30　转盘脚本

```
using UnityEngine;
using System.Collections;

public class Wheel : MonoBehaviour {
    Transform m_transform;
    public float m_omiga=12;
    //Use this for initialization
    void Start () {
        m_transform=this.transform;
    }

    //Update is called once per frame
    void Update () {
        m_transform.Rotate(0,0,m_omiga*Time.deltaTime); //转盘绕自身选择
    }
}
```

步骤 6：选择游戏体铲板（Pushboard），在菜单栏选择 Component → Physics → Rigidbody 为转盘添加刚体；在菜单栏选择 Component → Physics → Box Collider 为转盘添加多边形碰撞体，设置碰撞材质为弹性（Bouncy），如图 6-115 所示。

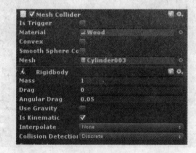

图 6-114　转盘物体组件设置

图 6-115　铲板物体组件设置

步骤 7：在 Script 目录中创建脚本 PushBoard.cs 来控制铲板往复运动，并把它指定给游戏体铲板。代码如程序段 6-31 所示。

程序段 6-31　控制铲板

```
using UnityEngine;
using System.Collections;
public class PushBoard : MonoBehaviour {
    Transform m_transform;
    Vector3 pos;
    void Start () {
        m_transform=this.transform;
        pos=this.transform.position;
    }
    void Update () {
        m_transform.position =new Vector3(
            pos.x,pos.y,pos.z-Mathf.PingPong(Time.time*2, 2.0f)); //控制铲板往复运动
    }
}
```

（2）角色与模型

游戏的怪物有巨龙、猪和熊，但站在转盘中间的巨龙是装饰性的，游戏的敌人为站在转盘边的猪和熊。

1）巨龙的创建。

步骤 1：从 Asset/RawData/Level/Dragon 中选取 micro_dragon.fbx 拖拉到转盘中间，取名 Dragon，调整和设置位置和大小，如图 6-116 所示。

步骤 2：设置巨龙的动画控制器（Animator Controller）为 dragonShow，如图 6-117 所示。

2）怪物猪预制件（Prefab）的创建。

怪物转盘的怪物只有两类：猪和熊。通过制作熊和猪的预制件，来生成更多的怪物。

步骤 1：Assets/RawData/Pig 窗口中找到 pig@idle.fbx 模型文件，拖到层次窗口创建游戏体 pig@idle。该模型只有网格对

图 6-116　设置巨龙位置

象，没有材质，需要给模型赋予材质对象。选中 pig@idle 下的子物体 Box022，将 Assets/RawData/Pig/Materials 下的材质 pigMaterial 拖放到 Box022，如图 6-118 所示。

图 6-117　巨龙动画控制器设置

图 6-118　材质设置

步骤 2：在菜单栏选择 Component → Physics → Capsule Collider 为怪物添加胶囊碰撞体，调节胶囊位置和大小至刚好包住怪物，选择物理材质为橡胶（Rubber）。为怪物添加一个刚体组件，取消选择 Use Gravity，启用 Is Kinematic，如图 6-119 所示。

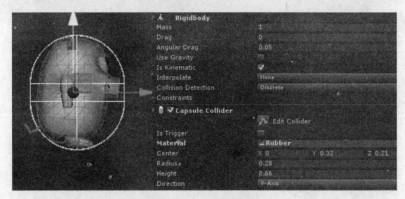

图 6-119　组件设置

步骤 3：为怪物猪创建动画效果。怪物猪的动画状态分为空闲（idle）、正常（normal）、笑（laugh）、击中（hit）、死亡（dead）状态。动画文件在 Assets/RawData/pig，分别为 pig@idle.fbx、pig@normal.fbx、pig@laugh.fbx、pig@hit.fbx、pig@dead.fbx。在 Assets/RawData/pig 右键弹出菜单中选择"创建 / 动画控制器"（Create/Animator Controller）并命名为 pigShow，如图 6-120 所示。

步骤 4：双击 pigShow 进入动画编辑窗口。创建五个动画状态，并为每个状态指定对应的动画文件。如图 6-121 所示，为空闲状态指定运动（Motion）为 pig@idle.fbx 文件内的空闲动画片段，正常状态指定运动为 pig@normal.fbx 内的正常动画片段，以此类推。

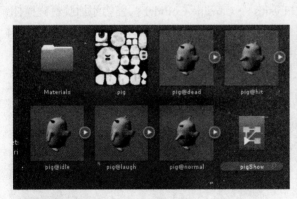

图 6-120　怪物猪动画文件

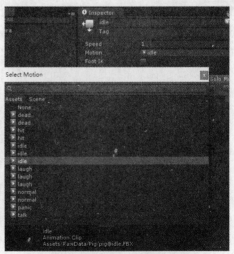

图 6-121　设置动画片段

步骤 5：设置五个状态的切换关系，并通过选择参数（Parameter）旁边的"+"，在子菜单中选择"布尔"（Bool）创建五个布尔变量，分别为空闲、死亡、击中、正常、笑，用来控制状态的切换条件，如图 6-122 所示。

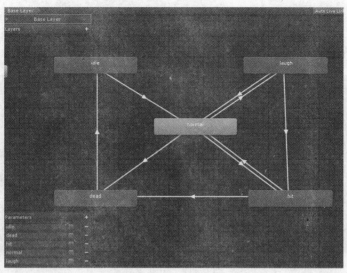

图 6-122　动画状态图

步骤 6：动画状态之间的连线表示动画的切换和过渡，默认情况下状态之间通过时间自动切换，也可以通过设置动画切换条件由脚本控制。当布尔变量击中（hit）为真（true）时，状态由正常切换到击中状态，如图 6-123 所示。

步骤 7：重复步骤 6 为每个动画过渡设置条件。

步骤 8：在 Assets/Prefab 目录下创建一个空的预制件，将其改名为 pig。将游戏体 pig@idle 拖放到预制件 pig，并删除场景中的游戏体 pig@idle，至此创建完成怪物猪的预制件。

3）怪物熊预制件的创建。

步骤 1：Assets/RawData/Bear 窗口中找到 bear@idle.fbx 模型文件，拖到层次窗口创建游戏体 bear@idle。该模型只有网格对象，没有材质，需要给模型赋予材质对象。选中 bear@idle 下的子物体 Box001，将 Assets/RawData/Bear/Materials 下的材质 bearMaterial 拖放到 Box001。

步骤 2：在菜单栏选择 Component → Physics → Capsule Collider 为怪物添加胶囊碰撞体，调节胶囊位置和大小至刚好包住怪物，选择物理材质为橡胶（Rubber）。为怪物添加一个刚体组件，取消选择 Use Gravity，启用 Is Kinematic，如图 6-124 所示。

图 6-123　动画状态变换条件设置

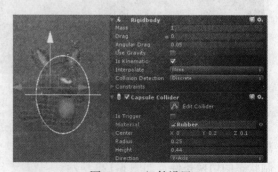

图 6-124　组件设置

步骤 3：为怪物熊创建动画效果，怪物猪的动画状态分为空闲、正常、笑、击中、死亡状态。动画文件在 Assets/RawData/Bear，分别为 bear@idle.fbx、bear@normal.fbx、pig@laugh.fbx、bear@hit.fbx、bear@dead.fbx。在 Assets/RawData/Bear 右键弹出菜单中选择"创建 / 动画控制器"并命名为 bearShow，如图 6-125 所示。

步骤 4：双击 bearShow 进入动画编辑窗口。创建五个动画状态，并未为每个状态指定对应的动画文件。如图 6-126 所示，为空闲状态指定运动为 pig@idle.fbx 文件内的空闲动画片段，正常状态指定运动为 bear@normal.fbx 内的正常动画片段，以此类推。

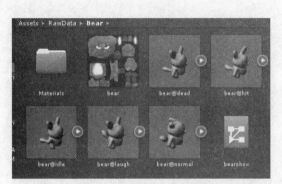

图 6-125　怪物熊动画文件

图 6-126　设置动画片段

步骤 5：设置五个状态的切换关系，并通过选择 Parameter 旁边的"+"，在子菜单中选择布尔，创建五个布尔变量，分别为空闲、死亡、击中、正常、笑，用来控制状态的切换条件，如图 6-127 所示。

步骤 6：动画状态之间的连线表示动画的切换和过渡，默认情况下状态之间通过时间自动切换，也可以通过设置动画切换条件由脚本控制，如图 6-128 所示，当布尔变量击中为真时，状态由正常切换到击中状态。

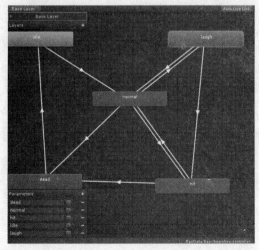

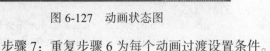

图 6-127　动画状态图

图 6-128　动画状态变换条件设置

步骤 7：重复步骤 6 为每个动画过渡设置条件。

步骤 8：在 Assets/Prefab 目录下创建一个空的预制件，将其改名为 bear。将游戏体 bear@ idle 拖放到预制件 bear，并删除场景中的游戏体 bear@idle，至此创建完成怪物熊的预制件。

4）行为控制。

怪物的行为控制，根据是否击中状态以及怪物的生命值来播放不同的动画。

步骤 1：在 Script 目录创建脚本 Monster.cs。代码如程序段 6-32 所示。

程序段 6-32　怪物的行为控制

```csharp
using UnityEngine;
using System.Collections;

public class Monster : MonoBehaviour {
    protected Transform m_transform ;
    public GameObject hit_fx;                    //击中时播放的特效文件
    public Transform lifeBar;
    public int m_life=15;                        //生命值
    public int m_maxlife=15;                     //最大生命值
    float dead_timer=5;                          //复活间隔

    //Use this for initialization
    Animator anim = null;                        //动画控制器
    void Start () {
        m_transform=this.transform;
        anim = this.GetComponent<Animator>();
    }


    //Update is called once per frame
    void Update () {
        AnimatorStateInfo state = anim.GetCurrentAnimatorStateInfo(0);
        if (state.nameHash == Animator.StringToHash("Base Layer.hit")
            && !anim.IsInTransition(0)) {
                anim.SetBool("hit", false);
        }else if  (state.nameHash == Animator.StringToHash("Base Layer.dead")){
            dead_timer-=1*Time.deltaTime;        //复活计时
            if  (dead_timer<=0)
            {
                anim.SetBool("dead", false);
                anim.SetBool("idle", true);
                m_life = m_maxlife;
            }
        }
    }


    void OnCollisionEnter(Collision collisionInfo){
        if (m_life>0)
        {
            if (collisionInfo.gameObject.tag=="coins" )
            {                                    //被金币击中
                collisionInfo.gameObject.tag="deadcoins";
                Damage();                        //造成伤害
                AnimatorStateInfo state = anim.GetCurrentAnimatorStateInfo(0);
                if (!anim.IsInTransition(0) &&
                    (state.nameHash == Animator.StringToHash("Base Layer.normal")
                    || state.nameHash == Animator.StringToHash("Base Layer.laugh")))
```

```
                    {                                      // 进入击中状态
                    anim.SetBool("hit", true);
                    if(hit_fx)
                    {
                        GameObject fx = (GameObject)
                        Instantiate(hit_fx,new Vector3(transform.position.x , 2,
transform.position.z), Quaternion.identity);       // 播放的伤害特效
                        Destroy(fx,1);                     // 1 秒后销毁
                    }
                }
            }
        }
    }

    void Damage(){                                         // 伤害计算
        m_life -=1;
        GameManager.Instance.AddScore();                   // 计分加 1
        if (m_life <= 0){                                  // 杀死怪物
            anim.SetBool("dead", true);
            anim.SetBool("idle", false);
            dead_timer=5;
            GameManager.Instance.AddBlastCount();          // 杀怪次数加 1
        }
    }
}
```

步骤 2：将 Monster.cs 指定给怪物熊 bear.prefab 和怪物猪预制件 pig.prefab，并设置参数。将 Assets/Prefab/fx.prefab 拖放到参数 Hit_fx 作为击中时候播放的伤害特效，如图 6-129 所示。

5）怪物转盘。

将怪物均匀排列在转盘上，面部向外。

图 6-129　设置怪物脚本参数

步骤 1：将 bear.prefab 或 pig.prefab 拖入场景创建游戏体 bear，调整位置刚好站在转盘上，调整旋转角度使怪物脸的方向沿着转盘圆心向外。

步骤 2：重复步骤 1 在转盘上创建 8 个怪物并均匀排列，如图 6-130 所示。

步骤 3：如图 6-131 所示，将 8 个创建的怪物拖放到 Wheel 层级下，可以随转盘一起转动。

（3）制作界面 UI

1）界面的制作。从 Unity 4.6 开始，Unity 内部集成了所见即所得的新的 UI 解决方案——UGUI。接下来我们将使用这套系统创建 UI 界面。

图 6-130　怪物位置设置

步骤 1：在项目路径 Assets/RawData/UI 内存存放了所有的 UI 图片，如图 6-132 所示。

步骤 2：首先创建一个 UI 背景图。在菜单栏选择 GameObject → UI → RawImage 创建图片，在创建图片的时候，系统会自动创建画布和事件系统（EventSystem）物件，UGUI 中所有的 UI 控件都需要放到画布层级下。事件系统用来管理和响应 UI 的事件分发处理等操作，如图 6-133 所示。

图 6-131   层次结构

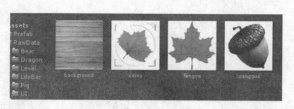

图 6-132   UI 贴图

图 6-133   UI 组件

步骤 3：设置背景图片，调整位置到屏幕的最上方。UGUI 的图片控件默认使用 sprite 图片格式，贴图图片需要转换，为方便操作本例使用 RawImage 控件。设置贴图并调整和移动组件以覆盖屏幕的上端，如图 6-134 所示。

步骤 4：重复步骤 2、3 创建积分栏的其他背景图片并通过 img_coins、img_count、img_score 调整位置，指定相应图片，如图 6-135 所示。

图 6-134   UI 背景图片位置设置

图 6-135   UI 背景图片

步骤 5：创建文字控件用来显示金币数量和得分情况。

在菜单栏选择 GameObject → UI → Text 创建文字控件 txt_coin_count、txt_count、text_score，移动控件到对应位置。在检视窗口设置文字的内容、字体大小和颜色，如图 6-136 所示。

步骤 6：为文字加上描边效果。在层次视图中选中三个文字控件，选择 Component → UI → Effects → Outline。UI 界面创建完成，运行游戏测试效果描边的效果，如图 6-137 所示。

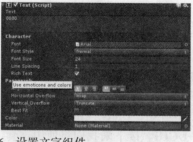

图 6-136   设置文字组件

图 6-137   UI 效果

2）游戏管理器（GameManager）。

前一节我们完成 UI 界面的创建，UI 主要用来显示得分情况，接下来我们将创建游戏管理器，用来管理得分并且更新 UI 界面。为方便其他脚本访问，游戏管理器采用单例模式创建指向自身的静态变量 Instance，并在 Awake 函数中对其赋值，封装了得分、杀怪次数、剩余金币数的管理，开放 GetCoin、AddCoin、AddScore、AddBlastCount 等四个函数。

创建 GameManager.cs，并指定给前面创建的 UGUI 对象画布上。添加代码如程序段 6-33。

程序段 6-33　游戏管理

```csharp
using UnityEngine;
using System.Collections;
using System.Collections.Generic;
using UnityEngine.UI;
using UnityEngine.Events;
using UnityEngine.EventSystems;

public class GameManager : MonoBehaviour {
    public static GameManager Instance =null;
    int m_score=0;                      // 得分
    int m_count=0;                      // 杀怪次数
    int m_coin =100;                    // 剩余金币数量

    Text txt_coin_count;                // 得分对应 UI 控件
    Text txt_count;                     // 杀怪次数对应 UI 控件
    Text txt_score;                     // 剩余金币数量对应 UI 控件
    void Awake()
    {
        Instance=this;
    }
    void Start () {
        txt_coin_count=this.transform.FindChild("txt_coin_count").GetComponent<Text>();
                                        // 获得文字控件“金币数”
        txt_count=this.transform.FindChild("txt_count").GetComponent<Text>();
                                        // 获得文字控件“杀怪次数”
        txt_score=this.transform.FindChild("txt_score").GetComponent<Text>();
                                        // 获得文字控件“得分”
    }
    public void AddScore()              // 更新文字控件“得分”
    {
        m_score++;
        txt_score.text=string.Format("{0:D4}",m_score);
    }
    public int GetCoin()                // 获得金币数
    {
        return m_coin;
    }
    public void AddCoin(int coin)       // 更新文字控件“金币数”
    {
        m_coin+=coin;
        if (m_coin<0)
        {
            m_coin=0;
        }
        txt_coin_count.text=string.Format("{0:D4}",m_coin);
    }
    public void AddBlastCount()         // 更新“杀怪次数”
    {
        m_count++;
        txt_count.text=string.Format("{0:D3}",m_count);
    }
}
```

（4）金币发射器

1）创建金币预制件。金币在游戏中作为子弹重复使用，我们使用预制件来保存金币的设置，在需要的时候可以直接由预制件克隆来使用，以节约创建对象的时间。

步骤 1：在 Assets/RawData/Level 窗口中找到 coins.fbx 模型文件，拖到层次窗口创建金币的游戏体金币（coins）。

步骤 2：给游戏体金币增加组件 Box Collider，并设置物理材质为金属（Metal）；添加组件刚体使用动力学来控制金币运动和碰撞，选中 Use Gravity，如图 6-138 所示。

步骤 3：在 Script 目录中创建脚本文件 Coin.cs，在 Coin 类中处理金币的发射力矢量和销毁处理并把它赋给游戏体金币。代码如程序段 6-34。

程序段 6-34　金币处理

```
using UnityEngine;
using System.Collections;

public class Coin : MonoBehaviour {
    //设置发射金币的力的矢量
    void Start () {
        this.rigidbody.AddForce(0,330,290) ;
    }
    //碰撞处理
    void OnTriggerEnter(Collider other){
        if ((other.tag.CompareTo ("bingo") == 0)
                ||(other.tag.CompareTo ("defeat") == 0) )
        {
            Destroy (this.gameObject);
        }
    }
}
```

步骤 4：在 Assets/Prefab 目录内创建一个空的预制件，将其改名为 coins，将游戏体金币拖动到刚刚创建的预制件中，删除原游戏对象金币。

2）创建金币发射器。

步骤 1：在 Assets/RawData/Level/Materials 创建一个材质 shooting_table，贴图指定为上级文件夹下的 UI_Coin.png。

步骤 2：在场景中创建一个立方体，将其命名为 ShootingTable，放置在地板前方，调整位置，如图 6-139 所示。

图 6-138　金币物理属性设置

图 6-139　金币发射器位置

步骤 3：在 Script 目录下创建脚本 ShootingTable，在 ShootTable 类中处理按键和鼠标输入发射金币，鼠标左键和键盘空格键将触发金币发射。代码如程序段 6-35。

程序段 6-35　金币发射

```
using UnityEngine;
using System.Collections;

public class ShootingTable : MonoBehaviour {
    protected Transform m_transform;
    public Transform m_coins;                    // 金币的预制件
    public float   m_speed = 1.5f;               // 发射器移动速度

    float m_coinRate =0;                         // 发射间隔
        float x;                                 // 发射器左右移动距离
    Vector3 pos;                                 // 发射器初始位置

    void Start () {
        m_transform = this.transform;
        pos=this.transform.position;      // 获得初始位置
        // 获得地板及其宽度
        GameObject bottom=GameObject.Find("Ground");
        x = bottom.collider.bounds.size.x;
    }
    void Update () {
    // 控制发射器左右移动
        m_transform.position =new Vector3(pos.x-Mathf.PingPong(Time.time*m_speed,
x),pos.y,pos.z);
            m_coinRate-=Time.deltaTime;
            if (m_coinRate<=0){
                m_coinRate =0.3f;
                if((Input.GetKey (KeyCode.Space)||Input.GetMouseButton(0))
                        && GameManager.Instance.GetCoin()>0)
                {
                    Vector3 shooting_point=m_transform.position;
        shooting_point.y=(m_transform.position.y+(this.collider.bounds.size.y+m_
coins.collider.bounds.size.y));
                    Instantiate(m_coins,shooting_point,m_coins.rotation); // 发射金币
                    GameManager.Instance.AddCoin(-1);
                }
            }
        }
    }
}
```

步骤 4：将脚本 ShootingTable 指定给游戏体 ShootingTable，指定发射器移动速度，将金币预制件赋给参数 m_coins，运行测试金币发射，如图 6-140 所示。

图 6-140　发射器脚本设置

3）粒子发射器。为达到金光闪闪的效果，我们为每个金币增加粒子效果。

步骤 1：选择 Assets/Prefab 下预制件 coins，菜单栏选择 Component → Effects → Particle System 为预制件金币增加粒子发射器。

步骤 2：设置发射器的参数排放量（Emission）、形状（Shape）、渲染器（Renderer），如图 6-141、图 6-142 所示。

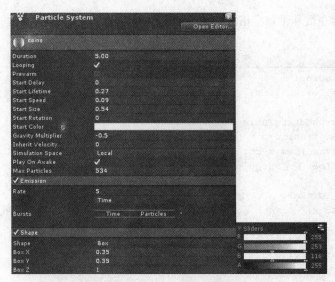

图 6-141　粒子发射器参数设置

步骤 3：运行测试效果，如图 6-143 所示。

图 6-142　粒子发射器渲染设置

图 6-143　粒子效果

4）金币回收和销毁。游戏中金币不断地被创建出来，如果没有及时销毁将耗费系统资源。在地板下方设置两个区域，用于当金币掉落后销毁金币，其中在地板前方掉落的金币将被重复使用。

步骤 1：在层次窗口创建一个空的对象，取名为 Trigger。

步骤 2：创建一个立方体取名 Bingo，置于 Trigger 层级下。调整 Bingo 的大小和位置，置于地板的前下方。为 Bingo 设置盒碰撞器用于侦测金币掉落，因不需要显示，将 Mesh Render 设置为不可用（disable），将标签（tag）设置为 bingo，如图 6-144 所示。

步骤 3：在 Script 目录下创建脚本 Bingo，将脚本 Bingo 指定给游戏体 Bingo，用于侦测金币掉落。代码如程序段 6-36 所示。

程序段 6-36　侦测金币掉落

```
using UnityEngine;
using System.Collections;

public class Bingo: MonoBehaviour {
    //Update is called once per frame
    void OnTriggerEnter(Collider other){
        if (other.tag.CompareTo ("coins") == 0
            ||other.tag.CompareTo ("deadcoins") == 0)
```

```
    {
        GameManager.Instance.AddCoin(1);
    }
  }
}
```

步骤 4：修改脚本 Coin.cs，增加碰撞检测方法。代码如程序段 6-37。

程序段 6-37　碰撞处理

```
// 碰撞处理
void OnTriggerEnter(Collider other){
    if ((other.tag.CompareTo ("bingo") == 0)
        ||(other.tag.CompareTo ("defeat") == 0) ) {
        Destroy (this.gameObject);
    }
}
```

步骤 5：创建一个立方体取名 Defeat，置于 Trigger 层级下。调整 Defeat 的大小和位置，置于地板的正下方，位置低于 Bingo。为 Defeat 设置盒碰撞器用于侦测金币掉落，因不需要显示，将 Mesh Render 设置为不可用，将标签设置为 defeat，如图 6-145 所示。

图 6-144　金币回收触发器设置

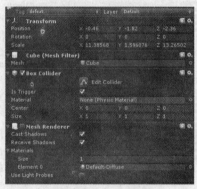

图 6-145　金币销毁触发器设置

（5）生命条

怪物在受到攻击时生命值会减少，需要制作一个生命条来显示它剩余的生命值。这个生命条将放置在每个怪物的下方、转盘的前方，并随怪物转动。生命条由一个四个顶点的网格和它的贴图组成，游戏通过控制顶点的贴图 UV 坐标来控制贴图的显示。生命条贴图如图 6-146 所示。

步骤 1：在 Assets/RawData/LifeBar 下 的 LifeBarMesh.fbx 拖 放 到层次窗口，创建对象 LifeBarMesh.

图 6-146　生命条贴图

步骤 2：在 Assets/Prefab 中 创 建 预 制 件 并 命 名 为 LifeBar，将 LifeBarMesh 拖放到 LifeBar 并删除 LifeBarMesh。

步骤 3：在目录 Script 中创建脚本 LifeBar.cs，并将脚本 LifeBar.cs 指定给 LifeBar.prefab，代码如程序段 6-38 所示。

程序段 6-38　生命条设置

```
using UnityEngine;
using System.Collections;
```

```
public class LifeBar : MonoBehaviour
{
    public float m_currentLife = 1.0f;
    public float m_maxLife = 1.0f;
    internal Transform m_transform;
    float m_hscale = 1.0f;
    float m_vscale = 1.0f;
    Mesh m_mesh;
    Transform m_cameraTransform;
    Vector2[] m_Uvs;

    //初始化，获得网格对象中顶点的 UV 坐标
    public void Ini(float currentlife, float maxlife ,float hscale ,float vscale)
    {
        m_transform = this.transform;
        m_hscale = hscale;
        m_vscale = vscale;
        m_transform.localScale = new Vector3(hscale, vscale, 1.0f);
        m_mesh = (Mesh)this.GetComponent<MeshFilter>().mesh;
        Vector3[] vertices = m_mesh.vertices;
        m_Uvs = new Vector2[vertices.Length];
        for (int i = 0; i < vertices.Length; i++)
        {
            m_Uvs[i] = m_mesh.uv[i];
        }
        UpdateLife(currentlife, maxlife);
    }
    //根据百分比重新计算 UV 坐标
    void Pad( float value )
    {
        float left = (1.0f - value)/2+0.01f;
        float right = 0.5f + (1.0f - value)/2-0.01f;
        m_Uvs[0] = new Vector2(left, 0.0f);
        m_Uvs[3] = new Vector2(left, 1.0f);
        m_Uvs[1] = new Vector2(right, 0.0f);
        m_Uvs[2] = new Vector2(right, 1.0f);
        m_mesh.uv = m_Uvs;
    }
    //更改生命值
    public void UpdateLife(float currentlife, float maxlife)
    {
        if (m_maxLife == 0)
            return;

        m_currentLife = currentlife;
        m_maxLife = maxlife;
        this.Pad(currentlife / maxlife);
    }
    //设置生命条的显示位置和方向
    public void SetPosition( Vector3 position, float roty )
    {
        Vector3 vec = position;
        vec.y -= 0.08f;
        vec.x -= 0.0f;
        m_transform.position= vec;
        Vector3 rot=new Vector3(0,roty+180,0);
```

```
        m_transform.eulerAngles=rot;
        m_transform.Translate (0, 0, -1.0f);
    }
}
```

步骤4：修改 Monster.cs，添加创建和更新生命条。代码如程序段6-39所示。

程序段6-39　创建和更新生命条

```
using UnityEngine;
using System.Collections;

public class Monster : MonoBehaviour {                          //省略

//Use this for initialization
Animator anim = null;                                           //动画控制器
//增加代码如下

    Transform m_lifebarObj;                                     //生命条预制件
    LifeBar    m_bar;                                           //LifeBar脚本的引用
void CreateLifeBar()                                            //创建生命条
    {
        Vector3 lifebarpos = m_transform.position;
        lifebarpos.y += 0.5f;
        Transform lifebarobj = (Transform)Instantiate(lifeBar,lifebarpos,m_transform.
rotation);

        m_bar=lifebarobj.GetComponent<LifeBar>();
        m_bar.Ini(m_life,m_maxlife,1,0.1f);

        m_lifebarObj = lifebarobj.transform;
        m_lifebarObj.parent = this.transform;
    }
    void UpdateLifebar()                                        //更新生命条
    {
m_bar.UpdateLife(m_life,m_maxlife);                             //更新生命值
        m_bar.SetPosition(m_transform.position,m_transform.eulerAngles.y);//更新生命条位置    }

    void Start () {
        m_transform=this.transform;
        anim = this.GetComponent<Animator>();
//增加代码如下
        if (lifeBar)
        {
            CreateLifeBar();
        }
    }


    //Update is called once per frame
    void Update () {
                                                                //…省略
//增加代码如下
        UpdateLifebar();                                        //更新生命条
    }
```

步骤 5：运行和测试，如图 6-147 所示。

（6）项目小结

本游戏源自街机游戏，虽然比较简单，但还是具有一定的可玩性。项目的主要工作在于怪物的动画控制、伤害显示、金币的碰撞和掉落等方面的编程。需要改进的工作包括：第一，金币的粒子效果较粗糙；第二，生命条显示与转盘之间有空隙；第三，金币掉落的机会较少。

图 6-147　运行测试图

6.11　本章小结

本章首先总体介绍了 Unity 游戏引擎，然后分别从编辑器的结构、游戏元素、Unity 脚本、GUI 游戏界面、物理引擎、输入控制、持久化数据以及多媒体与网络层面描述了 Unity 的技术，最后给出了两个综合实例——基于 Unity 的北师虚拟校园和街机金币游戏。Unity 游戏引擎拥有很好的跨平台性，开发的同时可以发布到桌面电脑、移动平台和苹果系统上。本书在第 4 章给出的增强现实技术案例"体感设备 Kinect 的增强现实技术应用"、"移动平台上增强现实技术的 3D 画册实现"和"移动平台上增强现实技术的卡通老虎互动"均为 Unity 开发。Unity 游戏引擎在与其他游戏引擎的竞争中脱颖而出，成为虚拟现实游戏开发的标准工具。

习题

1. 试对比 VRP 工具和 Unity 游戏引擎的技术性能。
2. 试对比 Unity 游戏引擎和其他游戏引擎的技术性能。
3. 开发设计一个 Unity 2D 小游戏。
4. 开发设计一个 Unity 3D 小游戏。
5. 分别使用第一人称和第三人称开发一个小型家居漫游系统。
6. 试用 Unity 插件开发移动平台上增强现实技术应用案例。

第7章 Web3D 技术

互联网的出现及飞速发展使 IT 业的各个领域发生了深刻的变化，它必然引发一些新技术的出现。3D 图形技术并不是一个新话题，在图形工作站以及 PC 上早已日臻成熟，并已应用到各个领域。然而互联网的发展却使 3D 图形技术发生了和正在发生着微妙而深刻的变化。Web3D 协会（前身是 VRML 协会）最先使用 Web3D 术语，即互联网上的 3D 图形技术。互联网代表了未来的新技术，很明显，3D 图形和动画在互联网上占有重要的地位。

Web3D 又称网络三维，是一种在虚拟现实技术的基础上，将现实世界中有形的物品通过互联网进行虚拟的三维立体展示，并可互动浏览操作的技术。相比目前网上主流的以图片、Flash、动画的展示方式来说，Web3D 技术让用户有了浏览的自主感，可以从自己的角度去观察，还有许多虚拟特效和互动操作。

7.1 Web3D 技术简介与发展

可以简单地把 Web3D 看成 Web 技术和 3D 技术相结合的产物，实际上也就是本机的 3D 图形技术向互联网的扩展，其本质特征即网络性、三维性和互动性。它与本机的 3D 图形技术的主要差别在于：

1）实时渲染。它是由渲染引擎进行实时渲染从而实时显示的。

2）具有无限的交互性。因为是实时渲染，这就为交互性提供了基础。

3）优化和压缩。由于网络带宽的限制，文件必须经过优化和压缩以保证用户端快速下载。

虚拟现实系统主要可以分为沉浸式和非沉浸式两种虚拟系统，Web3D 就属于一种非沉浸式的虚拟现实系统，它主要的原理和标准是 VRML、XML 技术和 Java 技术，基于 Internet、依靠软件技术来实现虚拟现实。由于 Web3D 技术属于非沉浸式虚拟现实，它会受到周围现实环境的干扰，用户不能完全地沉浸在虚拟现实环境中，因而真实感体验相对较差，但是这种虚拟现实技术的投入比较少，对于硬件的要求相对较低，一般不借助于传感设备，也不强求用户的沉浸感，而是注重在 Web 上实现三维图形的实时显示和动态交互，因而应用范围比较广泛。

2010 年的上海世博会推出了网上世博会。网上世博会调和了人们各种各样的口味，进入页面后便可根据自己的兴趣对展馆外观、展览内容进行选择观看和了解。网上世博会是对上海世博会的虚拟现实，它免去了排队买票的辛苦，还可以抢先了解世博会的宏大和前卫。

如今 3D 电视、3D 电影的发展也侧面验证一条预言：Web3D 技术真正代表了三维网页的发展方向。如今的 Web3D 的工业产品制作俨然成为互联网行业的一个新的增长点，甚至可以说，抢先进入 Web3D 领域，就占据了互联网行业经济增长的制高点。

7.1.1 Web3D 技术的发展

Web3D 技术最早可追溯到 VRML（Virtual Reality Modeling Language，虚拟现实建模语言）。VRML 最初是由马克·佩斯（Mark Pesce）构想出来的，他期望在 Web 上三维图形有标准可循。1993 年，由马克·佩斯和托尼·帕里西（Tony Parisi）开发了一个称为 Labyrinth（迷

宫）的浏览器，这是 Web 上 3D 浏览器的雏形。1994 年 3 月，首届 WWW 国际会议将 VRML
术语定义为 "用于在 Web 上的三维实现语言"。VRML 语言的出现使得虚拟现实技术得以应
用于互联网络，从而揭开了 Web3D 的发展序幕。

图 7-1   上海世博会推出的网上世博会

VRML 1.0 版草案在 1994 年 10 月的第二届 WWW 国际会议上被制定。VRML 1.0 有一定
的局限性，存在成像速度慢、不能进行并行处理、限制灯光范围等缺点，特别是它不允许移
动物体，使得所创建的世界是静止不动的。

VRML 2.0 规范于 1996 年 8 月发布，VRML 2.0 以 SGI（Silicon Graphics Inc，美国硅图
公司）的动态境界提案为基础，相对于 VRML 1.0 而言，其交互性、碰撞检测等功能都有很大
的改善和提高。

1997 年 12 月，VRML 97 作为国际标准正式发布，并于 1998 年 1 月获得 ISO 批准，是
VRML 2.0 经过编辑修订和少量功能性调整后的结果。作为 ISO/IEC 国际标准，VRML 的稳
定性得到了保证，并在随后推动了一批互联网上交互式三维应用的迅速发展。

随着网络和计算机的发展，基于 Web 的虚拟现实应用技术也在日趋活跃。一些独立厂
商开发出了自己的 Web3D 解决方案，这些实现技术面向不同的应用需求，并没有完全遵循
VRML 标准，但在渲染速度、图像质量、造型技术、交互性以及数据的压缩与优化上都有胜
过 VRML 之处。

1998 年，VRML 组织更名为 Web3D 组织。

2002 年 7 月，Web3D 组织发布了 VRML 的后续产品——可扩展 3D（X3D）标准草案，
该标准是用 XML 语言表述的，其主要任务是把 VRML 的功能封装到一个轻型的、可扩展的
核心之中，开发者可以根据自己的需求，扩展其功能。

X3D 整合了正在发展的 XML、Java、流技术等先进技术，包括了更强大、更高效的 3D
计算能力、渲染质量和传输速度以及对数据流强有力的控制、多种多样的交互形式。X3D 标
准草案的发布为 Web3D 图形的发展提供了广阔的前景。

2002 年，X3D 标准及相关 3D 浏览器正式发表。由此，虚拟现实技术进入了一个崭新的
发展时代。

7.1.2 国内 Web3D 应用现状

当前，国内大的 Web3D 内容服务平台采用的 Web3D 技术多是基于几何体网格建模的虚拟现实技术。这类 Web3D 技术越来越为市场重视，其应用也最为广泛，因为基于几何体三维建模的 Web3D 技术在实现展示和在线漫游方面具有更强的交互性和临场感。Web3D 技术逐渐取代了一些传统的二维制图软件和多媒体技术，得到传统行业的青睐。关于 Web3D 技术的用于优势，下面是几个案例的展示。

案例一：某机械制造企业的模切机操作培训系统

如图 7-2 所示，通过 Web3D 展示窗口左边的交互按钮，对机台进行旋转展示，工人可以全方位了解机台主要构件，熟悉机台性能；通过润滑对刀、查看气压、手动调刀、调整进纸版、打样检查文字颜色、清洗墨泵等机台操作的系列模拟，工人得以知悉机台生产和操作流程，并体会操作要领和安全纪要。有的还为该 Web3D 模切机操作交互培训系统进行了配音，这些都很好地体现了当下 Web3D 技术完善、友好的交互性和虚拟现实的优势。

案例二：网络平台上展示的 Web3D 厦工 XG951 装载机系统

如图 7-3 所示，这是一个具有简单交互功能的 Web3D 产品展示案例，通过鼠标拖拽，装载机可旋转、缩放以及平移，通过功能模拟可以了解机台的工作原理，从而实现多角度和细节展示。交互功能所体现出来友好性和便利性，颇受客商欢迎。

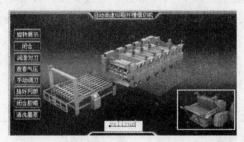 

图 7-2 某机械制造企业的自动高速印刷开槽模拟机操作培训系统展示　　图 7-3 网络平台上展示的 Web3D 厦工 XG951 装载机系统

案例三：3D 太空杯在线装配系统

如图 7-4 所示，用户通过展示窗口的动画交互按钮，可以选择瓶盖、材质和 LOGO 图案的搭配，并可以根据需求对搭配好的杯子进行颜色、透明度等细节的自定义调节。单击开启或关闭可以观看瓶盖的相关 3D 动画，鼠标左键则可实现多角度观看杯子的自助设计效果。纳金网在这些交互组件上标明了价格，当自助设计完成后，系统也生成了订单价格，用户可以保存自助设计的 3D 模型，并在线下单到企业 ERP 中。

7.1.3 Web3D 核心技术及其对比

现在 Web3D 的实用化阶段的核心技术有基于 VRML、Java、XML、动画脚本以及流式传输的技术和基于传输显示阶段的关键技术——实时渲染引擎。

VRML 是一种用于建立真实世界的场景模型

图 7-4 网上 3D 太空杯在线装配系统

或人们虚构的三维世界的场景建模语言，也具有平台无关性。它是目前互联网上基于 WWW 的三维互动网站制作的主流语言。VRML 本质上是一种面向 Web、面向对象的三维造型语言，而且它是一种解释性语言。VRML 的对象称为结点，子结点的集合可以构成复杂的景物。结点可以通过实例得到复用，对它们赋以名字，进行定义后，即可建立动态的 VR。

Java3D 是 Java 语言在三维图形领域的扩展，是一组应用编程接口（API）。利用 Java3D 提供的 API，可以编写出基于网页的三维动画、各种计算机辅助教学软件和三维游戏等。利用 Java3D 编写的程序，只需要编程人员调用这些 API 进行编程，而客户端只需要使用标准的 Java 虚拟机就可以浏览，因此具有不需要安装插件的优点。Java3D 的这种体系结构既可以使其开发的程序"到处运行"，又使其能充分利用系统的三维特性。就因为 Java3D 拥有如此的强大的三维能力，使得它在网络世界，特别是在游戏中能大展姿彩。

XML3D 是 XML 语言在三维图形领域的扩展，它通过用户自定义的三维数据集成到 XML 文档中，通过浏览器对其进行解析后实时展现给用户。通过普通的三维建模工具和可视化软件可以实现其场景建模。在三维对象和三维场景展示时，文件数据量小，呈现的图像质量还可以随压缩率进行调整，兼容性较好，适合于网络环境不佳的三维对象和场景的展示。

动画脚本语言的 3D 技术在网络动画中加入脚本描述，脚本通过控制各幅图像来实现三维对象。应用的对象和环境与 XML3D 相似。

基于流式传输的 3D 技术直接将交互的虚拟场景嵌入到视频中去，通过实景照片和场景集成（缝合）软件来实现。在场景模拟时，文件数据量较小，用户可快速浏览文件，三维场景的质量高，兼容性好。

由于采用了不同的技术内核，不同的实现技术也就有不同的原理、技术特征和应用特点（见表 7-1）。

表 7-1　Web3D 的核心技术及特征对比

Web3D 的核心技术	实现原理	技术特征	应用特点
基于 VRML 技术	服务器端提供的是 VRML 文件和支持资源，浏览器通过插件将描述性的文本解析为对应的类属，并在显示器上呈现出来	通过编程、三维建模工具和 VRML 可视化软件实现；在虚拟三维场景展示时，文件数据量很大	高版本浏览器预装插件；文件传输慢，下载时间长；呈现的图像质量不高；与其他技术集成能力及兼容性弱。适合于三维对象和场景的展示
基于 XML 技术	将用户自定义的三维数据集成到 XML 文档中，通过浏览器对其进行解析后实时展现给用户	通过三维建模工具和可视化软件实现；在三维对象和三维场景展示时，文件数据量小	需要安装插件；文件传输快，可快速下载；呈现的图像质量较好；与其他技术集成能力强，兼容性好。适合于三维对象和场景的展示
基于 Java 技术	通过浏览器执行程序，直接将三维模型渲染后实时展现三维实体	通过编程和三维建模工具来实现；在三维对象和三维场景展示时，文件数据量小	不需要安装插件；文件传输快，可快速下载；呈现的图像质量非常高；兼容性好。适合于三维对象和场景的展示
基于动画脚本语言	在网络动画中加入脚本描述，脚本通过控制各幅图像来实现三维对象	通过脚本语言编程来实现；在三维对象和三维场景展示时，文件数据量较小	需要插件；文件传输快，可快速下载；呈现的图像质量随压缩率可调；兼容性好。适合于三维对象和场景的展示
基于流式传输的技术	直接将交互的虚拟场景嵌入到视频中去	通过实景照片和场景集成（缝合）软件来实现；在场景模拟时，文件数据量较小	需要下载插件；用户可快速浏览文件；三维场景的质量高；兼容性好；可实现 360 度全景虚拟环境

下面介绍 Web3D 图形的传输显示关键技术——实时渲染引擎：

1）实时渲染引擎的作用：解释并翻译实施场景模型文件的语法，实时渲染从服务器端传来的场景模型文件，在网页访问者的客户端逐帧、实时地显示 3D 图形。把实时渲染引擎做成一个插件，在观看前先要下载并安装在 IE 浏览器上，这是互联网 3D 图形软件厂商目前的通常做法。显然，实时渲染引擎是实施互联网 3D 图形的关键技术，它的文件大小、图形渲染质量、渲染速度以及它能提供的交互性都直接反映其解决方案的优劣。

2）文件的大小：目前大多数在 1MB 左右，如微软的 VRML 渲染引擎是 1.2MB、Blaxxun 公司的 Contact 是 4.2MB、而最小的基于 Java 技术的只有 58KB。渲染引擎越大，渲染的图像质量就越好，功能就越强大。但在目前的网络速度下，文件的大小仍是需要考虑的问题。

3）图形渲染质量：目前图形质量较好的渲染引擎属 cult3D 和 viewpoint（它们的文件大小分别是 1.4MB 和 7.9MB），使用专用的文件格式。既有较好的图形质量而下载文件也不大的应该是 Parallelgraphics 公司的 CortonaVRML（1.33MB）。

4）渲染速度：支持 OpenGL 或微软的 Direct3D 是提高渲染速度和图形质量的关键，在这一点上互联网 3D 图形与本地 3D 图形没有区别。

5）交互性：交互性是互联网 3D 图形的最大特色，只有实时渲染才能提供这种交互性，本地 3D 图形的预渲染不能提供这种至关重要的灵活性。交互性是指 3D 图形的观看者控制和操纵虚拟场景及其中 3D 对象的能力，比如：可以随时改变在虚拟场景中漫游的方向和速度，可以打开虚拟场景中的门等。

研制更好的实时渲染引擎是各软件厂商竞争的焦点，于是就产生了各种各样的 3D 图形文件格式与相应的浏览器插件。然而 VRML 毕竟是交互式 3D 图形开放式国际标准，仍然有很多软件提供对 VRML 的兼容性。

7.1.4 Web3D 的实现技术

Web3D 的实现技术主要分成三大部分，即三维建模技术、显示技术和三维场景中的交互技术。

1. 三维建模技术

三维建模技术是虚拟现实技术的基础。三维复杂模型的实时建模与动态显示技术可以分为两类：一是基于几何模型的实时建模与动态显示；二是基于图像的实时建模与动态显示。

（1）基于几何模型建模技术

在计算机中建立起三维几何模型，一般均用多边形表示。这种基于几何模型的建模与实时动态显示技术的主要优点是观察点和观察方向可以随意改变、不受限制，允许人们能够沉浸到仿真建模的环境中，充分发挥想象力，而不是只能从外部去观察建模结果。

基于几何模型的建模软件很多，最常用的就是 3DS Max 和 MAYA。3DS Max 是大多数 Web3D 软件所支持的，可以把其生成的模型导入使用。

（2）基于图像的建模技术

在建立三维场景时，选定某一观察点设置摄像机。每旋转一定的角度，便摄入一幅图像，并将其存储在计算机中。在此基础上实现图像的拼接，即将物体空间中同一点在相邻图像中对应的像素点对准。对拼接好的图像实行切割及压缩存储，形成全景图。

基于现场图像的虚拟现实建模有广泛的应用前景，它尤其适用于那些难以用几何模型的方法建立真实感模型的自然环境，以及需要真实重现环境原有风貌的应用。

相对来说，基于图像的建模技术显然只能是对现实世界模型数据的一个采集，并不能够给 VR 设计者一个充分的、自由想象发挥的空间。

由于 Web3D 实现的是在 Web 上显示三维模型,因此在三维建模时必须时刻考虑实现效果真实性与模型描述文件大小之间的平衡关系。三维模型的效果真实性越强,模型描述文件就会越大。太大的文件在网络上传输时势必会影响其传输速度,对于实时渲染的 Web3D 技术来说是不切实际的。因此通常可采用模型简化及压缩技术、细节层次(LOD)技术以及按需传输等技术手段来解决。

2. 显示技术

显示技术是指把建立的三维模型描述转换成人们所见到的图像。三维模型的显示技术关键在于实时渲染,模型的实时渲染是由实时渲染引擎实现的。实时渲染引擎就是浏览器插件,负责解释并翻译从服务器端传来的三维场景模型文件语法,并在客户端浏览器上实时地显示出来。不同的 Web3D 技术有不同的渲染引擎,用户观看以不同的 Web3D 技术制作的三维模型时,必须下载并安装相应的插件。通常插件越大渲染质量越好,但是渲染引擎过大会给用户下载和使用带来不便。因此,插件的大小、渲染质量等性能都直接反映了其解决方案的优劣。

3. 交互技术

交互技术是 Web3D 的关键技术,是指用户可以以替身的方式在虚拟空间中漫游,能够控制和操纵其中的三维物体,实现用户与用户之间的相互通信等。

7.1.5　Web3D 技术的应用

Web3D 的目的就是在网络上实现实时三维模型的浏览,并可以实现动态效果和实时交互。它的提出是直接针对网络的,因此其应用领域非常广泛,在立体空间的展示、立体物体的展示、展品的介绍、虚拟空间的营造与构建、虚拟场景的构造等方面有着其独特的优势。目前,Web3D 技术在电子商务、远程教育、计算机辅助设计、工程训练、娱乐游戏业、企业、虚拟现实展示和虚拟社区等领域已经获得了广泛的应用,并取得了许多可喜的研究成果。

1. 企业和电子商务

三维的表现形式能够全方位地展现一个物体,具有二维平面图像不可比拟的优势。企业将其产品发布成网上三维的形式,能够展现出产品外形的方方面面,加上互动操作,演示产品的功能和使用操作,充分利用互联网高速迅捷的传播优势来推广公司的产品。对于网上电子商务,将销售产品展示做成在线三维的形式,顾客通过对之进行观察和操作能够对产品有更加全面的认识了解,决定购买的几率必将大幅增加,为销售者带来更多的利润。

我国电子商务的飞速发展,带动了网购服装热潮。但网购服装在为消费者带来便捷的购物体验和实惠价格的同时,也带来了一些实质性的困扰。其中,不能"眼见为实"使得不少消费者仅能凭借店方网页上模特试穿的完美效果选购服装,当服装到手后却发现并不适合自己,造成了大量的退换货现象,造成了消费者购物时间、卖家经营时间以及快递服务等社会资源的大量浪费。为了解决此问题,近年来,3D 虚拟试衣服务已经面世。这种全新方式结合了大数据、云计算等诸多行业尖端技术,通过体感设备和摄像头捕捉人体数据,快速建立人体模型,同时通过精确算法,根据消费者的选择实现服装与人体的同步建模和精准匹配;最终通过压缩传输技术将庞大的人体和服装数据传至云端,令消费者可以随时随地采用任何终端设备查看服装上身的"真实"效果。

2. 教育业

现今的教学方式,不再是单纯地依靠书本、教师授课的形式。计算机辅助教学(CAI)的引入，弥补了传统教学所不能达到的许多方面。在表现一些空间立体化的知识，如原子、分子的结构、分子的结合过程、机械的运动（如图 7-6）时，三维的展现形式必然使学习过程形象化，学生更容易接受和掌握。许多实际经验告诉我们，做比听和说更能接受更多的信息。使用具有交互功能的 3D 课件，学生可以在实际的动手操作中得到更深的体会。对计算机远程教育系统而言，引入 Web3D 内容必将达到很好的在线教育效果。

图 7-5　虚拟试衣

3. 娱乐游戏业

娱乐游戏业永远是一个不衰的市场。现今，互联网上已不是单一静止的世界，动态 HTML、Flash 动画、流式音视频使整个互联网生机盎然。动感的页面较之静态页面更能吸引更多的浏览者。三维的引入，给用户带来无与伦比的视觉冲击，使网页的访问量提升。各种三维游戏（如图 7-7）在游戏市场占据着很大的比重，很多游戏企业、游戏公司也都在围绕着 3D 立体游戏进行开发制作。

图 7-6　三维机械图

图 7-7　三维游戏场景

4. 虚拟现实展示与虚拟社区

使用 Web3D 实现网络上的虚拟现实展示，只需构建一个三维场景，人以第一视角在其中穿行，场景和控制者之间能产生交互，加之高质量的生成画面使人产生身临其境的感觉。目前很多高端楼盘就采用 Web3D 网上看房系统（如图 7-8），在网上提供室外楼盘及样板间场景，让购房者安居家中即可身临其境地游览自己感兴趣的楼盘户型。如果是建立一个多用户而且可以互相传递信息的环境，也就形成了虚拟社区。

图 7-8　网上看房系统

5. 网上展览馆

网上展览馆是一个利用全新 Web3D 将展览馆放到互联网上进行展示的平台。在这个平台上，用户可以自行操作，可以对场景中的物体进行实时交互操作，同时也可与网页结合起来，将三维场景嵌入到网页中，通过二维信息对三维场景进行有效的管理和应用。例如 2010 年的上海世博会，广大群众除了亲临现场外，还可以通过网上世博（如图 7-9）来了解各个展馆的内容。

图 7-9　2010 网上世博

6. 城市在线宣传

利用 Web3D 先进的互联网技术和资源，以信息、图文、视频、音频等方式对城市重大活动进行全方位展示，作为城市宣传的有益补充。利用虚拟现实仿真与 Web3D 互联网技术，市民足不出户便可走遍天下，如图 7-10 所示。

图 7-10 三维城市

7. 网上虚拟旅游

虚拟旅游指的是建立在现实旅游景观基础上，通过模拟或超现实景观虚拟旅游，构建一个虚拟旅游环境，网友能够身临其境般地感受目的地场景。例如在故宫博物院 83 周年庆典时，故宫博物院和 IBM 公司合作开发的虚拟空间"超越时空的紫禁城"上线（如图 7-11），让全球游客可以在网络上探索紫禁城的方方面面。

图 7-11 虚拟紫禁城

7.2 Cult3D 技术

Cult3D 是瑞典的 Cycore 公司推出的一种 Web3D 技术，其基础思想是利用现有的网络技术和强大的 3D 引擎在网页上建立互动的 3D 对象。Cult3D 的内核是基于 Java 的，它也可以嵌入客户自己开发的 Java 类，因此具有很强的交互和扩展性能。它可让已完成的 3D 模型增加交互功能，广泛应用于电子商务、网络游戏、远程教学、网络产品展示、工程说明、导览说明等诸多应用领域。现在，Cycore 的 Cult3D 技术在电子商务领域已经得到了广泛的推广运用。该技术可以做到档案小、3D 真实互动、跨平台运用，只要用鼠标在 3D 物件上直接拖动就可以移动、旋转、放大、缩小，还可以在 Cult3D 物件中加入音效和操作指引。Cult3D 对硬件要求相对较低，即使是低配置的桌面或笔记本电脑，用户也能流畅浏览 Cult3D 作品。

Cult3D 的文件量非常小（20 ～ 200KB），却有着优秀的三维质感表现。对于一般的浏览器只需安装一个插件即可浏览。和 Viewpoint 相比，Cult3D 在表观和交互上与 Viewpoint 相似，但 Cult3D 的内核是基于 Java，它甚至可以嵌入 Java 类，利用 Java 来增强交互和扩展。Cult3D 的开发环境比 Viewpoint 更人性化和条理化，开发效率也要高得多。

7.2.1　Cult3D 技术优点

在全球，VR 软件很多。Cult3D 技术依靠其可信度和实用性已经拥有了比其他 Web3D 解决方案更广泛的用户群体。据统计，现在已经有包括 Acer、CNN、NEC、丰田等 500 多家全球闻名的公司在他们的网站上使用了 Cult3D 技术。Cult3D 的优点主要有：

（1）质量高，交互好

不管是二维模型还是三维模型，逼真的图像质量都是非常重要的。Cult3D 是一种强有力的三维渲染技术，它采用先进的压缩技术，并支持多重阴影效果、贴图和双线性滤镜，这样制作出来的物体模型具有极度逼真的画质，使浏览者可以得到近乎完美的照片级真实的视觉效果。而且 Cult3D 可以实现复杂的动画，这就为物体添加交互性创造了条件。

（2）文件体积小

一般的三维动画文件的容量都是庞大的，少则几十兆，多则数百兆。然而利用 Cult3D 技术生成的文件却非常小，一般只有几十千字节到几百千字节，一般网络用户无须较长时间等待，就能够容易地领略到它的神奇效果。

（3）跨平台性能好

用 Cult3D 技术生成的文件可以无缝地嵌入到 HTML 页面中。其实，除了在线发布（发布到 HTML 页面中）以外，文件还可以离线发布。用 Cult3D 创建的模型几乎可以在所有操作系统的网络浏览器中被流畅地读取。主流的互联网接入方式将从单纯的 PC 扩展到新的应用平台，例如台式游戏机、个人数字助理和移动电话。

（4）软硬件要求低

Cult3D 是一个混合的三维引擎，用于在网页上建立互动的三维模型。该技术是一个纯软件环境的引擎，一般来说只要是奔腾 II 以上的计算机，甚至不需要任何的 3D 加速卡就可以体验完美的网络 3D 技术。Cult3D 技术支持 ActiveX 和 Adobe 的 pdf 文件格式，只需要安装一个插件就可以在包括 Microsoft 的 PowerPoint 及 Acrobat 等软件中应用。

（5）应用较多

Cult3D 已经帮助财富 500 强中超过 50 家的企业获得了多媒体所带来的商机，并且到目前为止，已经较其他 VR 技术工具软件拥有了更多的客户基础。许多大型的成功公司，如梅塞德斯（MercedesG-Wagen）、NEC、康柏（Compaq Ipaq）、爱立信（Ericsson 的移动电话、无线电系统）、加拿大广播公司（Canadian Broadcasting Corporation CBC sports）、Breitling、宏碁（Acer）等都使用 Cult3D 在网络上展示自己的产品。这些公司的成功都明确证实了 Cult3D 有惊人的效果。

7.2.2　Cult3D 关键技术

Cult3D 由 3 个不同的程序功能——Cult3D Exporterplug2in、Cult3D Designer 和 Cult3D Viewerplug2in 组成。Web 开发设计人员可以使用在 3D 设计领域广泛使用的 3DS Max 或 MAYA 来设计 3D 模型，使用 Cult3D Exporterplug2in 来转换设计模型。在 Cult3D Designer 中为模型加入交互、音效等其他效果，再无缝地嵌入到 HTML 页面和其他应用程序中。用户只需安装 Cult3D Viewerplug2in 即可在网上实时观看利用 Cult3D 技术生成的 3D 模型, 通过鼠标还可互动地旋转、放大或缩小它。从这样的开发流程我们可以看出, 开发人员无须去适应新的技术, 同时 Cult3D 还为用户提供了人性化和条理化的开发界面, 操作简单直观, 大大提高了开发的效率, 降低了最终用户的成本。

Cult3D 还是一个跨平台的 3D 渲染引擎, 通过它可以向所有互联网用户传输具有空前质量和速度的实时交互性物体。它的关键技术有以下几点:

（1）具有超群的图像质量和交互性能且文件量小

Cult3D 结合高效的压缩技术并支持多重阴影效果、贴图和双线性滤镜, 使得用户不需要长时间的下载和焦急的等待就可以看到高质量的三维模型, 并能对其进行交互操作。此外, Cult3D 可以实现复杂的动画, 这就为物体添加交互性创造了更多的契机。

（2）跨平台应用, 支持多浏览器, 而不需要硬件支持

Cult3D 具有很好的跨平台效能, 它支持目前主流的各种浏览器, 从 PC 到苹果的各种机型和包括 UNIX、Linux、Windows 在内的各种常用的操作系统。

由于 Cult3D 完全是由软件控制而不需要任何硬件支持, 因此即使在没有硬件加速的情况下, 普通个人电脑和笔记本的用户也可以看到以往只有在高端工作站上才能看到的精细的实时渲染的效果。

（3）可应用于微软 Office 和 Adobe Acrobat 文档。

Cult3D 除了可以嵌入到 HTML 页面中, 让互联网用户在网络上浏览 3D 物体以外, 还可以作为元素插入到微软 Office 文档（如 Word、PowerPoint 和 Excel）和 Adobe Acrobat 文档中使用。

7.2.3　Cult 3D 应用工作流程

Cult3D 的开发过程比较简单, 只需要几步就可以制作出 Cult3D 的作品。由于 Cult3D 本身没有创建物体三维模型的能力, 所以要创建三维模型还必须使用其他的三维制作软件来进行建模, 目前以 3DS Max 常见。

首先, 在 3DS Max 中新建一个所需的模型, 或将一个三维模型导入到 3DS Max 中。因为最后的作品一般用来在网络上浏览, 最好在模型的细节、真实度上做较多的工作, 如可以将隐面（观看者无法看到的面）删除, 尽可能用最经济的面来做模型等, 以控制好文件的大小, 在这里可以预设动画。模型建好后, 3DS Max 里的 Cult3D Export Plugin 插件将模型保存为 c3D 格式的文件。选择保存时, 可以预览模型, 还需要注意输出的参数和调整模型材质的压缩比例的调整。

启动 Cult3D Designer 将刚才保存的文件导入, 这里的主要工作是将模型加入互动效果, 如事件和声音等。Cult3D Designer 已经将很多基本的命令模块化, 一般不需懂编程语言也可以很方便地制作想要的效果。用户如果精通 Java 的话, 还可以自己编写脚本, 进行高级交互, 将文件保存成 c3p 的格式, 这是 Cult3D 的源程序, 可用于以后再修改。

最后, 在 Cult3D Designer 下面选择压缩方式就可以导出 Internet 文件。在这里可以对模型的每一个物件的贴图和材质以及声音进行压缩。有不同的压缩方式可以选择, 但是如果压缩比过大, 会导致模型的面破损和贴图的位置偏移。

经过以上几个步骤就可完成一个 Cult3D 的作品。图 7-12 为 Cult3D 的工作流程。

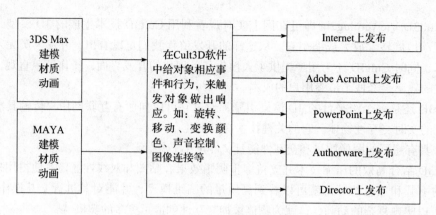

图 7-12　Cult3D 的工作流程图

　　c3D、c3p 和 co 是 Cult3D 支持的不同文件格式。当要从 3DS Max 导出一个对象给 Cult3D Designer 使用时，必须保存为 *.c3D 文件，Cult3D Designer 才可以导入这个 *.c3D 文件来工作。在进行交互对象设计时，可以保存 Cult3D Designer 的源文件为 c3p 格式，一个 *.c3p 文件可以包含一个或多个实例（Project）文件。当完成交互对象设计后，可以将其导出为 Cult3D 目标文件，这个文件可被保存为 co 格式，并可自动生成一个网页文件。如果安装了 Cult3D Player 插件，就可以在浏览器上看到所完成的对象。

　　Cult3D 中使用 Real.time 3D particle 和 Environment Mapping 技术来产生发射效果，从而提供了完美的场景渲染效果。正是由于这一优点，Cult3D 非常适合博物馆站点或者宣传产品的电子商务网站。由于它基于 Java 提供了更多样化的扩展性，也就同样适用于游戏或者动画制作的开发。

7.3　X3D 技术

　　X3D 是一种专为互联网设计的三维图像标记语言，英文为 Extensible 3D，即可扩展三维语言，是由 Web3D 联盟设计的。X3D 继承和改进了 VRML，是 VRML 标准的最新升级版本。X3D 整合了 XML（Extensible Markup Language，可扩展标记语言），基于 XML 格式开发，所以可以直接使用 XML DOM 文档树、XML Schema 校验等技术和相关的 XML 编辑工具。目前 X3D 已经是通过 ISO 认证的国际标准。

7.3.1　X3D 技术基础

1. X3D 编译环境

　　采用 XML 编辑器作为编译环境，可以使用德国 Bitmana-gement Software GmbH 公司开发的 BS Contact 浏览器来观看效果，在 IE 浏览器上装上插件也能观看。BS Contact 浏览器能实现 Web3D 联盟规定的 X3D 标准的大部分节点，同时也扩展了一些应用节点，有良好的图形渲染效果。

2. X3D 立体网页设计空间坐标系

　　如图 7-13 所示，水平向右为 x 方向，垂直向上为 y 方向，z 轴方向遵循右手法则，右手四指握紧拳头沿 x 和 y 轴的方向，

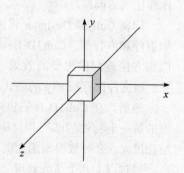

图 7-13　X3D 坐标系

右手大拇指顺指 *z* 轴正向。

3. X3D 三维立体空间标准计量单位

X3D 的长度、角度、时间和颜色计量单位如表 7-2 所示。X3D 三维立体空间着色以红绿蓝为三种基本颜色，其值调整范围如表 7-3 所示。

表 7-2　X3D 三维立体空间标准计量单位

种类（Category）	计量单位（Calculate Unit）
长度（Linear distance）	米（Metres）
角度（Angles）	弧度（Radians）
时间（Time）	秒（Seconds）
颜色（Color space）	RGB ([0.0，1.0]，[0.0，1.0]，[0.0，1.0])

表 7-3　颜色取值范围

三种基本颜色（RGB）	红色（Red）	绿色（Green）	蓝色（Blue）
颜色变化范围	0.0 ~ 1.0	0.0 ~ 1.0	0.0 ~ 1.0

7.3.2　X3D 的基本语言

X3D 文件类型有三种形式，分别为 x3d、x3dv 和 wrl 格式。X3D 语言基本结构如图 7-14 所示。X3D 的对象称为节点，通过子节点的集合可以构成复杂的景物。X3D 语言的基本术语包括各种节点、域值、事件、路由、原型、场景以及脚本等。

```
<X3D>
<Scene>
......
</Scene>
</X3D>
<XXX>标记开始          </XXX>标记结束
<X3D>表示这是X3D文件
<Scene>X3D场景在这个标记里编写
```

图 7-14　X3D 语言基本结构

1. 几何节点

X3D 几何节点有场景（Scene）节点、立方体（Box）节点、圆柱体（Cylinder）节点、圆锥体（Cone）节点和球体（Sphere）节点等，这些几何物体都可以根据几何变换（如平移、旋转和缩放）来变换位置。几何变换在 X3D 中也是一个节点。程序段 7-1 为实现一个雪人造型的例子，该段代码实现了雪人的帽子、头部、身体、鼻子和手的造型，其中用到了几何物体的几何变换。

程序段 7-1　简单雪人

```
<!—注释：帽子 -->
<Transform translation ="0 1 0">
<Shape>
<Cone />
</Shape>
</Transform>
<!—注释：头 -->
<Transform translation ="0 0 0">
<Shape>
<Sphere />
</Shape>
</Transform>
<!—注释：身体 -->
<Transform translation ="0 -2 0">
<Shape>
<Sphere radius="1.5"/>
```

```
</Shape>
</Transform>
<!--注释: 鼻子 -->
<Transform translation ="0 -0.2 1" rotation ="1 0 0 90" >
<Shape>
<Cone bottomRadius="0.3" height="0.6"/>
</Shape> .
</Transform>
<!--手 -->
<Transform translation ="1.5 -1 0" rotation ="0 0 90 90" >
<Shape>
<Cylinder height="1.5" radius="0.1" />
</Shape>
</Transform>
<Transform translation ="-1.5 -1 0" rotation ="0 0 -90 90" >
<Shape>
<Cylinder height="1.5" radius="0.1" />
</Shape>
</Transform>
```

2. Inline 嵌入技术

在一个 X3D 文档里嵌入另一个 X3D 文档, 使用的是 Inline 嵌入技术, 程序段 7-2 就是一个嵌入技术实例。

程序段 7- 2　嵌入技术

```
<X3D>
<Scene>
<Inline url="avatar.wrl"/>
</Scene>
</X3D>
<Transform translation ="0 3 0">
<Inline url="avatar.wrl"/>
</Transform>
<Inline url="kl.x3d"/>
<Transform translation ="0 1 0">
<Inline url="avatar.wrl"/>
</Transform>
<Transform scale ="1 0.1 1">
<Inline url="kl.x3d"/>
</Transform>
```

3. 物体属性

物体属性由外观、材质等节点来描述。材质由漫反射光颜色分量 (diffuseColor)、光亮程度 (shininess)、透明度 (transparency)、环境色彩强度玖 (ambientIntensity)、色彩的放射程度 (emissiveColor)、色彩的反射形式 (specularColor) 等组成。程序段 7-3 为实现一个广告牌绘制的例子, 其中有广告牌属性代码描述。

程序段 7-3　广告牌

```
<X3D>
<Scene>
<Transform translation ="0 1.5 0">
<Shape>
```

```
<Appearance>
<Material diffuseColor="0.3 0.7 0.2" />
</Appearance>
<Box size="0.3 1 2"/>
</Shape>
</Transform>
<Transform translation ="0 0 0">
<Shape>
<Appearance>
<Material diffuseColor="1 1 0" />
</Appearance>
<Cylinder height="3.0" radius="0.2" />
</Shape>
</Transform>
</Scene>
</X3D>
```

4. 贴图

X3D 使用图片贴图（ImageTexture）节点来实现贴图。几何物体的贴图可以是图片，也可以是视频。程序段 7-4 为球体贴图实例。程序段 7-5 为电视机屏幕视频贴图实例，贴图效果如图 7-15 所示。

图 7-15　电视机屏幕视频贴图效果图

程序段 7-4　球体贴图

```
<Shape>
<Appearance>
<ImageTexture url="2.jpg" />
</Appearance>
<Sphere />
</Shape>
```

程序段 7-5　电视视频贴图实例

```
前端
<Transform translation ="0 0 0">
<Shape>
<Appearance>
<Material diffuseColor="0.9 0.9 0.9" />
</Appearance>
<Box size="4 4 1"/>
```

```
</Shape>
</Transform>
后端
<Transform translation ="0 0 -1">
<Shape>
<Appearance>
<Material diffuseColor="0.9 0.9 0.9" />
</Appearance>
<Box size="3 3 1"/>
</Shape>
</Transform>
    天线
    <Transform translation ="-1.4 2.6 0">
    <Shape>
    <Appearance>
    <Material diffuseColor="1 1 0" />
    </Appearance>
    <Cylinder height="1.2" radius="0.1" />
    </Shape>
    </Transform>
    屏幕
    <Transform translation ="0 0 0.5">
    <Shape>
    <Appearance>
    <MovieTexture  loop="true" url="Temp/sp.avi"/>
    </Appearance>
    <Box size="3.6 3.6 0.12"/>
    </Shape>
    </Transform>
```

5. 天空盒背景与雾

天空盒的代码相对比较简单，如程序段 7-6 所示。

程序段 7-6　天空盒代码示例

```
<Background backUrl='back.png'
    bottomUrl='bottom.png'
    frontUrl='front.png'
    leftUrl='left.png'
    rightUrl='right.png'
    topUrl='top.png'
/>
```

背景（Background）节点使用一组垂直排列的色彩值来模拟地面和天空，背景也可以在六个面上使用背景贴图（Texture Background）。背景、雾（Fog）、导航信息（NavigationInfo）、背景贴图、观点（Viewpoint）节点都是可绑定节点。

雾化代码如程序段 7-7 所示：

程序段 7-7　雾代代码

```
<Fog fogType='EXPONETIAL' visibilityRange='60'/>
```

设置在多远的距离外物体完全消失在雾中，使用局部坐标系统并以米为单位。提示：如果将可见距离（visibilityRange）设为 0，将禁止雾的效果。

6. 文字

文字（Text）是一个几何节点，用以显示文字，可以包含字体样式（FontStyle）节点以设置字体。提示：在增加几何（geometry）或外观（Appearance）节点之前先插入一个形状（Shape）节点。在浏览器处理此场景内容时，可以用符合类型定义的原型（ProtoInstance）来替代。文字示例代码如程序段 7-8 所示。

程序段 7-8　文字代码

```
<Transform  translation="5 2 0">
 <Shape>
<Text length="3 3" string='"学号" "姓名"'>
      <FontStyle style='"BOLD" "ITALIC"'/>
   </Text>
  </Shape>
</Transform>
```

7. 音乐

添加音乐节点代码如程序段 7-9 所示。

程序段 7-9　音乐代码示例

```
<Sound>
<AudioClip loop='true' url='"1.wav"'/>
</Sound>
```

8. 注释语句与保留字

注释语句的格式如下：

```
<!—这是一个注释语句 -->
```

注释信息可以是一行，也可以是多行。但是不允许嵌套。同时字符串"--"、"<"和">"不能出现在注释中。

```
X3D 保留字如下：
AS, component,DEF,EXPORT,EXTERNPROTO, FALSE,head,IMPORT,
initializeOnly,inputOnly,outputOnly,inputOutput,IS,meta,NULL,PROTO,
ROUTE,Scene,TO,TRUE,USE,X3D
```

7.3.3　X3D 基本动画

X3D 动画通过路由器（ROUTE）将时间节点传感器（TimeSensor）、属性插值器节点（Interpolation）和物体节点（Transformation）连接在一起，如图 7-16 所示。表 7-4 为时间节点传感器的属性。

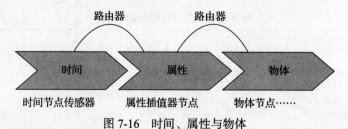

图 7-16　时间、属性与物体

表 7-4   时间节点传感器属性说明

属性名称	说明
cycleInterval	循环周期
fraction_changed	若时间节点传感器启用，它会不断传出 0 ~ 1 之间的小数，表示在循环周期中的位置
startTime	起始时间
stopTime	结束时间
Loop	循环或者只有一个周期

事件传递路由器可以从某一节点的属性传递到另外某一节点的属性中。程序段 7-10、程序 7-11、程序 7-12 是一个 X3D 月球围绕地球转动画效果的代码实例。

程序段 7-10   地球自转

```
<!—制作地球，保存为 earth.x3d-->
<Transform DEF="transform">
<Shape>
<Appearance>
<ImageTexture url="2.jpg" />
</Appearance>
<Sphere />
</Shape>
</Transform>
<!—地球自转 OrientationInterpolator-->
<TimeSensor DEF="time" loop="true" cycleInterval="5.0" />
<OrientationInterpolator DEF="Or" key="0 0.5 1" keyValue="0 0 1 0, 0 1 0 3.14,0 1 0 6.28"/>

<ROUTE fromField="fraction_changed" fromNode="time" toField="set_fraction" toNode="Or"/>
<ROUTE fromField="value_changed" fromNode="Or" toField="rotation" toNode="transform"/>
```

程序段 7-11   月球自转

```
<!—同样的方法制作月球，保存为 moon.x3d-->
<Transform DEF="transform">
<Shape>
<Appearance>
<ImageTexture url="3.jpg" />
</Appearance>
<Sphere radius="0.4" />
</Shape>
</Transform>
<!—月球自转 OrientationInterpolator-->
<TimeSensor DEF="time" loop="true" cycleInterval="5.0" />
<OrientationInterpolator DEF="Or" key="0 0.5 1" keyValue="0 0 1 0, 0 1 0 3.14,0 1 0 6.28"/>
<ROUTE fromField="fraction_changed" fromNode="time" toField="set_fraction" toNode="Or"/>
<ROUTE fromField="value_changed" fromNode="Or" toField="rotation" toNode="transform"/>
```

程序段 7-12   月球围绕地球转

```
<!—引用地球和月球 -->
<Transform>
<Inline url="earth.x3d"/>
</Transform>
<Transform DEF="moon">
<Inline url="moon.x3d"/>
</Transform>
```

```
<!—TimeSensor-->
<TimeSensor DEF="time" loop="true" cycleInterval="15"/>

<!—位置设置 -->
<PositionInterpolator DEF="P" key="0 0.125 0.25 0.375 0.5 0.625 0.7 0.825 1"
keyValue="5 0 0,3.50 0 3.5, 0 0 5,-3.50 0 3.5, -5 0 0,-3.50 0 -3.5,0 0 -5,3.50 0 -3.5,5 0 0 "/>

<!—传递 -->
<ROUTE fromField="fraction_changed" fromNode="time" toField="set_fraction" toNode="P"/>
<ROUTE fromField="value_changed" fromNode="P" toField="translation" toNode="moon"/>
```

7.3.4　小结

X3D 可以实现网页端的交互。与最流行的 Web3D 引擎比较，VRML 和 X3D 的市场占有率都不高。这并不是因为 X3D 技术本身的缺陷，而主要是 X3D 的制作工具和开发环境相对落后。另外 X3D 也没有提供完善的功能包。由于移动技术的迅速发展，X3D 技术的发展受到一定制约。

7.4　WebGL 技术

WebGL 是一种 3D 绘图标准，该标准允许把 JavaScript 和 OpenGL ES 2.0（Open Graphics Library for Embedded Systems，即适用于嵌入式系统的开放式图形库）结合在一起，通过增加 OpenGL ES 2.0 的一个 JavaScript 绑定，WebGL 可以为 HTML5 画布提供硬件 3D 加速渲染，Web 开发人员从而可借助系统显卡在浏览器里更流畅地展示 3D 场景和模型，还能创建复杂的导航和数据视觉化。WebGL 技术标准免去了开发网页专用渲染插件的麻烦，可用于创建具有复杂 3D 结构的网站页面，甚至可以用来设计 3D 网页游戏等。

1. WebGL 的发展历程

WebGL 是基于 OpenGL 发展起来的。OpenGL 最初由 SGI 公司开发，是一个定义了跨编程语言、跨平台的编程接口规格的专业的图形程序接口。它用于三维图像（二维的亦可），是一个功能强大、调用方便的底层图形库。1992 年 7 月，SGI 公司发布了 OpenGL 的 1.0 版本。多年来 OpenGL 发展了数个版本，并对三维图像开发、软件产品开发产生了深远的影响。

WebGL 实际是从 OpenGL 的一个特殊版本——OpenGL ES 中派生出来的。OpenGL ES 是 OpenGL 三维图形 API 的子集，针对手机、PDA 和游戏主机等嵌入式设备而设计。OpenGL ES 于 2003—2004 年被首次提出，并在 2007 年（ES 2.0）和 2012 年（ES 3.0）进行了两次升级，WebGL 是基于 OpenGL ES 2.0 设计的。

2. WebGL 的优势

WebGL 允许 JavaScript 在网页上显示和操作三维图形。有了 WebGL 的帮助，开发三维的客户界面、运行三维的网页游戏、互联网上的海量数据进行三维可视化都成为了可能。相比其他技术，WebGL 具有以下优势：

（1）开发异常简单

WebGL 是内嵌在浏览器中的，因此开发者无需搭建任何开发环境，只需一个文本编辑器和一个浏览器，即可开始编写三维图形程序。

（2）轻松发布三维图形程序

传统的三维图形程序通常使用 C 或 C++ 等语言开发，并为特定的平台被编译成二进制的可执行文件，而这就意味着程序不能跨平台运行。而且，为了运行程序，用户通常不仅需要安装程序本身，还需安装程序所依赖的库，提高了分享成果的门槛。而 WebGL 程序由 HTML 和 JavaScript 文件组成，只需将它们放在 Web 服务器上，就能方便地分享程序。

（3）充分利用浏览器的功能

WebGL 程序实际上是网页的一部分，开发者可以充分利用浏览器的功能，如弹出对话框、绘制文本、播放声音和视频、与服务器通信等。WebGL 程序允许开发者自由地使用这些功能，而在传统的三维图形应用程序中则需要开发者编写这些代码。

（4）学习和使用 WebGL 相对简单

WebGL 的技术规范继承自免费和开源的 OpenGL 标准，而 OpenGL 已被广泛用于各种平台，用户可以找到很多的参考书籍、教材和范例程序来加深对 WebGL 的理解。

3. WebGL 开源框架

使用 WebGL 原生的 API 来写 3D 程序是一件非常麻烦的事情，使用一些 WebGL 开源框架可以节省很多时间，这些框架不同程度地封装了创建 3D 场景的各种要素，如场景、相机、模型、光照、材质等，使用这些封装起来的对象，就可以很简单地创建需要的 3D 场景，这样开发者只需要把更多的精力放在逻辑方面。

（1）Three.js

Three.js 是一个比较全面的开源框架，Three.js 可以理解成 Three + js，Three 表示 3D，js 表示 JavaScript，Three.js 合起来就是使用 JavaScript 来写 3D 程序。Three.js 的目标是创建一个低复杂、轻量级的 3D 库，用最简单、直观的方式封装 WebGL 中的常用方法。它良好地封装了 3D 场景的各种要素，开发者可以用它来很容易地去创建相机、模型、光照、材质等。此外，还可以选择不同的渲染器，Three.js 提供了多种渲染方式，可以选择使用画布来渲染，也可以使用 WebGL 或者 SVG 来进行渲染。此外，Three.js 可以加载很多格式的 3D 文件，模型文件可以来自 Blender、MAYA、Cinema4D、3DS Max 等。Three.js 还内置了球体（Spheres）、飞机（Planes）、立方体（Cubes）、圆柱体（Cylinders）等，Three.js 创建这些物体会非常的容易。

在 Three.js 中，要渲染物体到网页中，需要三个要素：场景（scene）、相机（camera）和渲染器（renderer）。场景是一个物体的容器，开发者可以将需要的角色放入场景中，例如苹果、葡萄。同时，角色自身也管理着其在场景中的位置。相机的作用就是面对场景，在场景中取一个合适的景，把它拍下来。渲染器的作用就是将相机拍摄下来的图片，放到浏览器中去显示。这三者的关系如图 7-17 所示。

场景是所有物体的容器，如果要显示一个对象，就需要将该对象加入场景中。在 Threejs 中场景就只有一种，用 THREE.Scene 来表示，要构建一个场景也很简单，只要创建一个对象就可以了，代码如程序段 7-13 所示：

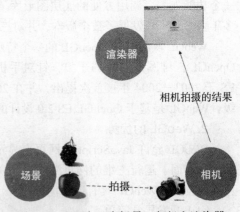

图 7-17 Three.js 中场景、相机和渲染器三者的关系

程序段 7-13 用 THREE.Scene 构建场景

```
var scene = new THREE.Scene();
```

相机决定了场景中哪个角度的景色会显示出来。相机就像人的眼睛一样，人站在不同的位置，抬头或低头都能够看到不同的景色。场景只有一种，但是相机却有很多种。和现实中的相机一样，不同的相机确定了成像的各个方面。例如有的相机适合人像，有的相机适合风景，专业的摄影师根据实际用途选择不同的相机。对程序员来说，只要设置不同的相机参数，就能够让相机产生不一样的效果。定义一个相机的代码如程序段 7-14 所示：

程序段 7-14　设置相机参数示例

```
var camera = new THREE.PerspectiveCamera(75, window.innerWidth/window.innerHeight, 0.1, 1000);
```

渲染器决定了渲染的结果应该绘制在页面的什么元素上，并且以怎样的方式来绘制。定义一个 WebRenderer 渲染器的代码如程序段 7-15 所示：

程序段 7-15　渲染器设置示例

```
var renderer = new THREE.WebGLRenderer();
renderer.setSize(window.innerWidth, window.innerHeight);
document.body.appendChild(renderer.domElement);
```

上述代码中渲染器的 domElement 元素表示渲染器中的画布，所有的渲染都是画在 domElement 上，appendChild 表示将这个 domElement 挂接在 body 下面，这样渲染的结果就能够在页面中显示了。

添加物体到场景中的代码如程序段 7-16 所示：

程序段 7-16　添加物体到场景中示例

```
var geometry = new THREE.CubeGeometry(1,1,1);
var material = new THREE.MeshBasicMaterial({color: 0x00ff00});
var cube = new THREE.Mesh(geometry, material);
scene.add(cube);
```

上述代码中的 THREE.CubeGeometry 是一个几何体，它由 X、Y、Z 轴的长度这三个参数所决定。

渲染应该使用渲染器，结合相机和场景来得到结果画面。代码如程序段 7-17 所示：

程序段 7-17　使用渲染器

```
renderer.render(scene, camera);
```

渲染有两种方式：实时渲染和离线渲染。离线渲染是事先渲染好一帧一帧的图片，然后再把图片拼接成电影。实时渲染就是需要不停地对画面进行渲染，即使画面中什么也没有改变，也需要重新渲染。渲染循环的代码如程序段 7-18 所示：

程序段 7-18　渲染循环

```
function render() {
    cube.rotation.x += 0.1;
    cube.rotation.y += 0.1;
    renderer.render(scene, camera);
    requestAnimationFrame(render);
}
```

将上述代码进行整合，将显示一个三维的绿色立方体，完整代码如程序段 7-19 所示：

程序段 7-19　用 Thhee.js 创建一个三维的绿色正方体

```html
<!DOCTYPE html>
<html>
<head>
    <title></title>
    <style>canvas { width: 100%; height: 100% }</style>
    <script src="js/three.js"></script>
</head>
<body>
    <script>
        var scene = new THREE.Scene();                          // 创建场景
         var camera = new THREE.PerspectiveCamera(75, window.innerWidth/window.
innerHeight, 0.1, 1000);                                        // 创建相机
        var renderer = new THREE.WebGLRenderer();               // 创建渲染器
        renderer.setSize(window.innerWidth, window.innerHeight);
        // 设置渲染器的大小为窗口的内宽度，也就是内容区的宽度
        document.body.appendChild(renderer.domElement);
        var geometry = new THREE.CubeGeometry(1,1,1);
        var material = new THREE.MeshBasicMaterial({color: 0x00ff00});
        var cube = new THREE.Mesh(geometry, material); scene.add(cube);
        camera.position.z = 5;
        function render() {
            requestAnimationFrame(render);
            cube.rotation.x += 0.1;
            cube.rotation.y += 0.1;
            renderer.render(scene, camera);                     // 使用渲染器，得到结果画面
        }
        render();
    </script>
</body>
</html>
```

（2）PhiloGL

PhiloGL 是由 Sencha 实验室开发的一个新的 WebGL 开源框架，提供了强大的 API，可帮助开发者轻松开发 WebGL 并整合到 Web 应用中，实现数据可视化。

（3）Babylon.js

Babylon.js 是一款基于 WebGL、HTML5 和 JavaScript 的开源 3D 游戏引擎，由微软员工大卫·卡图荷（David Catuhe）主导开发。和 Three.js 相比，three.js 更倾向于动画，而Babylon.js 则更适合游戏开发，开发者可以利用 WebGL 技术，更方便快捷地完成光线、轮船贴图、海浪等的 3D 建模，从而带来最佳的呈现效果。

（4）SceneJS

SceneJS 是一个开源的 JavaScript 3D 引擎，特别适合需要高精度细节的模型需求，比如工程学和医学上常用的高精度模型。

（5）Processing.js

Processing.js 的作者是约翰·里斯（John Resig），这是继 jQuery 之后的第二个力作。Processing.js 使用 JavaScript 绘制形状 sharp 和操作 HTML5 画布元素产生图像动画。Processing.js 是轻量级的、易于了解掌握的工具，用于创建用户界面和开发基于 Web 的游戏。

7.5 HTML 5 技术

HTML（HyperText Markup Language，超文本标记语言），是标准通用标记语言下的一个应用，也是一种规范，它通过标记符号来标记要显示的网页中的各个部分。网页文件本身是一种文本文件，通过在文本文件中添加标记符，可以告诉浏览器如何显示其中的内容（如文字如何处理、画面如何安排、图片如何显示等）。浏览器按顺序阅读网页文件，然后根据标记符解释和显示其标记的内容。对于不同的浏览器，对同一标记符可能会有不完全相同的解释，因而可能会有不同的显示效果。HTML 5 是 HTML 的第五次重大修改，以期能在互联网应用迅速发展的时候，使网络标准达到符合当代的网络需求，为桌面和移动平台带来无缝衔接的丰富内容。

1. HTML5 的发展历程

HTML 第一版在 1993 年 6 月作为互联网工程工作小组（IETF）工作草案发布。HTML 2.0 在 1995 年 11 月作为 RFC 1866 发布，在 RFC 2854 于 2000 年 6 月发布之后被宣布已经过时。HTML 3.2 于 1997 年 1 月 14 日，作为万维网联盟（World Wide Web Consortium，简称 W3C）推荐标准发布；HTML 4.0 于 1997 年 12 月 18 日作为 W3C 推荐标准发布；HTML 4.01 于 1999 年 12 月 24 日作为 W3C 推荐标准发布。

为了推动 web 标准化运动的发展，一些公司联合起来，成立了 Web 超文本应用技术工作组（Web Hypertext Application Technology Working Group，简称 WHATWG），HTML 5 草案的前身名为 Web Applications 1.0，于 2004 年被 WHATWG 提出，于 2007 年被 W3C 接纳，并成立了新的 HTML 工作团队。HTML 5 的第一份正式草案于 2008 年 1 月 22 日公布。HTML 5 有两大特点：首先，强化了 Web 网页的表现性能；其次，追加了本地数据库等 Web 应用的功能。2014 年 10 月 29 日，W3C 宣布，经过接近 8 年的艰苦努力，该标准规范终于制定完成。

2. HTML 5 的优点

相比之前的版本，HTML 5 具有以下优点：

（1）网络标准

HTML 5 本身是由 W3C 推荐的，它的开发是通过谷歌、苹果、诺基亚、中国移动等几百家公司一起酝酿的技术，这个技术最大的好处在于它是一个公开的技术。换句话说，每一个公开的标准都可以根据 W3C 的资料库找寻根源。另一方面，W3C 通过了 HTML 5 标准，也就意味着每一个浏览器或每一个平台都会去实现。

（2）多设备跨平台

HTML 5 技术可以进行跨平台的使用。例如一款 HTML 5 的游戏，开发者可以很轻易地移植到 UC 的开放平台、Opera 的游戏中心、Facebook 应用平台，甚至可以通过封装的技术发放到 App Store 或 Google Play 上，所以它的跨平台性非常强大。

（3）自适应网页设计

HTML 5 技术能自动识别屏幕宽度，并做出相应调整的网页设计，实现"一次设计，普遍适用"。

（4）即时更新

传统更新客户端的方法非常麻烦，而采用 HTML 5 技术，客户端的更新就好像更新页面一样，是马上的、即时的更新，这对于移动应用程序和游戏来说是非常高效和方便的。

虽然 HTML 5 有如此多的优点，但同时也应该看到，该标准目前并未能很好地被浏览器所支持，因新标签的引入，各浏览器之间缺少一种统一的数据描述格式，造成用户体验不佳。

3. HTML 5 常用标签

（1）视频（video）

HTML 5 的视频标签用于在网页上展示视频。当前，视频标签支持三种视频格式：Ogg、MPEG4 和 WebM。在网页上嵌入视频的 HTML 5 代码如程序段 7-20 所示：

程序段 7-20   在网页上嵌入视频代码示例

```
<!DOCTYPE HTML>
<html>
<body>

<video width="320" height="240" controls="controls" autoplay="autoplay"
loop="loop">// width、height 属性指视频宽度和高度，control 属性供添加播放、暂停和音量控件，
        // autoplay 属性将让视频自动播放，loop 属性将视频循环播放
<source src="/i/movie.ogg" type="video/ogg">
<source src="/i/movie.mp4" type="video/mp4">        // 视频标签允许多个源（source）标签，源
标签可以链接不同的视频文件，浏览器将使用第一个可识别的格式
Your browser does not support the video tag.        // 供不支持视频标签的浏览器显示的内容
</video>

</body>
</html>
```

（2）音频（audio）

HTML 5 的标签能够播放声音文件或音频流，当前，音频标签支持三种音频格式，即 Ogg Vorbis、MP3 和 Wav。在网页上嵌入音频的 HTML 5 代码如程序段 7-21 所示：

程序段 7-21   在网页上嵌入音频代码示例

```
<!DOCTYPE HTML>
<html>
<body>

<audio controls="controls"autoplay="autoplay" loop="loop" > // control 属性供添加播
放、暂停和音量控件，autoplay 属性将让音频自动播放，loop 属性将音频循环播放
<source src="/i/song.ogg" type="audio/ogg">
<source src="/i/song.mp3" type="audio/mpeg">        // 音频标签允许多个源标签，源标签可以链
接不同的音频文件，浏览器将使用第一个可识别的格式
Your browser does not support the audio element. // 供不支持音频标签的浏览器显示的内容
</audio>

</body>
</html>
```

（3）画布（Canvas）

HTML 5 的画布标签用于在网页上绘制图形。画布拥有多种绘制路径、矩形、圆形、字符以及添加图像的方法。画布标签只是图形容器，必须使用脚本来绘制图形。在网页上绘制一个二维的红色矩形的 HTML 5 代码如程序段 7-22 所示：

程序段 7-22   绘制二维红色矩形代码示例

```
<!DOCTYPE HTML>
<html>
```

```
<body>

    <canvas id="myCanvas" width="200" height="100">// 向 HTML5 页面添加画布标签, 规定标签的
id、宽度和高度
    </canvas>
    <script type="text/javascript">                 // 画布标签本身是没有绘图能力的, 所有的
绘制工作必须在 JavaScript 内部完成
    var c=document.getElementById("myCanvas");      // JavaScript 使用 id 来寻找画布标签
    var cxt=c.getContext("2d");                     // getContext("2d") 对象是内建的
HTML5 对象, 拥有多种绘制路径、矩形、圆形、字符以及添加图像的方法
    cxt.fillStyle="#FF0000";                        // fillStyle 方法将其染成红色
    cxt.fillRect(0,0,150,75);                       // fillRect 方法规定了形状、位置和尺
寸, 从左上角 (0,0) 开始在画布上绘制 150x75 的矩形
    </script>

</body>
</html>
```

随着网络宽带速度的不断提升、越来越多浏览器使用统一的 HTML 5 标准, 网络三维技术和人们的接触将会更加亲密。

7.6 Web3D 技术综合实例

7.6.1 Cult3D 技术应用实例

可以制作三维网页的软件 Cult3D 安装后将产生以下工具: Cult3D Viewer plug-in、Cult3D Exporterplugin、Cult3D Designer。Web 开发设计人员可以使用在 3D 设计领域广泛使用的 3DS Max 或 MAYA 来设计 3D 模型, 使用 Cult3D Exporterplugin 来转换设计模型; 在 Cult3D Designer 中为模型加入交互、音效等其他效果, 再无缝地嵌入到 HTML 页面和其他应用程序中; 用户只需安装 Cult3D Viewerplug2in 即可在网上实时观看利用 Cult3D 技术生成的 3D 模型, 通过鼠标还可互动地旋转、放大或缩小它。

Cult3D 制作 3D 网页的工作流程步骤如下:

1) 在 3D 建模软件比如 3DS Max 中创建 3D 模型。

2) 将 3D 模型通过 Cult3D Exporter 插件输出为一个 Cult3D Designer 文件。

3) 将生成的 Cult3D Designer 文件载入到 Cult 3D Designer 编辑器中。

4) 给对象加上各种事件、行为, 并保存为一个 Cult3D Project 实例文件。

5) 输出 Cult3D Player 文件, 以便在网上发布。

6) 发布 Cult3D Player 文件, 并将它插入到 HTML 网页文件中在网上发布。

(1) 3D 建模与输出

了解了 Cult3D 的工作流程后, 下面就可以开始构建 3D 网页了, 首先从 3D 对象的建模与输出开始。

在安装 Cult3D 过程中, 安装程序会提示将 Cult3D Exporter 输出插件安装到 3DS Max 的插件 (Plug) 目录中。下面就以 3DS Max 为例简单介绍如何创建并导出一个 Cult3D Designer 文件。

首先需要说明的是, 一个完整的三维场景应该包括几何体模型结构、材质、灯光、相机和动画。Cult3D 目前支持多边形 (Polygons) 结构的几何体, 其他结构的几何体对象都会被转化为多边形结构。同时, Cult3D 只支持 3DS Max 的标准 (Standard) 和多维/子对象 (Multi/

Sub-Object）材质类型。Cult3D 支持从三维程序中建立的变换动画和节点动画。

步骤 1：完成一个 3D 场景动画的建立以后，在 3DS Max 中打开已经创建的模型，然后执行菜单中的文件 / 输出（File/Export）命令，就可以把它输出为 .c3D 文件。

步骤 2：在打开的保存类型对话框中选择 *.c3D 文件类型，输入文件名并保存，打开 Cult3D Exporter 输出设置对话窗口。在此对话框中，左侧树形分支列表将显示当前场景的所有输出对象以及他们之间的层级结构，右侧显示了左边选中对象的属性信息。

步骤 3：首先选择左侧的"Header"选项，在右侧的"Object Data"中会显示场景的描述信息，比如对象数、面数、结点数等，在"Object"中为场景的命名，并输入作者信息等参数，完成后单击应用（Apply）按钮应用。

步骤 4：接下来，在左侧选择背景（Background）选项，并选取需要的背景颜色。完成后，单击左侧材质（Material）打开材质属性面板，在明暗器（Shading type）中可以选择色模式，这里选择"Phong"模式。假如选择双线性过滤（Bilinear Filtering）选项，材质上的贴图将得到双线性过滤，我们还可在使用的贴图（Texture used）中看到与该材质所用贴图相关信息，如图 7-18。

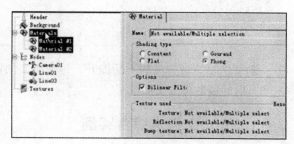

图 7-18　3DS Max 贴图相关信息界面

步骤 5：接下来选择"Note"选项，这里包括网格对象（Mesh）、相机（Camera）、虚拟物体（Dumy），它们是具有位置属性的对象，其属性会在常规（General）面板中出现。假如选中矩阵动画（Matrix animation）选项，那么将在动画输出时保留此对象建立的要害帧动画。选中隐藏对象（Hide Object）选项后，在输出时将隐藏此对象。切换到网络对象选项卡，在预优化（Pre-Optimization）选项中选中开启优化（Optimize On）复选框，将优化此网格物体。

步骤 6：完成设置以后，可以单击观看（Viewer）按钮预览生成的效果，用鼠标拖动对象，即可实现多角度、多侧面浏览了，如图 7-19 所示。效果满足后，单击保存（Save）按钮保存此对象。

（2）载入 Designer 对象

启动 Cult3D 并进入其主界面窗口，执行主菜单 File → Add Cult3D Designer File 命令，打开刚才生成的 .c3D 文件，这时就可以将 Cult3D Designer 文件载入到 Cult3D Designer 编辑器中了，如图 7-20 所示。

图 7-19　预览生成的效果

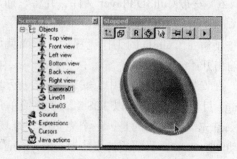

图 7-20　Cult3D Designer 文件载入图

（3）Cult3D 如何在网页中展示作品

把 Cult3D 的文件嵌入到页面中的代码如程序段 7-23 所示。

程序段 7-23　Cult3D 文件嵌入代码示例

```
<object classid="clsid:31B7EB4E-8B4B-11D1-A789-00A0CC6651A8"
width="400" height="300" codebase="http://www.Cult3D.com/download/cult.cab">
<param name="SRC" value="file.co" >
<embed pluginspage="http://www.Cult3D.com/download/"
width="400" height="300" src="file.co" type="application/x-Cult3D-object">
</embed>
</object>
```

这段代码的解释如下：param 的代码是用在 Internet Explorer 里的；embed 的代码是用在 Netscape 里的。所以要在两个地方都写一次 Cult3D 文件的属性。Width、height 表示展示作品界面的长宽，一般情况下可以自由设置，但是需要考虑画面质量和网页的美观。file.co 是 Cult3D 文件名，.co 是它的扩展名，一般情况下发布一个 Cult3D 的作品上面的代码就可以了。假如你是直接应用其他人的作品，就要用绝对地址。如使用"http://www.Cult3D.com/download/file.co"去替换代码中的"file.co"。

7.6.2　WebGL + HTML 5 技术应用实例

WebGL 是网页开发语言 Java Script 形式的绘图 API 接口，提供设备硬件图形能力的直接调用。HTML 5 则是网页开发语言新标准，提供了画布供网页上的 3D 对象展现。

简单地说，在此之前，3D 物体形象在网页上不能直接展示，必须使用非标准的特殊网页语言语法或者通过安装额外的浏览器插件才能实现。HTML 5 和 WebGL 提供了一种技术方案，使程序员可以直接在网页上展示物体的 3D 形象，并且这种展现直接使用设备的图形处理器的处理能力，其绘图性能能够得到保证。

从本章前面的介绍中可以看到，WebGL 实际上是 HTML 5 提供的新特征的一部分，通过 HTML 5 的画布元素来展现。Web 页面开发人员利用画布标签就可以开辟出一片类似于 div 的区域，从而能够在这块区域中实现 3D 渲染，使用方式类似于普通 OpenGL 的使用方式。

图 7-21 案例中主要用了 HTML 5 的画布的 2D 绘制技术及 WebGL 的 3D 技术，用它们打造了精美的 3D 机房监控系统。

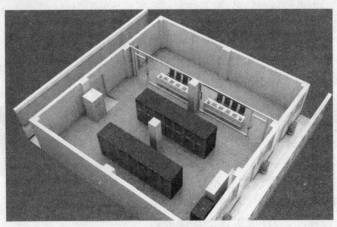

图 7-21　3D 机房监控系统效果图

1. WebGL 基本场景搭建

在 HTML 5 里面使用 3D 的基础可以是 WebGL——一个 OpenGL 的浏览器子集，支持大部分主要 3D 功能接口。目前最新的浏览器都有比较好的支持。

首先要检测浏览器是否支持 WebGL，可直接访问网页 http:// get.webgl.org/ 看是否能看到一个旋转的立方体。如果能看到，说明浏览器支持 WebGL。相对来说，Chrome 对 WebGL 的支持最好，速度也很快。

要在浏览器里面使用 WebGL 搭建 WebGL 场景，需要如程序段 7-24 这些代码：

程序段 7-24　使用 web GL 搭建场景

```
var width = window.innerWidth;
var height= window.innerHeight;
var container = document.createElement( 'div' );
document.body.appendChild( container );
var webglcanvas = document.createElement('canvas');

container.appendChild(webglcanvas);
var gl = webglcanvas.getContext("experimental-webgl");
function updateFrame () {
  gl.viewport ( 0, 0, width, height );
        gl.clearColor(0.4, 0.4, 0.7, 1);
        gl.clear ( gl.COLOR_BUFFER_BIT );
         setTimeout(
    function(){updateFrame()},
             20);
    }

setTimeout(
    function(){
    updateFrame();
    },  20);
```

与 HTML 一样，需要先创建一个画布元素，并获得其 WebGL 上下文，代码如程序段 7-25 所示：

程序段 7-25　使用 WebGL 创建画布元素

```
var gl = webglcanvas.getContext("experimental-webgl");
```

然后在一个 updateFrame 的函数中，像 HTML 5 的 2D context 一样绘制 3D 的内容。

要再起一个死循环，每隔若干毫秒调用一次这个 updateFrame 函数来重绘场景。与 2D 不同，3D 场景里面的变化是随时随地的，所以需要不停刷新，所以死循环刷新基本是必要的。在实际使用中会有很多优化，尽量做到"按需刷新"以节省 CPU 资源。这段程序基本上什么也没做，就画了一个静止不动的区域，如图 7-22 所示。

虽然看不见任何 3D 的内容，但是已经是一个最简单的 WebGL 程序了。3D 机房将会在这上面

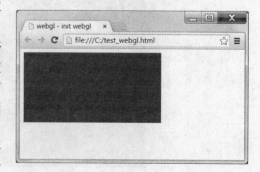

图 7-22　WebGL 基本场景图

不断丰富。

2. 对象封装

在案例中，要搭建 3D 工作量比较大。使用第三方辅助工具是不可避免的，像 Three.js、twaver.js 都是不错的选择。这些工具都可以提供 3D 的基本对象和各种特效。为了避免大量修改代码，实例里做了一些封装，即把原始 3D 的立方体等对象进行进一步封装，让一个 json 数据就可以提供这些对象的定义，这样使用起来就比较方便了。json 大致结构如程序段 7-26 所示：

程序段 7-26　json 结构示例

```
var json={
objects: [{
    name: '地板',
    ...
}, {
...
}],
}
```

下面逐一来看这些 3D 对象是怎样进行美化的。

（1）地板和斜坡

第一个要做的是比较简单的地板对象。3D 中，地板应该是一个有些厚度、带上格子贴图的、薄薄的立方体平面。因此对经过封装的立方体对象，用一段 json 对象定义如程序段 7-27 所示：

程序段 7-27　创建地板示例

```
{
    name: '地板',
    type: 'cube',
    width: 1500,
    height: 10,
    depth: 1600,

    style: {
        'm.color': '#BEC9BE',
        'm.ambient': '#BEC9BE',
    }
}
```

通过定义，创建了一个 15 米 × 16 米的地板块，如图 7-23，这也是小型机房的尺寸。

在地板上需要找一个地板砖贴图。需要注意的是，贴图的尺寸都需要满足宽和高都是 2 的幂，例如 128×128、256×256 等，这是 3D 软件一般所要求的。另外贴图要能连续拼接才会不露破绽，这样出来效果才会好。效果如图 7-24。

在样式（style）里面添加代码如下：

程序段 7-28　添加地板贴图

```
'top.m.texture.image': 'images/floor1.png',
'top.m.texture.repeat': new mono.Vec2(10, 10),
```

如果需要一个斜坡，可以用 twaver 里面的对象。它可以支持运算并定义一个斜的立方体，就像在图 7-24 中让地板剪掉立方体，就做出了斜坡的效果。如程序段 7-29 定义 json：

图 7-23　地板场景图　　　　　　　图 7-24　有贴图的地板场景图

程序段 7-29　制作斜坡效果代码示例

```
{
    name: '地板斜坡',
    type: 'cube',
    width: 200,
    height: 20,
    depth: 260,
    translate: [-348, 0, 530],
    rotate: [Math.PI/180*3, 0, 0],
    op: '-',
    style: {
        ...,
    }
}
```

这里定义的一个倾斜的立方体，通过 translate 定义位置，rotate 定义旋转角度，然后再通过 op 定义运算符，这里是"减去"，就用"-"表示。被剪掉的立方体也可以设置材质、纹理、贴图、颜色……与地板一样。效果如图 7-25。

（2）走廊桌

为了简单并节约资源，做一个立方体表示走廊上要放一个接待桌。尽管只是一个简单的立方体，但只要与整体风格协调一致，再增加一点配色并启动阴影效果后，效果就好多了。代码如程序段 7-30 所示，效果如图 7-26。

程序段 7-30　创建一个走廊桌

```
{
    name: '走廊板凳',
    type: 'cube',
    width: 300,
    height: 50,
    depth: 100,
    translate: [350, 0, -500],
}
```

（3）墙体

墙体是机房里很重要的一个部分，有好的光照、阴影的效果会看起来更加逼真。这里只要在 json 里面定义一组数字的坐标，让这些数字依次连接，组成一个墙体，最后生成 3D 对象放入场景中。代码如程序段 7-31 所示：

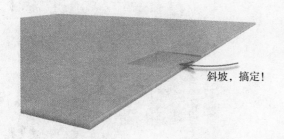
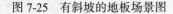

图 7-25　有斜坡的地板场景图　　　　　　　　　图 7-26　走廊桌场景图

程序段 7-31　创建墙体代码示例

```
{
    name: ' 主墙体 ',
    type: 'path',
    width: 20,
    height: 200,
    translate: [-500, 0, -500],
    data:[
        [0, 0],
        [1000, 0],
        [1000, 500],
        [500, 500],
        [500, 1000],
        [0, 1000],
        [0, 0],
    ],
}
```

注意这里的类型变成了 path，data 中定义了一个二维坐标数组来描述墙体。由于墙都是从底面开始的，所以只定义它的平面的 x、y 坐标即可。按要求上色、加阴影，效果如图 7-27。

（4）门

门如果直接放上去会被墙盖住；如果比墙厚，既难看又不符合实际。所以应该先定义一个门洞立方体（代码如程序段 7-32 所示），把门所在的位置挖掉，效果如图 7-28：

程序段 7-32　创建门代码示例

```
{
    name: ' 门洞 ',
    type: 'cube',
    width: 195,
    height: 170,
    depth: 30,
    op: '-',
    translate:[-350, 2, 500],
}
```

不过没有门框的门感觉不太生动，多一个门框会感觉立体感强一些。门框可以是一个比门洞略大的立方体，在挖门洞之前添加以下门框效果代码如程序段 7-33，加上阴影和光线等综合效果后，如图 7-29 所示效果。

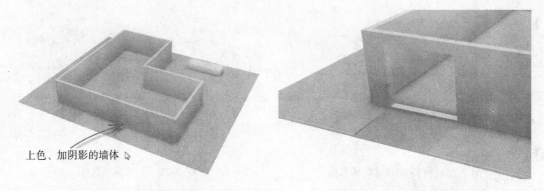

图 7-27　上色、加阴影的墙体场景图　　　　　　图 7-28　门场景图

程序段 7-33　添加门框代码示例

```
{
    name: '门框',
    type: 'cube',
    width: 205,
    height: 180,
    depth: 26,
    translate: [-350, 0, 500],
    op: '+',
}
```

接着，只要把门安上去就行了。门的定义比较简单，就是一个薄的立方体。为了做到玻璃效果，需要设置透明度，让它看上去更像一个玻璃，再让设计师找一张好看一点的门的图，贴上去。先做左边的门，代码如程序段 7-34 所示：

程序段 7-34　添加左门代码示例

```
{
    name: '左门',
    type: 'cube',
    width: 93,
    height: 165,
    depth: 2,
    translate:[-397, 4, 500],
    style:{
        'm.transparent': true,
        'm.texture.image': 'images/door_left.png',
    }
}
```

上面增加的样式主要有透明和贴图两项。看看图 7-30 效果。

同样的方法，再把右侧门贴上就搞定了。为了增加体验，门上面设置了动画：双击可以自动打开，再双击可以直接关闭。动画功能引擎做好了封装，在 json 中直接指定动画类型就行了。

（5）窗

案例中，窗本身不需要有任何业务属性。方法和门类似，先放窗框后挖窗体。不过做一个窗台，方法和道理与门相同。代码如程序段 7-35 所示。

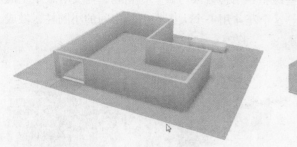
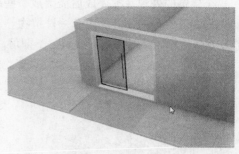

图 7-29　有门框的门场景图　　　　　　　图 7-30　完整门的场景图

程序段 7-35　窗洞、窗台代码示例

```
{
    name: ' 主窗户洞 ',
    type: 'cube',
    width: 420,
    height: 150,
    depth: 50,
    translate: [200, 30, 500],
    op: '-', }, {
    name: ' 主窗户台 ',
    type: 'cube',
    width: 420,
    height: 10,
    depth: 40,
    translate: [200, 30, 510],
    op: '+', }
```

定义了一个窗洞（挖掉）、一个窗台（添加），一个大窗户就做好了，如图 7-31。

再添加一个略带颜色的透明玻璃。玻璃设置高光和反射，增加"玻璃"的感觉。代码如程序段 7-36 所示。

程序段 7-36　添加玻璃代码示例

```
{
    name: ' 主窗户玻璃 ',
    type: 'cube',
    width: 420,
    height: 150,
    depth: 2,
    translate: [200, 30, 500],
    op: '+',
    style: {
        'm.transparent': true,
        'm.opacity':0.4,
        'm.color':'#58ACFA',
    },
}
```

json 中玻璃设置了透明度和颜色。这样一个半透明的茶色玻璃就好了，如图 7-32。

（6）植物

整个建筑的外观基本完成后需要放一些绿植，增强效果。做一盆植物，需要有一个空的花盆，花盆里面有泥土，上面有一株植物。这个花盆用一个大圆柱剪掉中间的小圆柱，做成空心花盆，植物用贴图＋透明模拟一下即可。

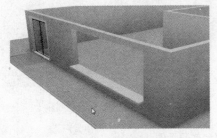
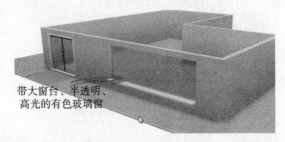

带大窗台、半透明、高光的有色玻璃窗

图 7-31　窗场景图　　　　　　　　　图 7-32　完整窗的场景图

根据上面的思路，在实例中通过仔细调整，把创建花盆的代码封装好，然后在 json 中定义花盆位置就行了。代码如程序段 7-37。

程序段 7-37　创建花盆代码示例

```
{
    name: '花 1',
    type: 'plant',
    translate: [560, 0, 400],
}
```

程序中解析如果 type 是 plant 则创建植物对象并添加场景，如图 7-33。

在房间、走廊甚至窗台上都可以放几盆，窗台上的可以通过设置 scale 缩小一些，并提升其高度到窗台位置即可，如图 7-34。

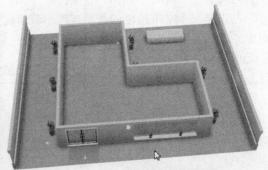

切出来的花盆并启用阴影

图 7-33　植物对象的场景图　　　　　　图 7-34　有多个植物对象的场景图

（7）机柜

机柜以及其中的服务器设备是 3D 机房里面最终要管理的内容。在本实例中，这些资产都是在数据库中存储，并通过 json 接口加载到浏览器中显示。这里简单、直接地写几个机柜的片段，看一下显示效果，如图 7-35。

机柜对象在实例中这样封装：用一个立方体来表示机柜，并加上贴图来表示。实例中，为了提高显示速度，机柜一开始并不加载内部服务器内容，而只是显示自身一个立方体。当用户双击后，会触发一个延迟加载器，从服务器端加载机柜内部服务器，并加载到对应的位置上。此时，机柜会被挖空成一个空心的立方体，以便视觉上更像一个机柜。定义机柜的 json 如程序段 7-38 所示：

程序段 7-38　创建机柜代码示例

```
{
    name: '机柜',
    type: 'rack',
    lazy: true,
    width: 70,
    depth: 100,
    height: 220,
    translate: [-370, 0, -250],
    severity: CRITICAL,
}
```

上面的机柜定义中，有一个延迟（lazy）标记，标记它是否延迟加载其内容。如果延迟加载，则双击触发，否则程序显示时直接加载其内容。严重性（Severity）定义了机柜的告警信息，即是否有业务告警。如果有告警，会用一个气泡显示在机柜的上方，同时机柜也会被染色成告警对应的颜色。

加入更多的机柜看看效果，如图 7-36。

（8）电视机

可以简单定义一个立方体，再挖空屏幕后放上透明玻璃，贴上喜欢的电视节目画面，就可以做一个电视机挂在墙上了。代码如程序段 7-39 所示。

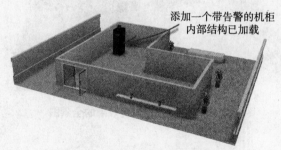

图 7-35　加入机柜对象在实例的场景图

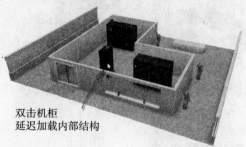

图 7-36　加入多个机柜对象在实例的场景图

程序段 7-39　创建电视机代码示例

```
{
    name: '电视机体',
    type: 'cube',
    width: 150,
    height: 80,
    depth: 5,
    translate: [80, 100, 13],
    op: '+',           }, {
    name: '电视机挖空',
    type: 'cube',
    width: 130,
    height: 75,
```

```
depth: 5,
translate: [80, 102.5, 17],
op: '-', }, {
name: '电视机屏幕',
type: 'cube',
width: 130,
height: 75,
depth: 1,
translate: [80, 102.5, 14.6],
op: '+',
style: {
    'front.m.texture.image': 'images/screen.jpg',
},
}
```

当然，实际实例中，可以换上监控大屏幕的效果，如图 7-37。

3. 项目小结

这是一个能操作、能漫游、能缩放、有动画、显示流畅、浏览器无需插件就能直接打开的 3D 机房小程序，用 WebGL + HTML 5 技术，只用一个 json 文件和一百多行代码就完成了。某些 3D 场景，尤其是这类系统，并不一定要死抠模型的仿真度，就可以做到"好看"的效果。图 7-38 是一张全景图。

图 7-37　加监控大屏幕的效果的场景图　　　图 7-38　3D 机房监控系统效果的全景图

7.7　本章小结

Web3D 是下一代互联网展示技术的核心，是目前互联网技术的换代与升级的趋势。作为一个新兴的计算机技术，Web3D 技术的应用领域非常广泛，它可用于数字城市建设、企业展示、产品营销、、旅游推广、文博展览、远程教育、军事模拟、房产装修等。

Web3D 技术采用三维实时分布式渲染技术来实现无限大规模场景的实时渲染，与三维网络游戏的核心技术类似，但又有所不同。Web3D 技术在三维网络游戏技术的基础上增加了压缩和网络流式传输的功能，无须事先下载客户端，便可以直接在网页内边浏览边下载。

通过 Web3D 技术，可以将城市现在和未来的面貌用三维的形式呈现于互联网上，并通过与数据库的连接，实现信息的搜索和管理。

通过 Web3D 技术，可以将企业产品真实三维还原，多角度观看、任意拆装及组合，将目前现场才能解决的问题在互联网上解决。

通过 Web3D 技术，可以将展览馆、旅游景点身临其境的实现和互联网的挂接，实现"不出门、不花钱、游世界"的梦想。

通过 Web3D 技术，可以实现远程教育的高度真实化，特别是对于那些操作要求极高的专业（如汽车修理等），能大幅度提高远程教育的教学质量。

通过 Web3D 技术，将来可能会出现下列发展趋势：

1）追求高品质的视觉效果。3D 这个字眼在生活中出现的频率越来越高，比如 3D 电影、3D 电视、3D 相机……无非就是在追求高品质的视觉效果。有一天，当身边所有的东西都以 3D 方式展示的时候，如果每天泡的人人网、天天发的微博也能全部 3D 起来，就连发段文字都可以在粉丝的屏幕上跳动，那将是一件多么引人入胜的事。

2）更真实的互动社交平。时在社交网上找朋友或交流都是只见其字，不见其人，更未闻其声。很容易对这种枯燥的纯文字社交产生厌倦。在网络上也能见到真人般的身材，面对面跟说话，这一切，在 3D 世界里都可以实现，一个更真实的互动社交不再是梦想。

3）配置条件的不断提升。3D 能否完美的呈现，很多时候取决于很多基本条件，比如浏览器的版本、兼容性、Flash 播放器的版本、显卡、网速问题……有些 3D 网站还要下载特殊插件，无形中给用户造成了很多的麻烦。这些都只是以前或现在出现的问题，在 3D 技术越来越成熟的以后，在用户电脑硬件配置及软件日益更新增强的未来，这些都会解决。

无论是在后 Web 2.0 时代还是网民渴望来临的 Web 3.0 时代，3D 必然成为一个热门的趋势，3D 社交在日后是否能成为主流的社交网络，取决于很多技术因素与自然因素，但我们还是期待这样至炫的社交时代能早日来临。

习题

1. 简单介绍 Web3D 技术的产生和发展。
2. 简单对比说明 Web3D 不同核心技术及其对比。
3. 以 WebGL + HTML 5 技术设计学校的一个实验室的 Web3D 实例设计。

实验一　VRP 入门

一、实验目的

1. 了解和掌握 VRP 的安装。

2. 掌握 VRP 基本框架。

3. 掌握 VRP 中的基本命令。

4. 掌握一个简单的基于 VRP 的实例。

二、实验环境

硬件要求：PC，主流配置，最好为独立显卡，显存为 512MB 以上。

软件环境：

- 操作系统：Windows XP、Windows 7。
- 应用软件：3DS Max 2009 32 位或 3DS Max 2012 32 位
- 虚拟现实平台软件：VRP 12 学习版。

三、实验内容与要求

实验要求：将案例的源文件、执行程序打包上传。打包格式为"学号姓名 – 实验序号 – 案例名称 .rar"。

实验内容包含以下几方面。

（1）VRP 安装

1）进入 www.vrp3d.com，下载 VRP 12 学习版。

2）10 分钟培训教程。

（2）案例制作

1）模型准备：将"铲车"模型文件（chanche.3ds）及贴图文件（loader.bmp）导入 3DS Max 软件，如实验图 1-1 所示。

贴图的路径如实验图 1-2 所示。

实验图 1-1　铲车模型

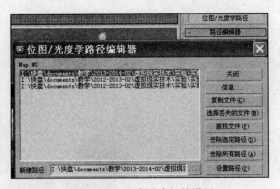

实验图 1-2　贴图路径的设置

单击显示贴图按钮，在视口中显示标准贴图，如实验图1-3所示。

2）制作地面：在顶视图中使用"创建几何体"→"标准基本体"→"平面"创建一个地面，并调整到合适的位置，如实验图1-4所示。

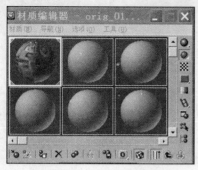

实验图1-3　显示标准贴图

实验图1-4　创建地面

3）添加灯光：在前视图中，缩小场景显示，创建一盏"目标聚光灯"，并选择"启用阴影"，如实验图1-5所示。再通过三个视图合理调整聚光灯的位置，使阴影的效果满意为止。

4）渲染场景：打开"渲染"菜单，选择"渲染设置"、"高级照明"选项卡、"光跟踪器"选项，将"反弹"参数设置为2，其他参数默认，并单击"渲染"按钮查看效果，如实验图1-6所示。如果效果不满意，则可调整反弹参数，直到效果满意为止。

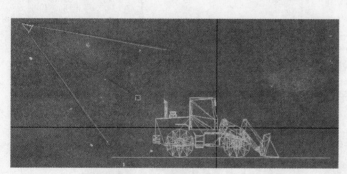

实验图1-5　添加灯光

实验图1-6　渲染

5）烘焙场景：在任意视图中选择所有物体（或快捷键Ctrl+A），选择"渲染"→"渲染到纹理"命令，在弹出的对话框中的"常规设置"里，"填充"选6；在"输出"里，单击"添加"按钮，在"名称"中选择"LightingMap"选项，在"目标贴图位置"中选择"漫反射颜色"选项，"使用自动贴图大小"的"宽度"和"高度"均选择"512"，如实验图1-7所示。其他参数默认，设置完成后单击"渲染"按钮，渲染效果如实验图1-8所示。

6）调用"工具"，选择"*VRPlatform*"将场景导出到VRP编辑器中，如实验图1-9所示，在VRP编辑器中看到的铲车效果如实验图1-10所示。

7）在VRP编辑器中，选择"天空盒"，选择需要的天空盒，并设置合适的角度，如实验图1-11所示。

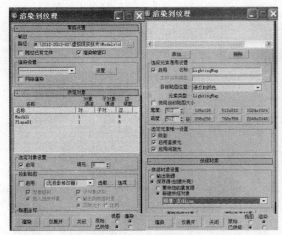

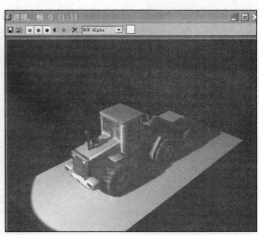

实验图 1-7　烘焙设置　　　　　　　　　　实验图 1-8　渲染烘焙效果

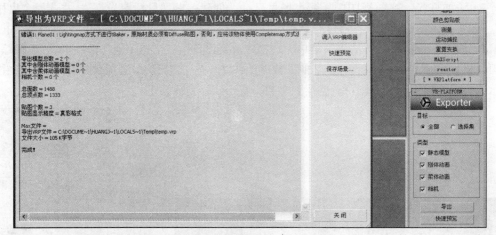

实验图 1-9　将场景导出到 VRP 编辑器

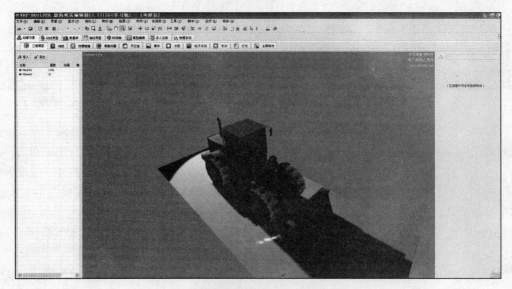

实验图 1-10　VRP 场景

实验图 1-11　添加"天空盒"

8）选择"太阳"，选择合适的太阳光晕效果，通过"方向"和"高度"选项进行设置，如实验图 1-12 所示。

实验图 1-12　光晕效果

9）选择"物理碰撞"，选择场景中的所有物体（或使用快捷键 Ctrl+A），开启碰撞检测功能，如实验图 1-13 所示。

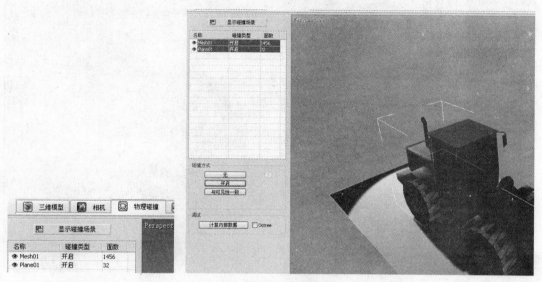

实验图 1-13　碰撞检测

10）改变项目设置中启动窗口和运行窗口的相关设置，分别如实验图 1-14 和实验图 1-15 所示。

实验图 1-14　启动窗口设置　　　　　　　实验图 1-15　运行窗口设置

11）另存场景。选择"文件"→"另存场景"，同时选择"收集、复制所有外部资源文件到该 vrp 文件的默认资源目录"，如实验图 1-16 所示。

12）编译输出。选择"文件"→"编译独立执行 Exe 文件"，如实验图 1-17 所示。测试执行程序的交互功能，前进后退左右平移和旋转。

13）更换模型尝试重新操作，模型可在网上自找。

四、参考资源

1）中视典公司的网站 www.vrp3d.com——培训教程

2)《虚拟现实技术及其实践教程》教材

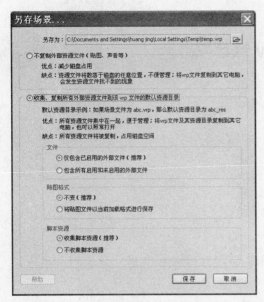

实验图 1-16　保存场景　　　　　实验图 1-17　编译独立执行 Exe 文件

五、实验素材

铲车模型 chanche.rar。

六、实验演示录像

VRP 入门。

实验二　VRP 动画

一、实验目的

1. 掌握 VRP 中的基本脚本语言。
2. 掌握 VRP 播放刚体动画脚本。
3. 掌握 VRP 中的粒子效果。
4. 掌握 VRP 动态贴图。

二、实验环境

硬件要求：PC，主流配置，最好为独立显卡，显存为 512MB 以上。

软件环境：

- 操作系统：Windows XP、Windows 7。
- 应用软件：3DS Max 2009 32 位。
- 虚拟现实平台软件：VRP 12 学习版。

三、实验内容与要求

实验要求：将案例用到的 3D 模型、贴图、VRP 源文件工程文件夹、执行程序打包上传。打包格式为"学号姓名 – 实验序号 – 案例名称 .rar"。

实验内容包含以下几个方面。

制作茶壶、管状物和波纹水面互动场景如下：

- 鼠标单击茶壶，让茶壶实现倒水的动画。
- 鼠标单击管状物，实现焰火喷发效果。
- 鼠标移到平面上，即出现水面波动效果。
- 鼠标移开平面，水面保持平静。

1）Max 模型制作。

①创建一个平面。在顶视图创建一个平面，大小、颜色自定义，如实验图 2-1 所示。

②创建一个茶壶。在平面上创建一个茶壶，大小、颜色自定义，如实验图 2-2 所示。

③创建一个管状物。在平面上创建一个管状物，位置与茶壶对其，距离在壶嘴可到达的范围内，如实验图 2-3 所示。

④平面贴图。选中平面，在"渲染 – 材质编辑器"上，选择波纹图片进行贴图，如实验图 2-4 所示。

2）Max 动画制作。

制作茶壶升起、旋转的简单动画（似倒水动作）。

设置几个关键帧，前几帧茶壶向上移动，后几帧茶壶自身绕 y 轴旋转，如实验图 2-5 所示。

动画完成后，选择工具栏上的"命名选择集"ABC 小组，创建 "vrp_grid" 小组，将茶壶动画物体添加进去，如实验图 2-6 所示。

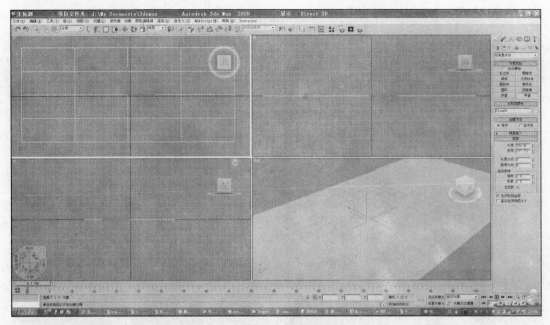

实验图 2-1　创建平面

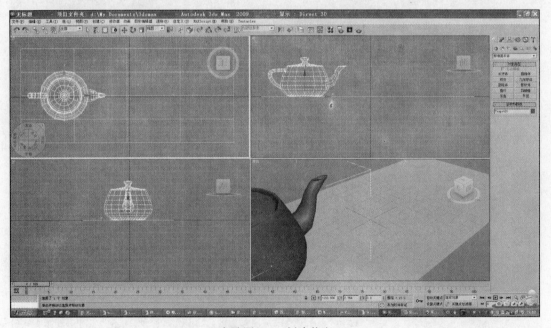

实验图 2-2　创建茶壶

3）添加灯光。在前视图中，缩小场景显示，创建一盏"目标聚光灯"，并选择"启用阴影"。再通过三个视图合理调整聚光灯的位置，直到阴影的效果满意为止，如实验图 2-7 所示。

4）渲染。打开"渲染"菜单，选择"渲染设置""高级照明"选项卡、"光跟踪器"选项，将"反弹"参数设置为 2，其他参数默认，并单击"渲染"按钮查看效果。如果效果不满意，则可调整反弹参数，直到效果满意为止，如实验图 2-8 所示。

5）烘焙场景。在任意视图中选择所有物体（或使用快捷键 Ctrl+A），选择"渲染"→"渲染到纹理"命令，在弹出的对话框中的"常规设置"里，"填充"选3；在"输出"里，单击"添加"按钮，在"名称"中选择"LightingMap"或者"CompleteMap"模式，在"目标贴图位置"中选择"漫反射颜色"选项，贴图大小选择"512×512"，烘焙材质选择新建烘焙对象——标准：（B）L/inn。其他参数默认，设置完成后单击"渲染"按钮，如实验图2-9所示。

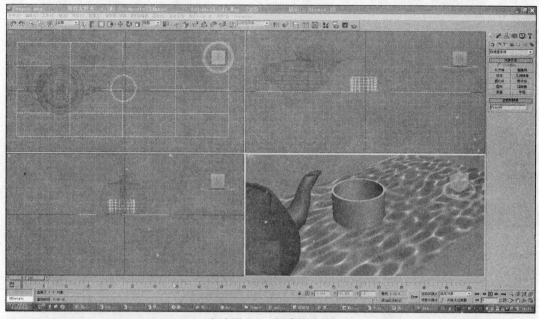

实验图 2-3　创建管状物

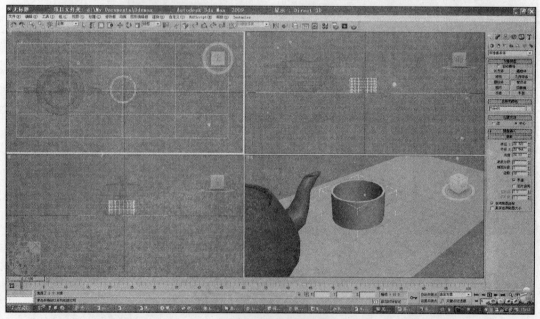

实验图 2-4　平面贴图

6）调用"工具"，选择"VRP_Platform"将场景导出到 VRP 编辑器中，如实验图2-10所示。

7）在 VRP 编辑器中，选择"茶壶"，在"鼠标左键按下"事件中，添加"播放刚体动画"脚本，如实验图2-11所示。

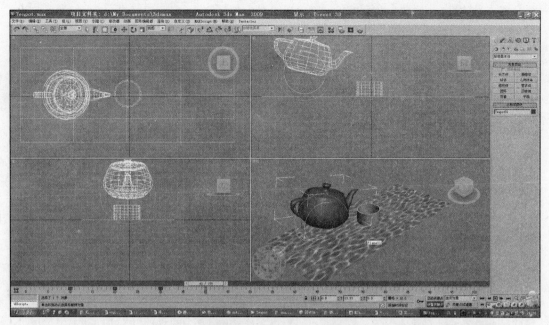

实验图 2-5　制作茶壶动画

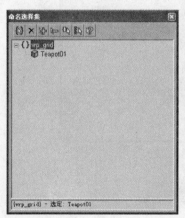

实验图 2-6　创建命名选择集

实验图 2-7　添加灯光效果

8）在 VRP 编辑器中，选择"动态贴图编辑器"，添加不同图像，制作 atx 动画，并保存下来，如实验图 2-12 所示。

9）在 VRP 编辑器中，选择"平面"物体，在"属性"第一层贴图中选择刚才保存的 atx 动态贴图动画，如实验图 2-13 所示。

10）选择"平面"物体，设置属性，在"鼠标移入"事件中插入脚本，选择播放动态贴图，如实验图 2-14 所示。

11）粒子系统。选取一款粒子系统，如夜火，绑定到管状物体，并调整粒子系统的参数，如实验图 2-15 所示。

12）选择"管状物体"，在"鼠标左键按下"事件中插入脚本，选择"暂停粒子系统"，继续，重复播放粒子系统，如实验图 2-16 所示。

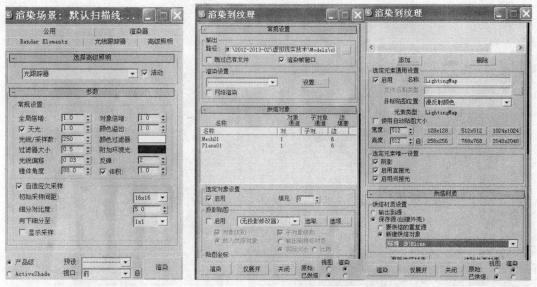

实验图 2-8　渲染　　　　　　　　　　　　　实验图 2-9　烘焙设置

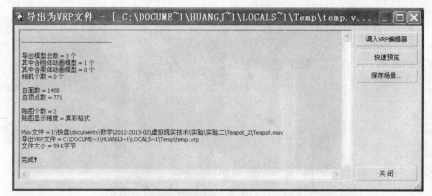

实验图 2-10　将场景导出到 VRP 编辑器中

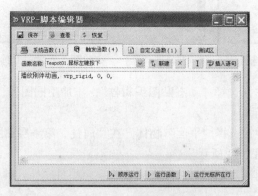

实验图 2-11　添加播放刚体动画脚本

13）在脚本菜单中，选择系统消息窗口函数，初始化，插入语句"暂停 atx 动画""暂停粒子"，如实验图 2-17 所示。

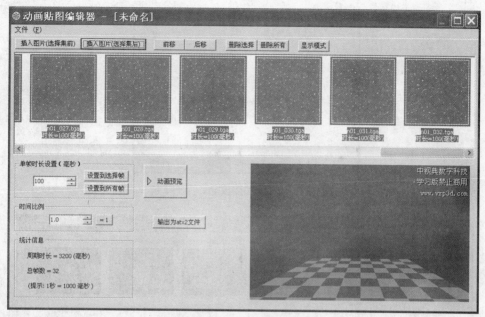

实验图 2-12　制作动画

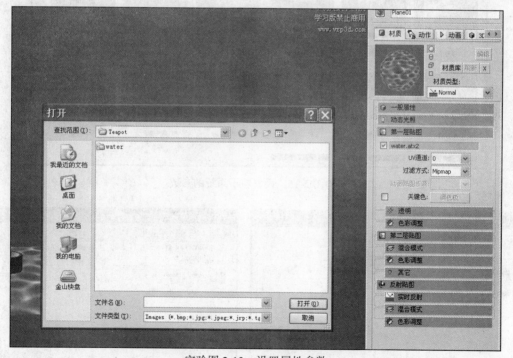

实验图 2-13　设置属性参数

14）在"运行"→"项目设置"中，修改启动窗口中的窗口标题文字，介绍图片和说明文字等，并修改运行窗口的标题文字，如实验图 2-18 所示。

15）保存场景。选择"文件"→"保存场景"，同时选择"收集、复制所有外部资源文件到该 vrp 文件的默认资源目录"，如实验图 2-19 所示。

16）编译输出。选择"文件"→"编译独立执行 Exe 文件"，如实验图 2-20 所示。

实验图 2-14　添加播放 atx 动画脚本

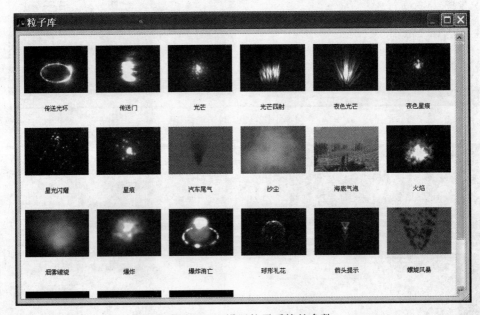

实验图 2-15　设置粒子系统的参数

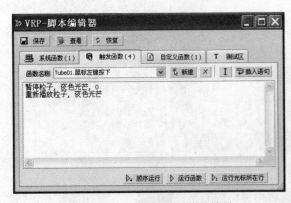

实验图 2-16　编辑粒子系统的效果

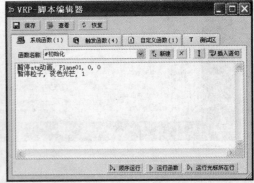

实验图 2-17　编辑动画效果

四、参考资源

1）www.vrp3d.com

2)《虚拟现实制作与开发》教材

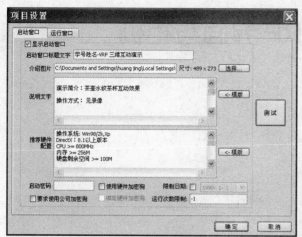

实验图 2-18　编辑窗口标题

实验图 2-19　保存场景

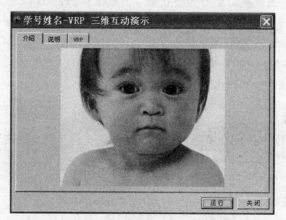

实验图 2-20　编译独立执行 Exe 文件

五、实验素材

动态贴图 – 水（water.rar）。

六、实验演示录像

交互 VRP 程序示例。

实验三　VRP 界面与相机

一、实验目的

1. 掌握 VRP 中界面的设计。
2. 了解 VRP 定点相机的设定。
3. 进一步掌握 VRP 中的脚本编写。
4. 掌握 VRP 动画相机的使用。
5. 学会音乐的播放。

二、实验环境

硬件要求：PC，主流配置，最好为独立显卡，显存为 512MB 以上。

软件环境：

- 操作系统：Windows XP、Windows 7。
- 应用软件：3DS Max 2009。
- 虚拟现实平台软件：VRP 12 学习版。

三、实验内容与要求

实验要求： 将案例用到的 3D 模型、贴图、VRP 源文件工程文件夹、执行程序打包上传。打包格式为 "学号姓名 – 实验序号 – 案例名称 .rar"。

实验内容包含以下几个方面。

制作汽车展示场景如下。

- 鼠标单击左侧门，左侧门打开。
- 鼠标单击右侧门，右侧门打开。
- 鼠标单击左后轮，左后轮转动，并产生烟雾效果。
- 鼠标单击左前轮，左前轮左右转动，展示转向效果。
- 鼠标单击前雨刷，雨刷左右摆动。
- 鼠标单击后雨刷，雨刷左右摆动。

在界面设置六个按钮，单击后分别产生以上六种效果。

在界面再追加一个按钮，单击后可鸟瞰整个轿车效果。

1）FBX 模型导入。将 car.fbx 模型导入 3DS Max。菜单栏选择文件→导入，预览动画效果，如实验图 3-1 所示。

2）创建刚体动画组。

- 选取按名称模型对象 left_door，选择工具栏上的 "命名选择集" ABC 小组，创建 "vrp_rigid_left_door" 小组，将左侧门动画物体添加进去。
- 选取按名称模型对象 front_brush，选择工具栏上的 "命名选择集" ABC 小组，创建 "vrp_rigid_front_brush" 小组，将前雨刷动画物体添加进去。

- 选取按名称模型对象 back_left_wheel，选择工具栏上的"命名选择集"ABC 小组，创建"vrp_rigid_back_wheel"小组，将后轮动画物体添加进去。
- 选取按名称模型对象 front_left_wheel，选择工具栏上的"命名选择集"ABC 小组，创建"vrp_rigid_front_wheel"小组，将前轮动画物体添加进去。

创建刚体动画组如实验图 3-2 所示。

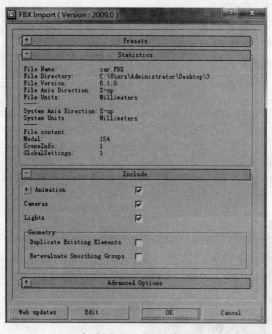

实验图 3-1　导入模型

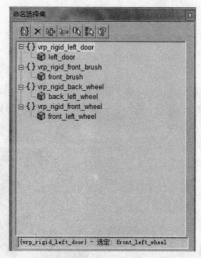

实验图 3-2　创建刚体动画组

3）调用"工具"，选择"VRP_Platform"将场景导出到 VRP 编辑器中，如实验图 3-3 所示。

4）设置 4 个定点相机分别处于最佳观察左侧门、左后轮、左前轮、前雨刷，如实验图 3-4 所示。

5）在 VRP 编辑器中，选择"左侧门"，在"鼠标左键按下"事件中，添加定位定点相机 1，播放刚体动画脚本，如实验图 3-5 所示。

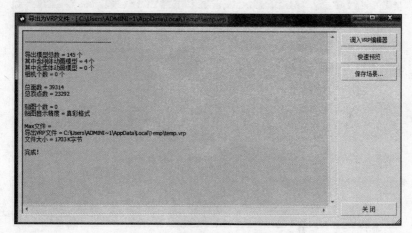

实验图 3-3　将场景导出到 VRP 编辑器

实验图 3-4　设置定点相机的位置

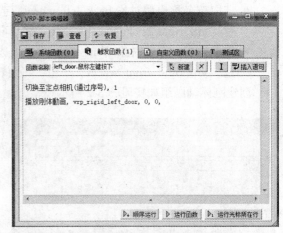

实验图 3-5　设置左侧门的动画脚本

6）在后轮处设置烟雾粒子效果。先选中后轮，然后在粒子库选择合适的粒子效果，绑定模型，再选择该粒子进行位置调整和尺寸缩放，以便适合车轮大小，如实验图 3-6、实验图 3-7 所示。

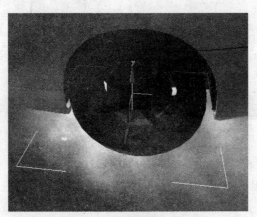

实验图 3-6　设置烟雾粒子效果

实验图 3-7　汽车后轮整体效果

7）设置车轮发动声音，如实验图 3-8 所示。

（本步骤可以省略，直接在脚本中编写播放音乐即可，同学们可自行比较有何不同。）

8）在 VRP 编辑器中，选择"左后轮"，在"鼠标左键按下"事件中，添加定位定点相机 2，播放刚体动画脚本，播放烟雾效果，播放车轮发动声音，如实验图 3-9 所示。

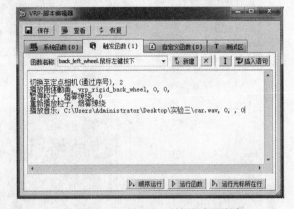

实验图 3-8　设置声音参数　　　　　　实验图 3-9　设置左后轮的动画脚本

9）在 VRP 编辑器中，选择"左前轮"，在"鼠标左键按下"事件中，添加定位定点相机 3，播放刚体动画脚本，如实验图 3-10 所示。

10）在 VRP 编辑器中，选择"前雨刷"，在"鼠标左键按下"事件中添加定位定点相机 4，播放刚体动画脚本，如实验图 3-11 所示。

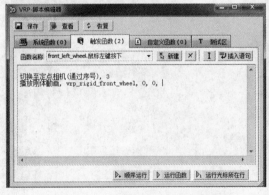
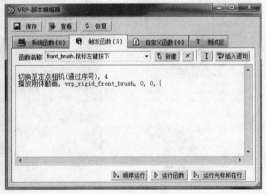

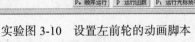

实验图 3-10　设置左前轮的动画脚本　　　　实验图 3-11　设置前雨刷的动画脚本

11）添加天空盒，如实验图 3-12 所示。

12）在界面添加按钮"左侧门""前雨刷""前轮""后轮"（单击这些按钮会设置相应定点相机，播放相应动画等），如实验图 3-13、实验图 3-14 所示。

13）设置动画相机，鸟瞰整个轿车。按 F5 键运行，按 F11 键开始录制，再按 F11 键结束录制，如实验图 3-15 所示。

14）在界面添加按钮"鸟瞰轿车"，并编写脚本，播放鸟瞰轿车动画，如实验图 3-16 所示。

15）在"运行"→"项目设置"中，修改启动窗口中的窗口标题文字，介绍图片和说明文字等，并修改运行窗口的标题文字，如实验图 3-17 所示。

16）初始化设置。

当运行程序时，车轮的烟雾一开始就有，为了使得一开始隐藏烟雾，应在车轮发动时再出现烟雾。因此需要编辑脚本，在系统开始运行时停止烟雾。选择脚本编辑器→系统函数→新建→窗口消息函数→初始化→插入语句。

实验图 3-12　添加天空盒

实验图 3-13　添加界面按钮

实验图 3-14　添加按钮效果图

脚本编辑如下：暂停粒子，烟雾缭绕，1；重新播放粒子，烟雾缭绕（烟雾缭绕是粒子效果名称）。初始化设置如实验图 3-18 所示，编辑烟雾脚本如实验图 3-19 所示。

17）保存场景。选择"文件"→"保存场景"，同时选择"收集、复制所有外部资源文件到该 vrp 文件的默认资源目录"，如实验图 3-20 所示。

18）编译输出。选择"文件"→"编译独立执行 Exe 文件"，如实验图 3-21 所示。

四、参考资源

1）www.vrp3d.com

2）《虚拟现实制作与开发》教材

实验图 3-15　设置动画相机

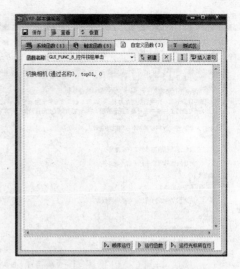

实验图 3-16　编辑鸟瞰动画的脚本

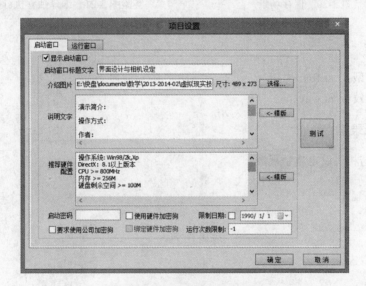

实验图 3-17　编辑窗口标题

实验图 3-18　初始化设置

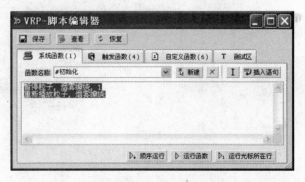

实验图 3-19　编辑烟雾脚本

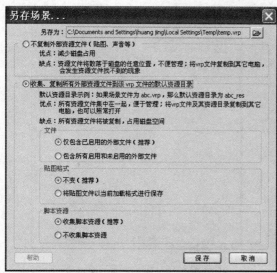

实验图 3-20　保存场景

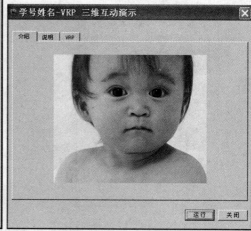

实验图 3-21　编译独立执行 Exe 文件

五、实验素材

　　1）汽车模型：car.fbx。

　　2）汽车音效：car.wav。

六、实验演示录像

　　界面设计与相机设定教学视频。

实验四　手机展示

一、实验目的

1. 掌握 VRP 中界面的设计。
2. 掌握 VRP 中交互效果的实现。
3. 掌握 VRP 中播放 Flash 的实现。
4. 掌握 VRP 中画中画的实现。
5. 掌握 VRP 相机的设定与切换。

二、实验环境

硬件要求：PC，主流配置，最好为独立显卡，显存为 512M 以上。

软件环境：

- 操作系统：Windows XP、Windows 7。
- 应用软件：3DS Max 2009。
- 虚拟现实平台软件：VRP 12 学习版。

三、实验内容与要求

实验要求：将案例用到的 3D 模型、贴图、VRP 源文件工程文件夹、执行程序打包上传。打包格式为：学号姓名 – 实验序号 – 案例名称 .rar。

实验内容包含以下几个方面。

iPhone 手机展示包括：开关机演示；打电话演示；手机复位键演示；手机拍照功能演示；播放视频演示；播放音乐演示；画中画展示；手机刚体动画播放；场景展示；返回。如实验图 4-1 所示。

实验图 4-1　iPhone 手机展示

1）打开手机 VRP 原始工程文件，观察模型，如实验图 4-2 所示。

实验图 4-2　打开原始工程文件

2）创建定点观察相机，观察位置正面对着手机，相机名称：定点，如实验图 4-3 所示。

实验图 4-3　创建定点观察相机

3）创建动画相机，以便浏览整个场景，动画相机名称：动画 01，如实验图 4-4 所示。注意，创建新相机之前，要按 P 键退出当前相机。

4）创建定点观察相机 2，手机位置为水平摆置，播放视频备用，相机名称：视频，如实验图 4-5 所示。

注意，需要选择该定点相机，旋转相机坐标轴，以达到水平摆放手机的效果。

5）系统初始化脚本设置。

单击脚本编辑器，选择系统函数→新建→消息窗口函数→初始化，如实验图 4-6 所示。脚本如下：

```
设置物体的状态值，Plane13, 1
切换相机（通过名称），定点，0
```

6）手机开关模仿：单击关机键，屏幕黑屏，关闭音乐播放；单击开机键，屏幕恢复，开启音乐播放，如实验图 4-7 所示。

实验图 4-4　创建动画相机

实验图 4-5　创建手机水平位置的定点观察相机

实验图 4-6　系统初始化脚本设置

选择手机开关模型 Boto09，在属性面板→动作→鼠标事件→左键按下，编写脚本：

```
比较物体的状态值，Plane13，1
   切换相机（通过名称），定点，0
      改变贴图，1，Plane13，0，E:\ 快盘 \documents\ 教学 \2013-2014-02\ 虚拟现实技术 \ 实验
\ 实验四 VRP 手机展示 \ 手机展示素材 \ 手机展示 - OK\IPhone_textures\ 关机 .jpg
         显示隐藏物体，1，Plane15，0
         显示隐藏物体，1，Plane16，0
         显示隐藏物体，1，Plane17，0
         显示隐藏物体，1，Plane18，0
         显示隐藏物体，1，Plane21，0
         显示隐藏物体，1，Plane22，0
         显示隐藏物体，1，Plane07，0
         显示隐藏物体，1，Plane12，0
         显示隐藏物体，1，Plane23，0
         显示隐藏物体，1，Plane20，0
      播放音乐，E:\ 快盘 \documents\ 教学 \2013-2014-02\ 虚拟现实技术 \ 实验 \ 实验四  VRP 手机展
示 \ 手机展示素材 \ 手机展示 - OK\IPhone_textures\Windows XP 注销音 .wav，0，1，0
      切换物体的状态值，Plane13
   # 否则
      播放音乐，E:\ 快盘 \documents\ 教学 \2013-2014-02\ 虚拟现实技术 \ 实验 \ 实验四  VRP 手机展
示 \ 手机展示素材 \ 手机展示 - OK\IPhone_textures\Windows XP 登录音 .wav，0,1， 0
      恢复贴图，1，Plane13，0
      显示隐藏物体，1，Plane15,1
      显示隐藏物体，1，Plane16，1
      显示隐藏物体，1，Plane17，1
      显示隐藏物体，1，Plane18，1
      显示隐藏物体，1，Plane21，1
      显示隐藏物体，1，Plane22，1
      显示隐藏物体，1，Plane07，1
      显示隐藏物体，1，Plane12，1
      显示隐藏物体，1，Plane23，1
      显示隐藏物体，1，Plane20，1
      切换物体的状态值，Plane13
```

编辑手机开关动画的脚本如实验图 4-8 所示。

实验图 4-7   选择手机开关模型

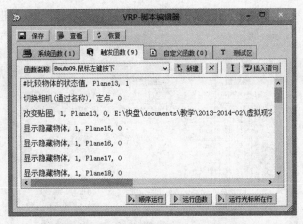

实验图 4-8 　编辑手机开关动画的脚本

7）实现手机音乐播放功能。

思路：切换到音乐播放器界面——改变贴图，隐藏手机桌面其他按钮，播放音乐。

选择音乐播放按钮模型 Plane16，属性面板→动作→鼠标事件→左键按下，编写脚本如下：

改变贴图 ， 1， Plane13， 0， E:\ 快盘 \documents\ 教学 \2013-2014-02\ 虚拟现实技术 \ 实验 \ 实验四 VRP 手机展示 \ 手机展示素材 \ 手机展示 - OK\IPhone_textures\IMG_3812.png
显示隐藏物体 ， 1， Plane15， 0
显示隐藏物体 ， 1， Plane16， 0
显示隐藏物体 ， 1， Plane17， 0
显示隐藏物体 ， 1， Plane18， 0
显示隐藏物体 ， 1， Plane21， 0
显示隐藏物体 ， 1， Plane22， 0
显示隐藏物体 ， 1， Plane07， 0
显示隐藏物体 ， 1， Plane12， 0
显示隐藏物体 ， 1， Plane23， 0
显示隐藏物体 ， 1， Plane20， 0

播放音乐，E:\ 快盘 \documents\ 教学 \2013-2014-02\ 虚拟现实技术 \ 实验 \ 实验四 VRP 手机展示 \ 手机展示素材 \ 手机展示 - OK\IPhone_textures\ 陈奕迅 – 单车 .mp3，0，0

选择音乐播放按钮模型如实验图 4-9 所示，编辑播放音乐脚本如实验图 4-10 所示。

实验图 4-9 　选择音乐播放按钮模型

8）实现手机返回键功能。

思路：回到原始定点相机位置，界面恢复贴图，桌面所有被隐藏按钮恢复。

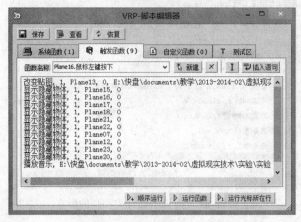

实验图 4-10　编辑播放音乐脚本

选择手机返回键按钮模型 Plane14，属性面板→动作→鼠标事件→左键按下，编写脚本如下：

```
切换相机（通过名称），定点，0
停止所有音乐
恢复贴图，1，Plane13，0
显示隐藏物体，1，Plane15,1
显示隐藏物体，1，Plane16,1
显示隐藏物体，1，Plane17,1
显示隐藏物体，1，Plane18,1
显示隐藏物体，1，Plane21，1
显示隐藏物体，1，Plane22，1
显示隐藏物体，1，Plane07，1
显示隐藏物体，1，Plane12，1
显示隐藏物体，1，Plane23，1
显示隐藏物体，1，Plane20，1
```

选择手机返回键按钮模型如实验图 4-11 所示，编辑手机返回功能的动画脚本如实验图 4-12 所示。

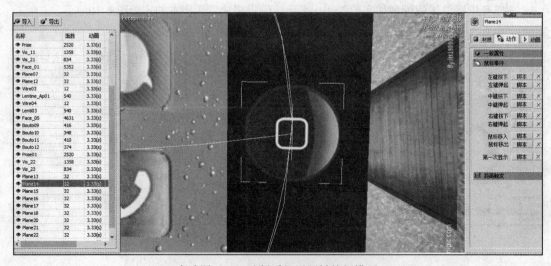

实验图 4-11　选择手机返回键按钮模型

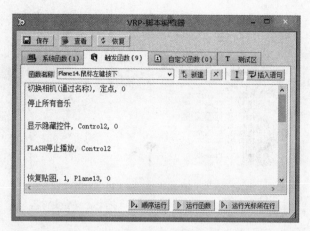

实验图 4-12 编辑手机返回功能的动画脚本

9）实现手机拍照功能。

思路：切换到相机拍照界面——改变贴图，隐藏手机桌面其他按钮。

选择拍照按钮模型 Plane07，属性面板→动作→鼠标事件→左键按下，编写脚本如下：

改变贴图，1，Plane13，0，E:\ 快盘 \documents\ 教学 \2013-2014-02\ 虚拟现实技术 \ 实验 \ 实验四 VRP 手机展示 \ 手机展示素材 \ 手机展示 - OK\IPhone_textures\360 截图 20130506114754733.jpg

显示隐藏物体，1，Plane15，0
显示隐藏物体，1，Plane16，0
显示隐藏物体，1，Plane17，0
显示隐藏物体，1，Plane18，0
显示隐藏物体，1，Plane21，0
显示隐藏物体，1，Plane22，0
显示隐藏物体，1，Plane07，0
显示隐藏物体，1，Plane12，0
显示隐藏物体，1，Plane23，0
显示隐藏物体，1，Plane20，0

选择拍照按钮模型如实验图 4-13 所示，编辑手机拍照功能的动画脚本如实验图 4-14 所示。

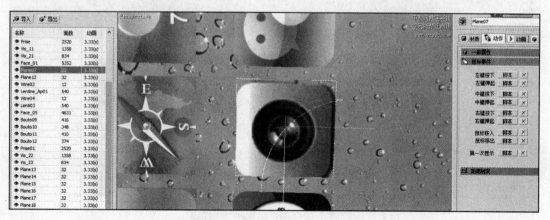

实验图 4-13 选择拍照按钮模型

10）实现打电话功能。

思路：切换到打电话界面——改变贴图，隐藏手机桌面其他按钮。

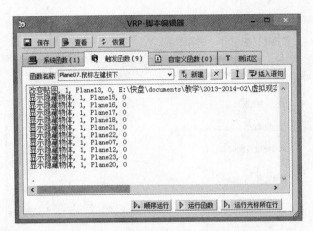

实验图 4-14　编辑手机拍照功能的动画脚本

选择打电话按钮模型 Plane23，属性面板→动作→鼠标事件→左键按下，编写脚本如下：

改变贴图 , 1, Plane13, 0, E:\ 快盘 \documents\ 教学 \2013-2014-02\ 虚拟现实技术 \ 实验 \ 实验四 VRP 手机展示 \ 手机展示素材 \ 手机展示 - OK\IPhone_textures\2011 013.png

显示隐藏物体 , 1, Plane15, 0

显示隐藏物体 , 1, Plane16, 0

显示隐藏物体 , 1, Plane17, 0

显示隐藏物体 , 1, Plane18, 0

显示隐藏物体 , 1, Plane21, 0

显示隐藏物体 , 1, Plane22, 0

显示隐藏物体 , 1, Plane07, 0

显示隐藏物体 , 1, Plane12, 0

显示隐藏物体 , 1, Plane23, 0

显示隐藏物体 , 1, Plane20, 0

选择打电话按钮模型如实验图 4-15 所示，编辑打电话功能的动画脚本如实验图 4-16 所示

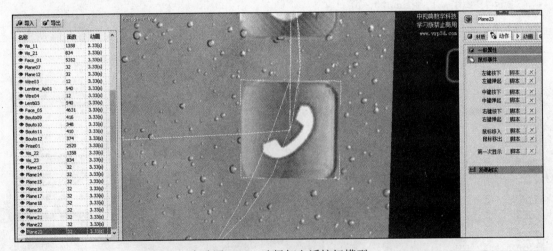

实验图 4-15　选择打电话按钮模型

11）实现手机播放视频功能。

思路：切换相机使得手机水平摆放，播放视频，用 Flash 替代视频。

首先在高级界面增加 Flash 控件，控件名称设为 Control2，在 Flash 控件属性中选择导入

Flash 本地文件（100_00_29-00_01_01.swf），如实验图 4-17 所示。

注意：Flash 控件的位置和大小应根据动画大小与手机桌面位置及大小调试设定，请自行调节。

实验图 4-16　编辑打电话功能的动画脚本　　　　实验图 4-17　导入 Flash 本地文件

选择播放视频模型 Plane21，属性面板→动作→鼠标事件→左键按下，编写脚本如下：

```
切换相机（通过名称），视频，0
改变贴图，1，Plane13，0，E:\快盘\documents\教学\2013-2014-02\虚拟现实技术\实验\实
验四 VRP 手机展示\手机展示素材\手机展示 - OK\IPhone_textures\关机.jpg
显示隐藏物体，1，Plane15，0
显示隐藏物体，1，Plane16，0
显示隐藏物体，1，Plane17，0
显示隐藏物体，1，Plane18，0
显示隐藏物体，1，Plane21，0
显示隐藏物体，1，Plane22，0
显示隐藏物体，1，Plane07，0
显示隐藏物体，1，Plane12，0
显示隐藏物体，1，Plane23，0
显示隐藏物体，1，Plane20，0
显示隐藏控件，Control2，1
FLASH 播放，Control2
```

选择播放视频模型如实验图 4-18 所示，编辑播放视频的动画脚本如实验图 4-19 所示（注意视频播放时要显示 Flash 控件）。

12）在高级界面中添加画中画。

添加画中画时，注意画中画在界面中总的位置，绑定动画相机 – 动画 01，如实验图 4-20 所示。

13）手机动画展示。

在初始界面添加按钮"手机动画展示"，设置整体透明度，鼠标左键按下事件脚本如下：

播放刚体动画，vrp_rigid, 0, 0。如实验图 4-21 所示。

14）场景展示。

在初始界面添加按钮"场景展示"，位置跟手机动画展示按钮对齐，设置整体透明度，鼠标左键按下事件脚本如下：切换相机（通过名称），动画 01，0。如实验图 4-22 所示。

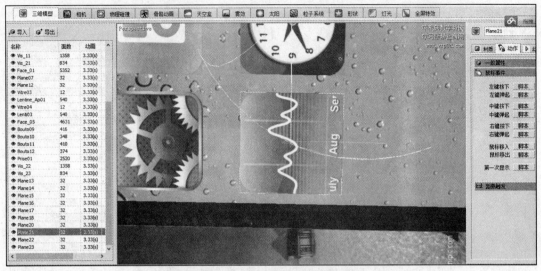

实验图 4-18　选择播放视频模型

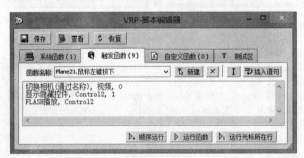

实验图 4-19　编辑播放视频的动画脚本

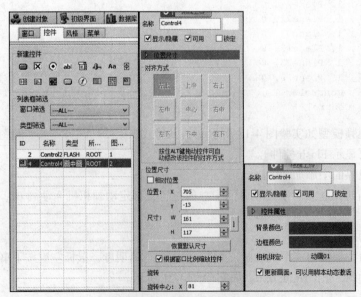

实验图 4-20　设置画中画的位置

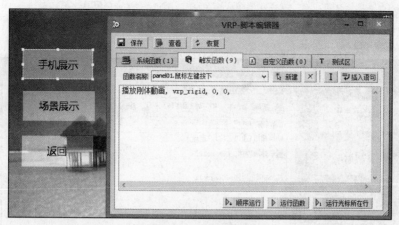

实验图 4-21　手机动画展示

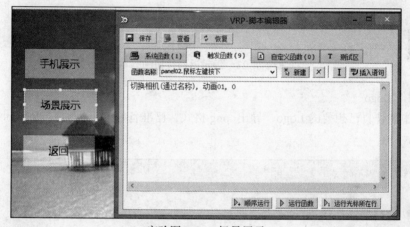

实验图 4-22　场景展示

15）返回按钮。

在初始界面添加按钮"返回"，位置跟手机动画展示按钮对齐，设置整体透明度，鼠标左键按下事件脚本如下：

```
切换相机（通过名称），定点，0
显示隐藏控件，Control2，0
FLASH 停止播放，Control2
```

如实验图 4-23 所示。

16）系统初始化修改。

因为制作过程添加了 Flash 控件，系统初始化设置脚本需要进行修改：

```
设置物体的状态值，Plane13，1
切换相机（通过名称），定点，0
显示隐藏控件，Control2，0
FLASH 停止播放，Control2
```

17）手机复位键脚本修改。

因为制作过程添加了 Flash 控件，手机复位键 Plane14 的鼠标左键按下设置脚本需要添加如下语句：

```
显示隐藏控件，Control2, 0
FLASH停止播放，Control2
```

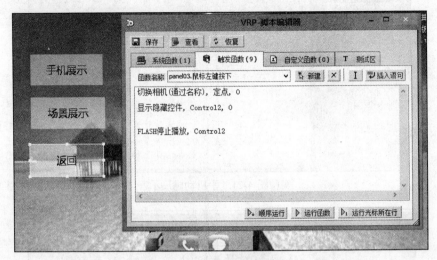

实验图 4-23　编辑返回按钮的脚本

18）制作 Logo

在 PS 中制作自己想要的 Logo，导出 .png 格式，已准备好 Logo 图片：logo.png，如实验图 4-24 所示。

实验图 4-24　制作 Logo

在高级界面中添加图片按钮，位置自己设计，如实验图 4-25 所示。

19）在"运行"→"项目设置"中，修改启动窗口中的窗口标题文字，介绍图片和说明文字等，并修改运行窗口的标题文字，如实验图 4-27 所示。

20）保存场景。选择"文件"→"保存场景"，同时选择"收集、复制所有外部资源文件到该 vrp 文件的默认资源目录"，如实验图 4-28 所示。

21）编译输出。选择"文件"→"编译独立执行 Exe 文件"，如实验图 4-29 所示。

四、参考资源

1）www.vrp3d.com

2）《虚拟现实制作与开发》教材

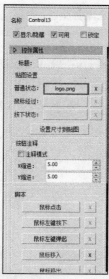

实验图 4-25　设置按钮参数

实验图 4-26　效果展示

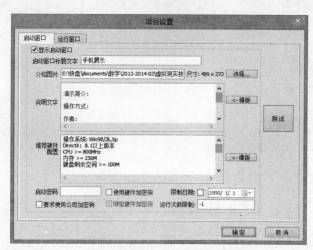

实验图 4-27　设置窗口标题

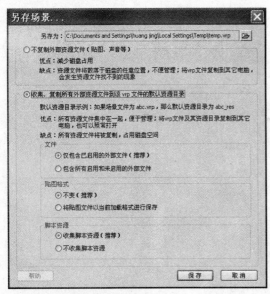

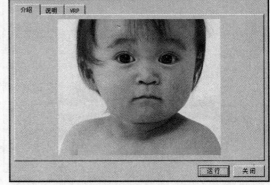

实验图 4-28 保存场景   实验图 4-29 编译独立执行 Exe 文件

五、实验素材

手机 VRP 工程文件。

六、实验演示录像

手机展示操作演示录像。

实验五　VRP 应用——励耘楼漫游系统

一、实验目的

1. 掌握 VRP 中的骨骼动画播放。
2. 掌握 VRP 中的角色路径设置。
3. 掌握 VRP 中锚点事件的设置。
4. 掌握 VRP 中的时间轴的设置。
5. 了解角色控制相机的设置。

二、实验环境

硬件要求：PC，主流配置，最好为独立显卡，显存为 512M 以上。

软件环境：

- 操作系统：Windows XP、Windows 7。
- 应用软件：3DS Max 2009 32 位。
- 虚拟现实平台软件：VRP 12 学习版。

三、实验内容与要求

实验要求：将案例用到的 3D 模型、贴图、VRP 源文件工程文件夹、执行程序打包上传。打包格式为"学号姓名 – 实验序号 – 案例名称 .rar"。

实验内容包含以下几个方面。

制作励耘楼漫游场景，包括人物角色漫游、俯视、自动游历、画中画和 Flash 播放。

1）打开励耘楼场景，如实验图 5-1 所示。

该励耘楼场景带有动画相机、行走相机和飞行相机，仔细查看，了解它们之间的关系。

2）场景角色设置。

在 VRP 中单击"功能分类"→"骨骼动画"，然后再单击"主功能区"→"角色库"按钮，最后在弹出的"角色库"对话框中找到事先添加的角色模型，将鼠标放在其缩略图上右击，在弹出的下拉列表框中单击"引用应用"命令项或直接双击该角色即可将该角色模型添加到当前的 VR 场景中，如实验图 5-2 所示。

在将角色模型添加到 VR 场景之后，用户可以在 VRP 编辑器的骨骼动画中双击该角色名称并选取该角色，按鼠标右键，通过角色的"移动"、"旋转"、"缩放"工具对其进行编辑以匹配当前的 VR 场景尺寸，将角色移至马路当中，如实验图 5-3 所示。

至此，用户已成功地将 VRP "角色库"中的角色模型添加到当前的 VR 场景中，如实验图 5-4 所示。

3）在场景中给角色模型添加动作。

用户从 VRP 的"角色库"中调用了某一个角色模型之后，就可以从 VRP 的"动作库"中为其添加一个或多个动作。

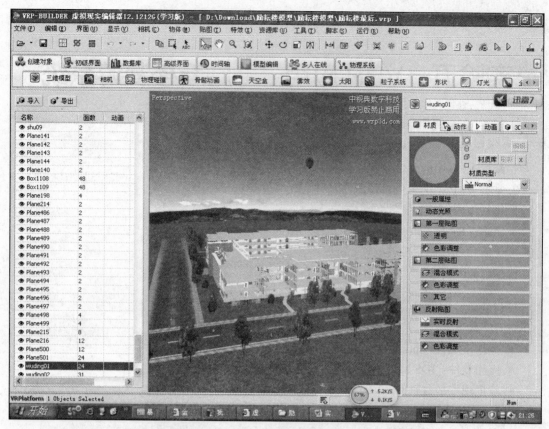

实验图 5-1　励耘楼场景

实验图 5-2　场景角色设置

　　选择角色模型，然后在其"属性"→"动作"面板中单击"动作库"按钮，在弹出的"动作库"对话框中勾选"显示范围"下的"仅显示匹配动作"复选项（默认为选中状态），这样在其右侧列表中就会显示出与当前角色模型骨骼数相匹配的动作类型。此时，用户只需要将鼠标放在某一动作上右击，在弹出的下拉列表框中单击"引用应用"命令项（或双击该动作），即可将该动作添加到当前的角色模型上，如实验图 5-5 所示。

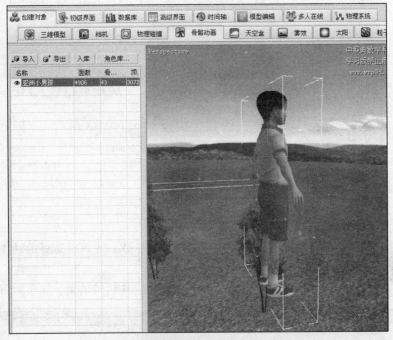

实验图 5-3　设置模型大小

实验图 5-4　场景中成功添加模型

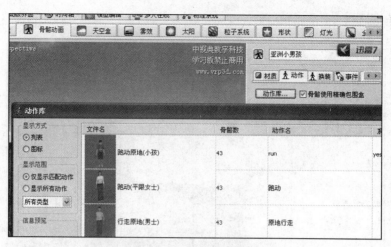

实验图 5-5　角色模型中添加动作

注意：只有保证角色模型的骨骼数与动作的骨骼数一致，才可将选择的动作成功添加到当前角色模型上；否则，添加不成功。

按 F5 键，将场景切换到播放器，预览角色模型添加动作后的效果，如实验图 5-6 所示。

实验图 5-6　角色模型中成功添加动作的效果

至此，用户就成功地将 VRP "动作库"中的动作添加到角色模型上了。

4）创建 VRP 角色路径。

　　用户可以应用 VRP 中的"创建对象"→"形状"→"折线 – 路径"功能，为 VR 场景中的角色模型创建一条自定义行走路线。

　　具体操作步骤如下：选择"折线 – 路径"按钮将 VR 场景中影响路径绘制的模型树暂时隐藏，单击"功能分类"→"形状"→"折线 – 路径"按钮，此时会弹出一个"操作说明"提示对话框，用户单击"确定"就可以了，如实验图 5-7 所示。

实验图 5-7　创建自定义行走路线

　　绘制路径时按住 Ctrl 键，将鼠标放在场景中单击以绘制角色行走路径。绘制完毕后，双击鼠标以结束路径绘制操作，如实验图 5-8 所示。

实验图 5-8　绘制角色行走路径

　　在创建完路径后，用户可以双击选择某一路径锚点，然后用"移动"工具调整其位置，如实验图 5-9 所示。

　　在路径"属性"面板中，单击"路径运动选择"→"物体选择"后面的[　　]按钮，在弹出的"选择物体"对话框中选择"亚洲小男孩"下的"骨骼模型"，最后单击"确定"按钮即可将选择的角色模型约束到路径上，如实验图 5-10 所示。

实验图 5-9　编辑路径

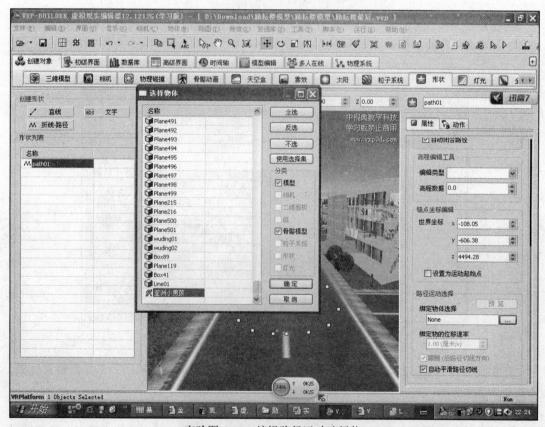

实验图 5-10　编辑路径运动选择物

在经过以上操作之后，按 F5 键，通过预览发现，角色模型在路径的拐角不能很好地沿路径方向行走，这主要是因为绘制的路径拐角为直角。接下来，用户需要将直角修改为弧角。

选择拐角前一个锚点，然后在路径"属性"面板中，单击"插入锚点"、"创建锚点"和"删除锚点"按钮即可在当前选中的锚点后得到一个新的锚点。

重复以上操作，再选择拐角处的那个锚点，然后在路径"属性"面板中单击"插入锚点"按钮即可在当前选中的锚点后得到一个新的锚点，如实验图 5-11 所示。

应用"移动"工具将插入的新点移到接近拐角的锚点处，调整其到一个合适的位置以产生一个弧形角度。

通过拖动路径"属性"面板中的"路径平滑系数"滑块，调节路径的平滑系数，以便得到一个平滑的路径，如实验图 5-12 所示。

注意：通常，用户在调节了路径平滑系数之后，某部分路径可能会出现一些扭曲。这时用户可以通过"插入锚点"进行调节。

调整角色模型的"绑定物的位移速率"；同时，勾选"跟随（沿路径切线方向）"复选框以使角色模型永远沿路径的方向行走，如实验图 5-13 所示。

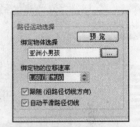

实验图 5-11　编辑路径拐角区域　　实验图 5-12　调节路径平滑系数　　实验图 5-13　调节角色模型
的位移速率

单击路径前面的缩略图即可隐藏路径，然后显示场景中隐藏的物体后再按 F5 键，切换到播放器中，浏览角色模型沿路径行走的效果，如实验图 5-14 所示。

经过以上操作，用户便在 VR 场景中创建了路径，并成功地将角色模型约束到了路径上。

5）创建 VRP 角色路径锚点事件。

双击选择路径中的一个锚点，然后在其"属性"→"动作"→"锚点事件"下单击"锚点到达"后的"脚本"按钮进行脚本函数的设置。详细脚本函数的设置如实验图 5-15、实验图 5-16 所示。

```
路径动画暂停，path01，1
播放骨骼动作，亚洲小男孩，2，1,1
```

在设置完锚点事件脚本之后，即可按 F5 键切换到播放器中，预览角色到达锚点后执行锚点事件脚本。通过预览可以看到：角色模型到达该锚点之后，停止向前行走，执行"闲置"动作。

如果希望继续路径，可选择骨骼模型的鼠标单击事件，执行完闲置动作后继续沿路径向前行走，脚本可设置如下：

```
路径动画暂停，path01，0
只播放默认动作，亚洲小男孩
```

实验图 5-14　隐藏路径预览角色沿路径行走的效果

实验图 5-15　创建 VRP 角色路径锚点事件

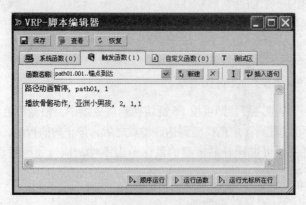

实验图 5-16　设置锚点事件的脚本函数

如实验图 5-17 所示。

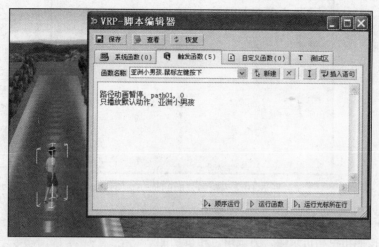

实验图 5-17　设置继续行走的脚本

6）简单时间轴动画。

时间轴功能可以提高使用者的工作效率，使用时间轴可以简便快捷地对 VRP 编辑器中的各类对象进行动画设置，如 GUI 控件、三维模型、相机、二维界面等。

打开 VRP 场景，将"时间轴"栏中的"锁定窗口"按钮打开（打开此按钮后，可以将时间轴锁定，当切换到其他功能栏时，依然保持在原有的位置），如实验图 5-18 所示。

实验图 5-18　锁定时间轴

①**新建时间轴**。在"时间轴"栏单击"主功能区"→"新建时间轴"按钮，在弹出的"请输入时间轴的总时间（秒）"对话框中输入"10"或你需要设定的秒数，单击"确定"按钮。

②**设置图片的时间轴动画**。在"高级界面"栏选择某个需要设置动画的控件或物体，将时间轴指针移动到指定时间位置，移动场景中需设定动画的对象到合适的位置，单击"记录选择集"按钮，记录当前的状态，如此设定若干关键帧。

- 移动时间轴指针到指定位置。
- 移动或旋转动画物体到指定位置。
- 记录关键帧。

拖动时间轴当前帧，可以观看动画效果。可在界面上创建另一个按钮，并选中此按钮或选中骨骼动画模型的鼠标单击事件，编写鼠标单击事件脚本，触发时间轴动画播放，脚本如下：

```
时间轴播放，Timer0
```

如实验图 5-19 所示。

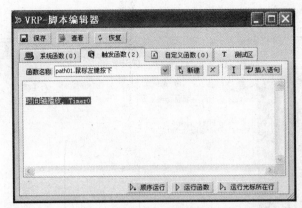

实验图 5-19　编辑触发时间轴动画播放脚本

7）角色控制相机的测试。

同学们可按照角色相机录像，测试角色相机功能。

①在场景中可按前面介绍的步骤再创建一个"骨骼动画模型"，对其添加三种动作：站立闲置、行走、跑步，并设置"站立闲置"为默认动作，如实验图 5-20 所示。

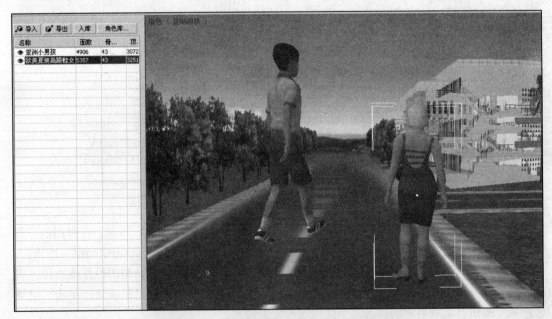

实验图 5-20　添加欧美夏装高跟鞋女士角色模型

②在相机标签下合适的视角添加"角色"相机，让相机跟踪物体"欧美夏装高跟鞋女士"，如实验图 5-21 所示。

③按 F5 键运行时，可按键盘 W、S、A、D 键测试"欧美夏装高跟鞋女士"角色运动功能，如实验图 5-22 所示。

四、参考资源

1）www.vrp3d.com 和 http://jiaocai.vrp3d.com/

2）《虚拟现实制作与开发》教材

实验图 5-21 给角色模型添加角色相机

实验图 5-22 通过键盘测试角色运动功能

五、实验素材

1）励耘楼漫游系统 VRP。

2）操作屏幕录像。

3）角色控制相机录像。

实验六　VRP 导航与时间轴动画

一、实验目的

1. 掌握 VRP 中的导航图基本技巧。

2. 掌握 VRP 中指北针的使用方法。

3. 掌握 VRP 的时间轴动画。

二、实验环境

硬件要求：PC，主流配置，最好为独立显卡，显存为 512MB 以上。

软件环境：

- 操作系统：Windows XP、Windows 7。
- 应用软件：3DS Max 2009 32 位。
- 虚拟现实平台软件：VRP 12 学习版。

三、实验内容与要求

实验要求：

- "将案例用到的 3D 模型、贴图、VRP 源文件工程文件夹、执行程序打包上传。打包格式为学号姓名 – 实验序号 – 案例名称 .rar"。
- 将实验小结（包括收获、自我评价、建议与问题）填到内容空白处。

实验内容包含以下几个方面。

（1）导航图的使用

①**创建导航图对象**。打开制作完成的 VR 场景，单击高级界面"控件"栏下的"导航图"按钮，在绘图区拖动以绘制导航图，并设置其"对齐方式"为"右上"，修改其"名称"为"导航图"，如实验图 6-1 所示。

②**添加导航图贴图**。在导航图的属性面板"控件属性"卷展栏下单击"地图贴图"按钮，在弹出的浏览窗口中选择导航图顶视图截图图片。在"地图表面"上选择一张 .png 格式的边框图并取消"角色导航中心显示"复选框，如实验图 6-2 所示。

地图贴图一般采用整个场景的俯视图，可将相机视角调制为俯视图，再截图获取。

③**导航图坐标**。添加导航图坐标，如实验图 6-3 所示。

导航图坐标的上下左右界限范围应该在 3DS Max 场景模型中获取，在 VRP 中只能测试界线范围。

④**添加导航箭头**。保持导航图被选中的状态下切换到"风格"栏中，在"导航图角色图标"下单击"更改图片"按钮，在弹出的浏览窗口中选择一张事先制作好的导航箭头的图片，如实验图 6-4 所示。

⑤**创建"放大""缩小"按钮**。在"控件元素"右侧的下拉菜单中选择"导航图放大"选项，然后单击下方的"更改图片"按钮，在弹出的浏览窗口中选择一张事先制作好的"放

大 .png"图片。采用相同的方法创建另外一张"缩小 .png"图片，如实验图 6-5 所示。

实验图 6-1　创建导航图对象

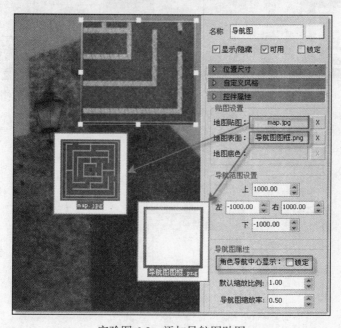

实验图 6-2　添加导航图贴图

⑥**创建导航图物体图标**。我们还可以给此迷宫场景的中心位置设置一个提示图标。继续在"控件元素"的下拉菜单中选中"导航图物体图标 1"，单击下面的"更改图片"按钮，在弹出的浏览窗口中选择一张图片，如实验图 6-6 所示。

⑦**脚本绑定物体图标**。此时，我们需要添加一行脚本来实现将"导航图物体图标 1"绑定到场景中的模型。新建一个"# 初始化"函数，并添加语句"导航图添加物体，导航图，grass，终点站，1"。其中"grass"为场景中心物体"草"的模型。"终点站"为提示语，如

实验图 6-7 所示。

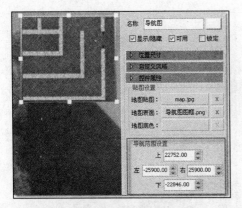

实验图 6-3　添加导航图坐标

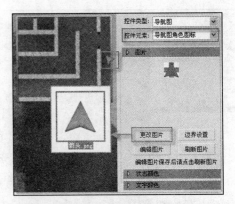

实验图 6-4　添加导航箭头

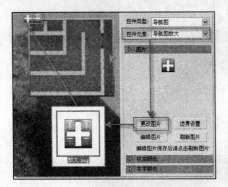

实验图 6-5　创建"缩小 .png"图片

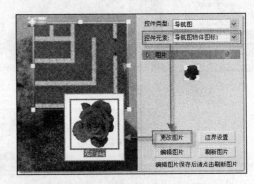

实验图 6-6　创建导航图物体图标

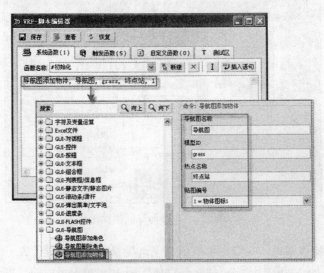

实验图 6-7　脚本绑定物体图标

按 F5 键测试当前场景导航图的效果。

（2）指北针的使用

在编辑界面中除了可以创建按钮、图片、导航图等元素外，还可以在视图中创建一个指北针。关于如何在视图中创建指北针的具体制作方法如下。

①**创建指北针图片**。在"创建面板"中单击"创建新面板…"按钮，然后在弹出的下拉列表框中单击"指北针"命令，会出现"贴图浏览器"对话框，在贴图浏览器中找到提前做好的指北针贴图，单击"选择"按钮，如实验图 6-8 所示。

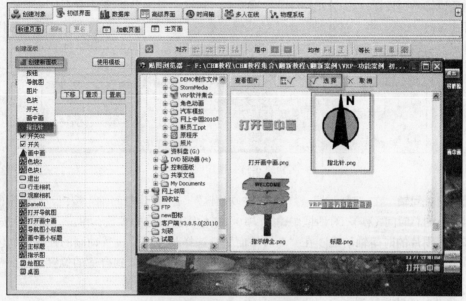

实验图 6-8　创建指北针图片

②**设置图片背景透明**。目前绘制的图片是带有白色背景的，在"透明"面板中勾选"使用贴图 alpha"选项，设置 png 格式的图片背景为透明的，如实验图 6-9 所示。

注意：背景图片可以是 JPG 格式的，也可以是 PNG 格式的，主要是根据用户需求。

③**设置指北针的旋转中心**。此时运行 VRP 场景时，指北针并没有以图片为中心进行旋转，在"位置"面板底部"旋转"选项中分别将"旋转中心 X 值"和"旋转中心 Y 值"设置为 0.500，使指北针以图片为中心进行旋转，如实验图 6-10 所示。

实验图 6-9　设置图片背景透明

实验图 6-10　设置指北针的旋转中心

④预览指北针的效果。在工具栏上单击 ▷ （运行…）按钮或者单击 F5 键可预览指北针的效果。

（3）简单时间轴动画

时间轴功能可以提高使用者的工作效率，使用时间轴可以简便快捷地对 VRP 编辑器中的各类对象进行动画设置，如 GUI 控件、三维模型、相机、二维界面等。

打开 VRP 场景，将"时间轴"栏中的"锁定窗口"按钮打开（打开此按钮后，可以将时间轴锁定，当转换到其他功能栏时，依然保持在原有的位置），如实验图 6-11 所示。

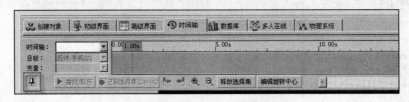

实验图 6-11　锁定时间轴

①**新建时间轴**。在"时间轴"栏单击"主功能区"→"新建时间轴"按钮，在弹出的"请输入时间轴的总时间（秒）"对话框中输入"10"或你需要设定的秒数，单击"确定"按钮。

②**设置图片的时间轴动画**。在"高级界面"栏选择某个需要设置动画的控件或物体，将时间轴指针移动到指定时间位置，移动场景中需设定动画的对象到合适的位置，单击"记录选择集"按钮，记录当前的状态，如此设定若干关键帧：

- 移动时间轴指针到指定位置。
- 移动或旋转动画物体到指定位置。
- 记录关键帧。

拖动时间轴当前帧，可以观看动画效果。

可在界面上创建另一个按钮，再选中此按钮或选中骨骼动画模型的鼠标单击事件，编写鼠标单击事件脚本，触发时间轴动画播放，脚本如下：**时间轴播放，Timer0**。如实验图 6-12 所示。

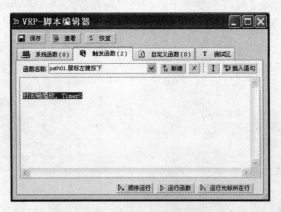

实验图 6-12　设置时间轴动画脚本

四、参考资源

1）www.vrp3d.com 和 http://jiaocai.vrp3d.com/

2）《虚拟现实制作与开发》教材

实验七　简单的地形创建

一、实验目的

1. 初步了解 Unity。
2. 简单的地形创建。

二、实验环境

硬件要求：PC，主流配置，最好为独立显卡，显存为 512MB 以上。

软件环境：

- 操作系统：Windows 7、Windows 8、Windows 10。
- 游戏引擎软件：Unity 3D 4.0 ~ 5.3 版本。

三、实验内容与要求

实验要求：

- 创建简单的地形。
- 每次的实验项目请保存，后续实验会用到。

实验内容：

Unity 不支持任何中文路径

1）创建新项目，如实验图 7-1 所示。

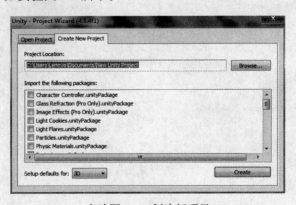

实验图 7-1　创建新项目

2）导入地形资源，单击"Import"导入，如实验图 7-2 所示。

3）单击"地形"，选择"创建地形"（Creat Terrain），如实验图 7-3 所示。

4）单击右边的"菜单"选项，编辑地形，如实验图 7-4 所示。

5）设置地形，可以选择隆起、等高、平滑、画笔、放置树木、放置细节草丛、花丛，如实验图 7-5 所示。

6）设置笔刷大小，编辑透明度，如实验图 7-6 所示。

a)   b)

实验图 7-2　导入地形资源

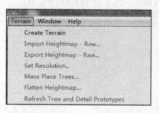

实验图 7-3　创建新项目

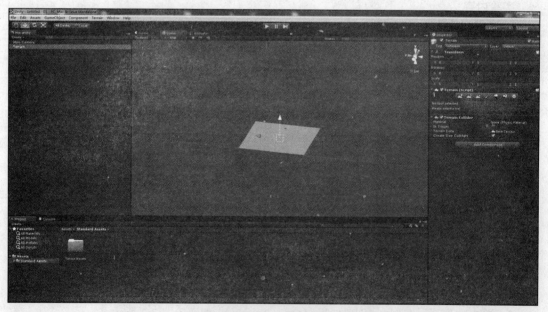

实验图 7-4　编辑地形

　　7）添加贴图，可以选择多种形状和图片，选择贴图（Textures），并双击贴图，单击"编辑贴图"（Edit Textures），如实验图 7-7 所示，选择"添加贴图"（Add Texture），重复操作可添加多个贴图。

8）编辑贴图绘画强度，通过控制强度来让不同的贴图之间自然过渡，如实验图 7-8 所示。

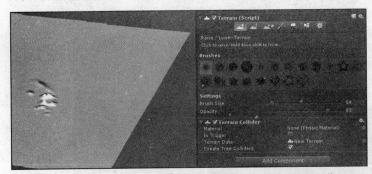

实验图 7-5　设置地形

实验图 7-6　设置笔刷大小及透明度

实验图 7-7　添加贴图

9）添加树木，单击"编辑树木"（Edit Trees），单击"添加树"（Add Tree），双击要选择的树木，如实验图 7-9 所示。调节参数，变化参数可置零，如实验图 7-10 所示。单击"添加"（Add），则成功添加树木，效果如实验图 7-11 所示。

实验图 7-8　编辑贴图绘画强度

实验图 7-9　选择树木

实验图 7-10　调节变化
参数

实验图 7-11　添加树木

10）单击地形工具栏上的"添加花草"按钮，操作同添加树木相同，如实验图 7-12、实验图 7-13 所示。

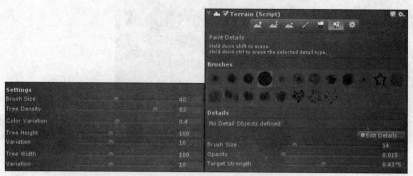

实验图 7-12　设置地形参数

实验图 7-13　设置地形参数

11）添加完成后单击地形，可能出现什么都看不到的情况，这就需要调节细节显示距离参数，或镜头拉近（鼠标滚轮缩放），简单的地形就创建完成了。如实验图 7-14、实验图 7-15、实验图 7-16 所示。

实验图 7-14　设置地形参数

实验图 7-15　细节显示距离

12）地形创建完成后，添加天空盒，首先导入天空盒资源，选择天空盒样式，双击选中的天空盒即可完成添加。如实验图 7-17、实验图 7-18 所示。

13）添加平行光，设置平行光参数，调节灯光强度，如实验图 7-19、实验图 7-20、实验

图 7-21 所示。

实验图 7-16 完成地形创建

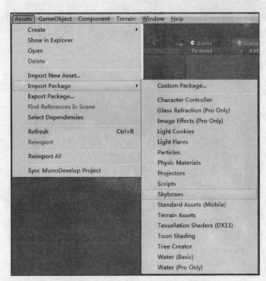

实验图 7-17 导入天空盒资源

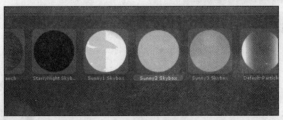

实验图 7-18 选择添加天空盒

14）导入角色控制资源，选择"角色控制"（Character Controller），单击 Import 添加，如实验图 7-22 所示。

15）选择标准资源文件，双击打开该文件夹，拖动"第一人称角色"到地形，如实验图 7-23 所示，再单击"播放"按钮运行，简单的场景漫游就做好了。效果如实验图 7-24 所示。

16）保存场景时，必须关闭运行状态。单击 File → Save Scene，进行保存，如实验图 7-25 所示。

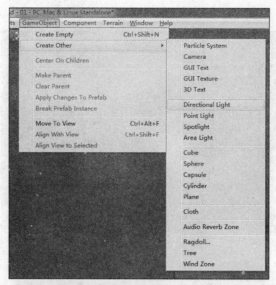

实验图 7-19　选择添加平行光

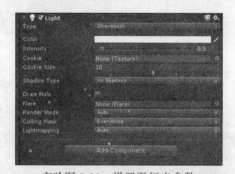

实验图 7-20　设置平行光参数

实验图 7-21　调节灯光强度

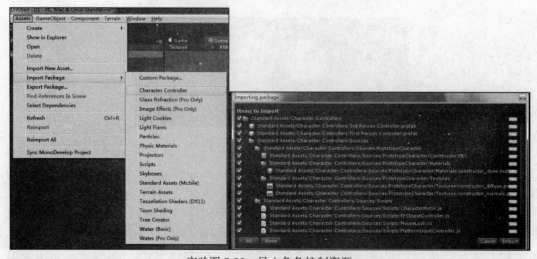

实验图 7-22　导入角色控制资源

实验图 7-23 添加角色控制资源

实验图 7-24 场景漫游界面

实验图 7-25 保存场景

四、参考资源

1）http://unity3d.com/cn/

2）《Unity3D 游戏开发》，宣雨松编著，人民邮电出版社

实验八　Unity 模型导入

一、实验目的

1. 掌握 Unity 模型导入的功能。
2. 掌握 Unity 的水面效果。
3. 进一步了解 Unity 其他技术。

二、实验环境

硬件要求：PC，主流配置，最好为独立显卡，显存为 512MB 以上。

软件环境：

- 操作系统：Windows 7、Windows 8、Windows 10。
- 游戏引擎软件：Unity3D 4.0 ～ 5.3 版本。

三、实验内容与要求

实验要求：

- 将案例用到的 3D 模型、贴图、Unity 源文件工程文件夹打包上传。打包格式为"学号姓名 – 实验序号 – 案例名称 .rar"。
- 将实验小结（包括收获、自我评价、建议与问题）填到内容空白处。

实验内容：

（1）铲车静止模型导入

将铲车模型文件夹放置在工程文件 Assets 文件夹下，然后将其拖入 Unity 的场景中，并调试模型的位置、大小和贴图，效果如实验图 8-1 所示。

选择物体的模型文件，可在 Project 视图的 Assets 下选择 Show in Explorer 把模型粘贴进去。如实验图 8-2 所示。

实验图 8-1　铲车模型

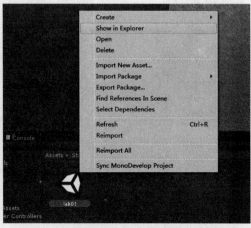

实验图 8-2　粘贴模型

（2）茶壶动画模型导入

将茶壶模型文件夹放置在工程文件 Assets 文件夹下，然后将其拖入 Unity 的场景中，并调试模型的位置、大小和贴图，效果如实验图 8-3 所示。

选择物体的模型文件，可在 Project 视图的 Assets 下选择 Show in Explorer 把模型粘贴进去，删除茶壶模型组中的 plane 平面对象。

（3）轿车动画模型导入

将轿车模型 fbx 文件放在工程文件 Assets 文件夹下，然后将其拖入 Unity 场景，并调试模型的位置、大小和贴图，效果如实验图 8-4 所示。

实验图 8-3　导入茶壶模型

实验图 8-4　导入轿车模型

（4）励耘楼模型导入

将励耘楼模型 fbx 及其贴图文件放在工程文件 Assets 文件夹下，然后将其拖入 Unity 场景，并调试模型的位置、大小和贴图，效果如实验图 8-5 所示。

（5）第三人称视角

导入 character controller 资源包，将里面的第三人称角色拖拽到场景相应位置，调整大小、旋转角度，效果如实验图 8-6 所示。

实验图 8-5　导入励耘楼模型

实验图 8-6　导入角色控制器资源包模型

（6）水面效果

在场景地面中先设置低洼地面，导入水资源库 Water (Pro Only)，将水资源 Water4-Example (Advanced) 拖拽到低洼地面处，设置调整相关参数，效果如实验图 8-7 所示。

（7）路面设置

步骤 1：导入 EasyRoad 插件包，如实验图 8-8 所示。

步骤 2：将 Project 视图拖到场景中，如实验图 8-9、实验图 8-10 所示。

实验图 8-7　设置水面效果

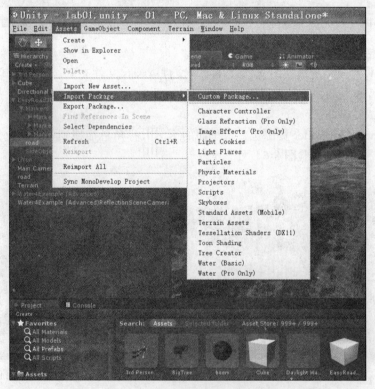

实验图 8-8　导入 EasyRoad 插件包

　　步骤 3：单击"道路对象"图标进入画道路的关键点模式，按住 shift 和鼠标左键画关键点，并设置相关参数，如实验图 8-11、实验图 8-12 所示。

　　步骤 4：按图标，将道路附着到地形上，即可完成道路设置，如实验图 8-13 所示。

　　（8）构建 3D 基本模型

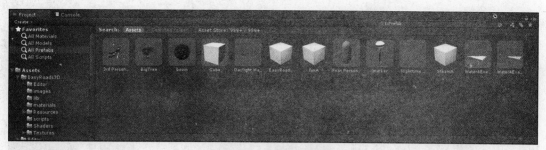

实验图 8-9　选择项目视图

实验图 8-10　导入场景

实验图 8-11　绘制道路关键点界面

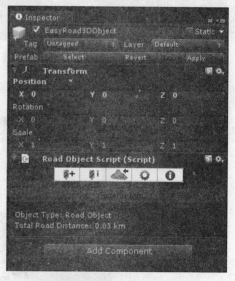

实验图 8-12　设置道路关键点

　　尝试在 Unity 里面创建各种 3D 基本模型，如立方体、球体、胶囊体、圆柱体、平面等。具体操作：选择 GameObject → Create Other → Sphere，如实验图 8-14 所示。

四、实验素材

　　1）铲车静止模型
　　2）茶壶动画模型
　　3）轿车动画模型
　　4）励耘楼模型

五、参考资源

1）《Unity3D 游戏开发》，宣雨松编著，人民邮电出版社

2）Unity 官网 www.unity3d.com

3）Unity 蛮牛网——Unity 资源、教程、模型、脚本手册免费版

实验图 8-13　道路设置

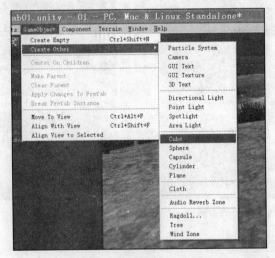

实验图 8-14　创建 3D 基本模型

实验九 Unity 界面设计

一、实验目的

1. 进一步了解 Unity3D 引擎。
2. 掌握 Unity 引擎多场景的切换。
3. 掌握 Unity 引擎初步脚本的编写。
4. 掌握 Unity 引擎中粒子效果的设置。

二、实验环境

硬件要求：PC，主流配置，最好为独立显卡，显存 512MB 以上。

软件环境：

- 操作系统：Windows 7、Windows 8、Windows 10。
- 游戏引擎软件：Unity3D 4.0 ~ 5.3 版本。

三、实验内容与要求

实验要求：

- 将实验的源文件、执行程序打包上传。打包格式为"学号姓名 - 实验序号 - 实验名称 .rar"。
- 将实验小结（包括收获、自我评价、建议与问题）填到内容空白处。

实验内容：

要求实现启动游戏，出现菜单画面包含三个按钮：

1）开始游戏

2）帮助

3）退出

鼠标单击按钮 1，进入游戏，在游戏中按 F1 键返回帮助画面。

鼠标单击按钮 2，进入帮助画面，在帮助画面按返回键，返回菜单画面。

鼠标单击按钮 3，程序退出。

1）打开 Unity3D 引擎上一个实验的工程文件，如实验图 9-1 所示。

2）测试粒子效果。适当添加粒子效果，并调整相应参数，如实验图 9-2 所示。

3）保存当前场景为 main.unity。

4）将当前场景制作成为一个关卡，单击 Add Current 按钮添加场景关卡，如实验图 9-3 所示。

5）新建帮助场景（New Scene），如实验图 9-4 所示。

6）导入帮助背景贴图到资源库，选择已设计好的帮助背景图片到 Assets 文件夹下，如实验图 9-5 所示。

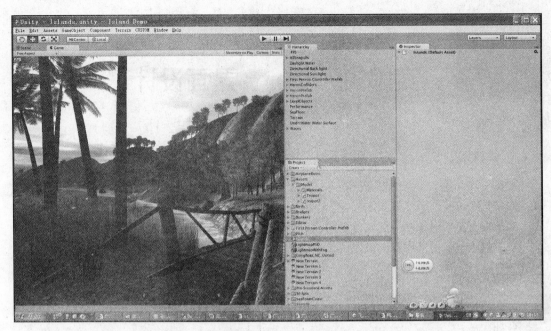

实验图 9-1　打开工程文件

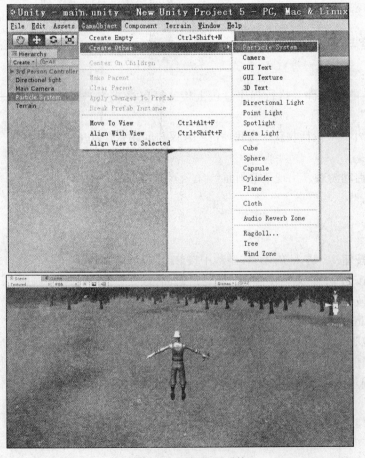

实验图 9-2　添加粒子系统

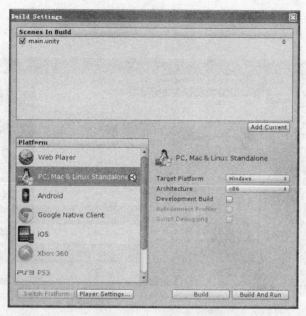

实验图 9-3　制作关卡

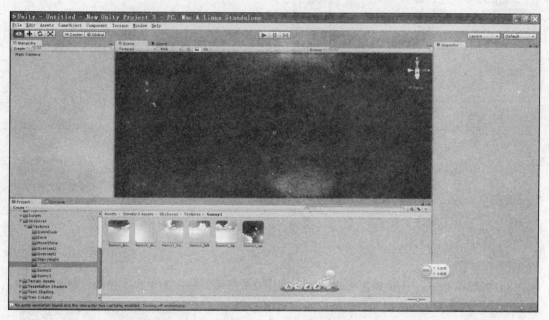

实验图 9-4　新建帮助场景

实验图 9-5　添加贴图到资源库

7）新建帮助文档 C# 脚本，脚本文件名改名为 help.cs，注意文件名和类名保持一致，如实验图 9-6 所示。

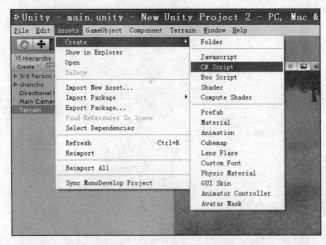

实验图 9-6　创建帮助文档的脚本

双击脚本文件，编写脚本：

```
using UnityEngine;
using System.Collections;

public class help : MonoBehaviour {
    public Texture2D helppic;
    void OnGUI()
    {
        GUI.DrawTexture(new Rect(0, 0, Screen.width, Screen.height),helppic,ScaleMode.StretchToFill) ;

        // 返回主菜单
        if (GUI.Button(new Rect(Screen.width-380, Screen.height-80, 320, 80), "back"))
        {
            Application.LoadLevel("menu");
        }
    }
}
```

8）将脚本 help.cs 连接到主相机，如实验图 9-7 所示，拖拽脚本到主相机，单击主相机，将前面导入的帮助贴图拖拽到右边的检测相机中的 Helps 贴图对象中，如实验图 9-8 所示。保存场景为 help.unity，并在 Build Setting 中添加关卡 help.unity。

实验图 9-7　连接 help 脚本至主相机

9）新建场景。

新建菜单脚本 Menu.cs：

```
using UnityEngine;
using System.Collections;

public class Menu : MonoBehaviour
{
```

```
// 背景贴图
public Texture2D mainMenuBG;

// 绘制
void OnGUI()
{
    // 绘制开始菜单
    GUI.DrawTexture (new Rect(0, 0, Screen.width, Screen.height), mainMenuBG,ScaleMode.
StretchToFill );
    // 绘制开始按钮
    if (GUI.Button(new Rect(Screen.width - 380, Screen.height - 280, 320, 80), "Start Game"))
    {
        // 加载关卡
        Application.LoadLevel("main");
    }
    // 绘制结束按钮
    if (GUI.Button( new Rect(Screen.width - 380, Screen.height - 80, 320, 80), "Quite Game"))
    {
        Application.Quit();
    }
    // 绘制帮助按钮
    if (GUI.Button(new Rect(Screen.width - 380, Screen.height - 180, 320, 80), "help"))
    {
        Application.LoadLevel("help");
    }

}

}
```

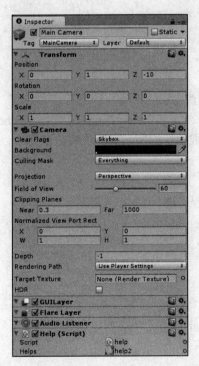

实验图 9-8   添加贴图

将 Menu.cs 脚本拖拽到新场景的 Main camera 中，导入游戏开始画面图片（start.jpg）到资源库中，并将该游戏画面图片拖到 Main camera 的 Inspector 视图中的脚本贴图中，如实验图 9-9 所示。保存场景为 menu.unity，并在 Build Setting 中添加关卡 menu.unity。

实验图 9-9　添加菜单脚本、贴图至主相机中

10）在主场景中添加按键返回帮助界面功能。

新建按键返回脚本 keyboardback，保存脚本，将此脚本拖拽给主场景的主相机，并保存。

```
using UnityEngine;
using System.Collections;

public class keyboardback : MonoBehaviour {

    //Use this for initialization
    void Start () {

    }

    //Update is called once per frame
    void Update () {
        if (Input.GetKeyDown(KeyCode.F1))
        {
            Application.LoadLevel("help");
        }

    }
}
```

11）在 Build Setting 中检查场景的顺序。

检查菜单场景 menu.unity、主场景 main.unity、帮助场景 help.unity 顺序，如实验图 9-10 所示。单击 Build And Run 生成执行程序，观看效果。

四、实验素材

1）上一个实验的打包工程文件。

2）开始界面图片 start.jpg。

3）帮助界面图片 help.jpg。

五、参考资源

1）《Unity3D 游戏开发》，宣雨松编著，人民邮电出版社

2）http:// www.unitymanual.com/

3）http:// game.ceeger.com/

4）http:// unity3d.9ria.com/

5）http:// www.u3dchina.com/forum.php

6）http:// www.cgjoy.com/unity3d-1

7）http:// www.unitygame.cn/

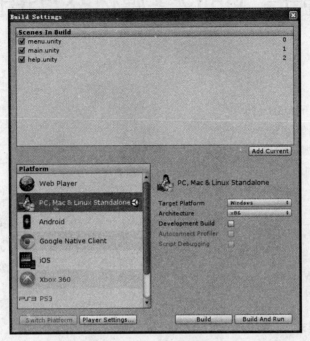

实验图 9-10　调整场景顺序

实验十　Unity 多媒体交互设计一

一、实验目的

1. 进一步了解 Unity3D 引擎。
2. 掌握 Unity 引擎多媒体设计。
3. 掌握 Unity 引擎交互设计初步。
4. 进一步了解脚本的编写。

二、实验环境

硬件要求：PC，主流配置，最好为独立显卡，显存为 512MB 以上。

软件环境：

- 操作系统：Windows 7、Windows 8、Windows 10。
- 游戏引擎软件：Unity3D 4.0 ～ 5.3 版本。

三、实验内容与要求

实验要求：

- 将实验的源文件、执行程序打包上传。打包格式为"学号姓名 - 实验序号 - 实验名称 .rar"。
- 将实验小结（包括收获、自我评价、建议与问题）填到内容空白处。

实验内容：

给已有 Unity 工程文件设置启动视频画面，在主要相关场景中设置背景音乐和相机动画。

1）打开上次实验的 Unity3D 工程文件，如实验图 10-1 所示。

实验图 10-1　打开项目文件

2）启动视频画面

步骤 1：拷贝视频 head.mp4 到 Assets 文件夹下，此时可能提醒需要安装 QuickTime，如实验图 10-2 所示。按照提示安装 QuickTime，安装完关闭 Unity 再重新打开，此时删除原来拷贝进来的 head.mp4，再重新拷贝进来，这样视频就作为一种资源被导入进来了，如实验图 10-3 所示。

实验图 10-2　提示安装 QuickTime 的警告

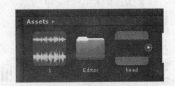
实验图 10-3　成功添加音乐资源包

步骤 2：新建一个新场景，在新场景中添加一个平面，要求主相机对准该平面，再打一个平行光对准平面。将平面坐标置为 0，0，0；平面旋转角为 0,0,0；主相机置为 0，3.8，0；主相机旋转角置为 90，180，0；平行光位置为 0，5，0；平行光旋转角置为 90，180，0；如实验图 10-4 所示。

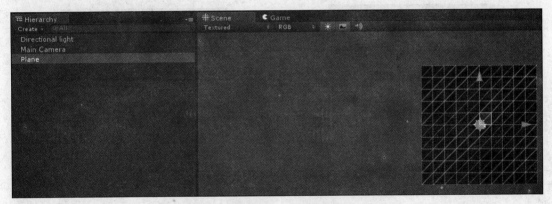
实验图 10-4　设置平面、主相机及平行光的位置

步骤 3：给平面添加视频材质，将视频文件拖给平面，属性面板中将看到视频材质，如实验图 10-5 所示。

实验图 10-5　设置视频材质

步骤 4：创建脚本文件 MoviePlay.cs，保存（注意脚本文件名和其中的类名要保持一致）。

```
using UnityEngine;
```

```
using System.Collections;
public class MoviePlay : MonoBehaviour
{
    // Use this for initialization
    public MovieTexture M;
    void Start()
    {
        M.loop = true;
        M.Play();
    }
    // Update is called once per frame
    void Update()
    {
        if (Input.anyKeyDown || Input.GetMouseButtonDown(0))
            Application.LoadLevel("menu");
    }
}
```

以上脚本作为启动视频画面，按任意键或单击鼠标，将切换到菜单场景。

步骤 5：将该脚本文件拖给主相机，如实验图 10-6 所示。

步骤 6：将视频文件拖给脚本中的变量 M，如实验图 10-7 所示。

实验图 10-6　添加脚本给主相机

实验图 10-7　添加视频给脚本变量 M

步骤 7：保存场景为 start.unity，添加关卡，将此场景作为首场景，如实验图 10-8 所示。

实验图 10-8　设置关卡

3）音乐播放

首先在 Project 的 Assets 中选择"导入新资源"（Import new asset）从硬盘中选择一首音乐 1.mp3 导入项目资源库 Assets 文件夹下。

选择场景中的人物，在 Component 菜单中，选择 Audio → Audio Source，界面右边弹出音频相关参数设置，在 Audio Clip 中选取一首歌加入。将 Play on Awake 和 Loop 勾选中，播放即有声音效果，如实验图 10-9 所示。

4）单击某模型，弹出窗口。

例如，单击励耘楼模型就会弹出"励耘楼简介"窗口。

步骤 1：创建一个立方体。

步骤 2：将该立方体置于励耘楼模型下。

步骤 3：删除立方体的风格渲染属性，如实验图 10-10 所示。

步骤 4：调整立方体的大小使得其刚好与励耘楼外形对齐，如实验图 10-11 所示。可通过顶部、右侧、前方、左侧、底部等视图协助完成模型与立方体的对齐，如实验图 10-12 所示。

步骤 5：创建脚本文件 MouseClick.cs。

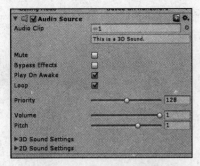

实验图 10-9　设置音乐播放参数

实验图 10-10　设置立方体属性的参数

实验图 10-11　调整立方体的大小

实验图 10-12　通过顶部、右侧、前方、左侧、
底部选项来调整立方体的大小

```
using UnityEngine;
using System.Collections;
public class MouseClick : MonoBehaviour {
    public Rect windowRect = new Rect(20, 20, 120, 500);
    public bool Window;
    //Use this for initialization
    void Start () {
    Window=false;
    }

    //Update is called once per frame
    void Update () {
        }
     void OnMouseDown() {
      Debug.Log("Click");
        Window=true;

    }
     void OnGUI() {
        if(Window)
        windowRect = GUI.Window(0, windowRect, DoMyWindow, "励耘楼");
    }
     void DoMyWindow(int windowID) {
        GUI.Label(new Rect(10,20,100,30),"励耘楼");
        if (GUI.Button(new Rect(10, 250, 100, 20),"关闭"))
            Window=false;
    }
}
```

注意：在 Unity 内置的编译器下，中文标题的编译可能有问题，可改成英文标题。

步骤 6：将该脚本文件拖拽给该建筑模型下的立方体。

5）自行练习其他视频音频和模型单击功能。

四、实验素材

1. 上一个实验中的打包项目文件。

2. 启动视频 head.mp4。

3. QuickTime 安装文件。

4. 音频文件 1.mp3。

五、参考资源

1）《Unity3D 游戏开发》，宣雨松编著，人民邮电出版社

2）http:// www.unitymanual.com/

3）http:// game.ceeger.com/

4）http:// unity3d.9ria.com/

5）http:// www.u3dchina.com/forum.php

6）http:// www.cgjoy.com/unity3d-1

7）http:// www.unitygame.cn/

实验十一 Unity 多媒体交互设计二

一、实验目的

1. 进一步了解 Unity3D 引擎。
2. 掌握 Unity 引擎小地图设计。
3. 掌握 Unity 引擎导航列表。
4. 碰撞检测。
5. 物体运动。

二、实验环境

硬件要求：PC，主流配置，最好为独立显卡，显存为 512MB 以上。

软件环境：

- 操作系统：Windows 7、Windows 8、Windows 10。
- 游戏引擎软件：Unity 3D 4.0 ~ 5.3 版本。

三、实验内容与要求

实验要求：

- 将实验的源文件、执行程序打包上传。打包格式为"学号姓名 – 实验序号 – 实验名称 .rar"。
- 将实验小结（包括收获、自我评价、建议与问题）填到内容空白处。

实验内容：

1）打开上次实验的 Unity3D 工程文件，如实验图 11-1 所示。

实验图 11-1　打开工程文件

2）小地图制作。

步骤 1：将下载的小地图资源包 KGFMapSystem.unitypackage 拷贝到工程文件夹 Assets 子文件夹中。

步骤 2：导入插件资源包，Importing → Custom Package，如实验图 11-2 所示。

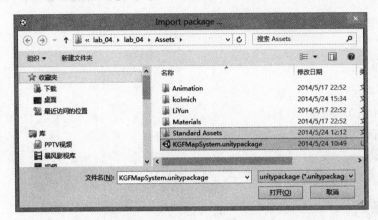

实验图 11-2　导入小地图资源包

步骤 3：在 Project 视图 All Prefabs 中选择 KGFMapSystem.perfab，拖入到场景 Hierarchy 面板。

步骤 4：这个时候在 Hierarchy 视图中单击 KGFMapSystem，可以看到其属性面板参数设定栏中提示目标不能为空。需要创建一个新的图层（layer）。

步骤 5：创建新图层 mapsystem，单击右上角 Layers → Edit Layers，如实验图 11-3 所示。

步骤 6：将用户层第 8 层的图层名改为 mapsystem 图层，如实验图 11-4 所示。

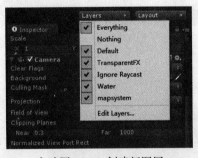

实验图 11-3　创建新图层

实验图 11-4　修改第 8 层图层的名字为 mapsystem

步骤 7：将第三人称角色拖给 KGFMapSystem 属性面板中的 Its Target 栏目中。展开"Its Data Module Minimap"，就可以看得到 Its Target 栏目，如实验图 11-5 所示。

步骤 8：在 Project 视图 All Prefabs 中找到 KGFMapIcon_player，将其拖给 Hierarchy 视图中的第三人称角色。如实验图 11-6 所示。

步骤 9：在 Hierarchy 视图中选中主相机，在它的属性面板中选中 Culling mask 属性，去掉勾选 mapsystem 图层，如实验图 11-7 所示。

步骤 10：运行观看小地图效果，如实验图 11-8 所示。

步骤 11：调整小地图的焦距。

单击并展开 Hierarchy 视图中的 KGFMapSystem 属性面板中的 Its Zoom，调整最小焦距和最大焦距，以便小地图显示更为清晰的地图，如实验图 11-9 所示。调整之前小地图和调整之后小地图对比如实验图 11-10、实验图 11-11 所示。

实验图 11-5　显示 Its Target 栏目

实验图 11-6　第三人称角色添加
KGFMapIcon_player

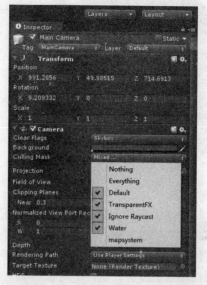

实验图 11-7　设置主相机中的属性参数

实验图 11-8　小地图效果

实验图 11-9　设置小地图参数

步骤 12：小地图的功能分为放大视野范围、缩小视野范围、锁定相机方向和大小窗口切换四个功能，下面对四个功能进行简单操作说明。在场景右上角存在小地图区域。可以单击"+""−"进行地图的缩放；单击锁型图标锁定视角，使箭头始终朝向上方；单击右下地球形状按钮可以切换到大地图窗口，其按钮的功能和小地图一样，不同的是地图按钮是切换回小地图。

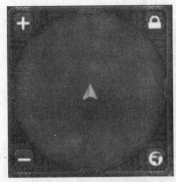

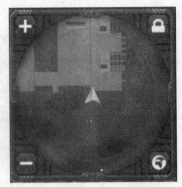

实验图 11-10　调整前　　　　　　　　　　　实验图 11-11　调整后

3）碰撞检测。

需要对每栋建筑或某个游戏物体进行碰撞封装。具体方法是创建一个立方体，使之依附在一栋建筑或游戏物体上面，然后调整立方体的大小，使得立方体边界包含建筑或某个游戏物体，再去掉立方体的 Mesh Renderer 属性（即透明化），Box Collider 属性勾选上。

当人物在场景中漫游时就有了对这些加上立方体的建筑或游戏物体的碰撞检测效果，如实验图 11-12 所示。

再给立方体加上 Rigidbody 属性，可以使得物体与场景中其他物体的碰撞时产生碰撞检测效应。

在 Hierarchy 视图中选择立方体，在 Component 菜单→ Physics → Rigidbody 中选择添加即可，如实验图 11-13 所示。

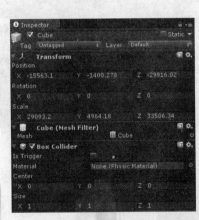

实验图 11-12　设置碰撞效果参数　　　　　　实验图 11-13　设置刚体属性

4）物体的运动。

选择场景中某个物体，例如立方体。单击立方体弹出窗口，窗口中有按钮显示可控制立方体的左右旋转、前进后退和左右移动；有标签显示立方体在场景中的位置和方向。创建脚本 Movement.cs：

```csharp
using UnityEngine;
using System.Collections;
public class Movement : MonoBehaviour
{
    public Rect windowRect = new Rect(20, 20, 320, 300);
    public bool Window;
    public int TranslateSpeed = 20;
    public int RotateSpeed = 1000;
    // Use this for initialization
    void Start()
    {
        Window = false;
    }


    // Update is called once per frame
    void Update()
    {
    }
    void OnMouseDown()
    {
        Debug.Log("Click");
        Window = true;
    }
    void OnGUI()
    {
        if (Window)
            windowRect = GUI.Window(0, windowRect, DoMyWindow, "Cube Movement");
    }
    void DoMyWindow(int windowID)
    {


        GUI.Label(new Rect(10, 40, 200, 30), "Cube Position" + transform.position.ToString());
        GUI.Label(new Rect(10, 70, 200, 30), "Cube Rotation" + transform.rotation.ToString());

        if (GUI.Button(new Rect(10, 100, 100, 20), "LeftRotated"))
            transform.Rotate(Vector3.up * Time.deltaTime * (-RotateSpeed));
        if (GUI.Button(new Rect(150, 100, 100, 20), "RightRoatated"))
            transform.Rotate(Vector3.up * Time.deltaTime * RotateSpeed);
        if (GUI.Button(new Rect(10, 140, 100, 20), "Forward"))
            transform.Translate(Vector3.forward * Time.deltaTime * TranslateSpeed);
        if (GUI.Button(new Rect(150, 140, 100, 20), "Back"))
            transform.Translate(Vector3.forward * Time.deltaTime * (-TranslateSpeed));
        if (GUI.Button(new Rect(10, 180, 100, 20), "LeftMove"))
            transform.Translate(Vector3.right * Time.deltaTime * (-TranslateSpeed));
        if (GUI.Button(new Rect(150, 180, 100, 20), "RightMove"))
            transform.Translate(Vector3.right * Time.deltaTime * TranslateSpeed);
        if (GUI.Button(new Rect(10, 220, 100, 20), "Close"))
            Window = false;


    }
}
```

保存脚本到 Asserts 文件夹，将其拖给立方体即可。

5）导航列表。

导航列表实现的功能是漫游者可以通过下拉菜单直接到达想要到达的区域。下拉菜单中包含了重要景点的位置，可以在后续优化中增加。

功能：运行主场景时，导航列表弹出。单击导航列表中的 LiYun，第三人称角色前往励耘楼；单击导航列表中的立方体，第三人称角色前往立方体；单击导航列表中的关闭按钮，导航窗口关闭；按鼠标右键，导航窗口重新打开。

以下是 Navigation.cs 代码示例：

```
using UnityEngine;
using System.Collections;

public class Navigation : MonoBehaviour {

    public Rect windowRect = new Rect(20, 20, 320, 200);
    public bool Window;
    public GameObject LiYun, Cube;

    // Use this for initialization
    void Start () {
        Window = true;
    }


    void OnGUI()
    {
        if (Window)
         windowRect = GUILayout.Window(0, windowRect, DoMyWindow, "Cube Movement");
    }

    // Update is called once per frame
    void Update () {
        if (Input.GetMouseButtonDown(1))
            Window = true;
    }


    void DoMyWindow(int windowID)
    {

        GUILayout.BeginVertical();
        if (GUILayout.Button("1,Liyunlou"))
        {
            float step = 99999 * Time.deltaTime;
            transform.position = Vector3.MoveTowards(transform.position, LiYun.transform.
position, step);
        }

        if (GUILayout.Button("2,Cube"))
        {
            float step = 99999 * Time.deltaTime;
            transform.position = Vector3.MoveTowards(transform.position, Cube.transform.
position, step);
        }
```

```
        if (GUILayout.Button("3,Close"))
            Window = false;

    GUILayout.EndVertical();
    }
}
```

通过 MoveTowards 函数进行场景之间的切换，实现了从当下位置移动到目标地点的功能。其函数本身可以设置移动速度，为了设计需要，把移动速度调到了一个极大量，所以实现的效果是直接移动到目标位置。

步骤 1：保存脚本为 Navigation.cs。

步骤 2：将脚本拖给第三人称角色。

步骤 3：创建一个立方体，改名为 Cube2（定位立方体的位置），去掉 MeshRender 属性，取消 Box Collider 属性，位置靠近场景中的立方体，将 Cube2 拖给脚本中的游戏对象 Cube。

步骤 4：创建一个立方体，改名为 liyun2（定位励耘楼 LiYun 的位置），去掉 MeshRender 属性，取消 Box Collider 属性，位置靠近场景中的励耘楼 LiYun，将 liyun2 拖给脚本中的游戏对象 LiYun。

导航列表效果如实验图 11-14 所示。

四、实验素材

1. 上周的打包项目文件。

2. 小地图插件 KGFMapSystem.unitypackage。

实验图 11-14　导航列表效果图

五、参考资源

1）《Unity3D 游戏开发》，宣雨松编著，人民邮电出版社

2）http:// www.unitymanual.com/

3）http:// game.ceeger.com/

4）http:// unity3d.9ria.com/

5）http:// www.u3dchina.com/forum.php

6）http:// www.cgjoy.com/unity3d-1

7）http:// www.unitygame.cn/

实验十二　Unity 人物角色漫游

一、实验目的

1. 进一步了解 Unity3D 引擎。
2. 掌握 Unity 人物角色资源导入。
3. 掌握 Unity 建筑场景资源导入。
4. 掌握动画控制器驱动人物动画和移动的技术。
5. 掌握 Unity 人物角色漫游基本技术。

二、实验环境

1. 硬件要求：PC，主流配置，最好为独立显卡，显存为 512MB 以上。
2. 软件环境：
1）操作系统：Windows 7、Windows 8、Windows 10。
2）游戏引擎软件：Unity3D 4.0 ~ 5.3 版本。

三、实验内容与要求

实验要求： 将实验的源文件、执行程序打包上传。打包格式为"学号姓名 – 实验序号 – 实验名称 .rar"。

实验内容：

1）新建项目，如实验图 12-1 所示。
2）导入建筑相关素材，如实验图 12-2 和实验图 12-3 所示。

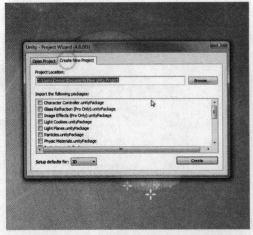

实验图 12-1　新建项目（选择项目路径
（不支持中文））

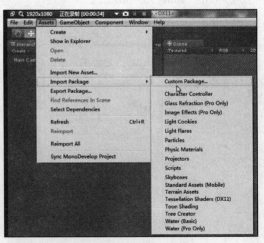

实验图 12-2　导入资源

3）编辑场景，如实验图 12-4 ~ 实验图 12-14 所示。

4）添加角色控制器，如实验图 12-15 ~ 实验图 12-18 所示。

实验图 12-3　找到建筑角色资源 404_urban

实验图 12-4　找到城市资源，拖入场景

实验图 12-5　将其位置和旋转置为零

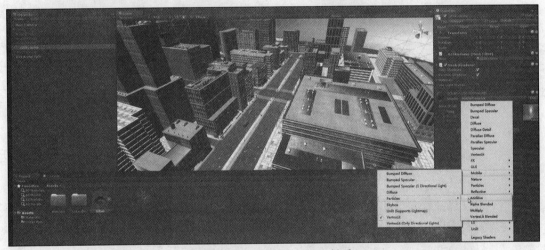

实验图 12-6　更改天空盒材质

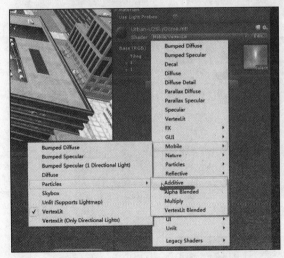

实验图 12-7　天空盒阴影着色器（Shader）
选择灯光叠加（Additive）

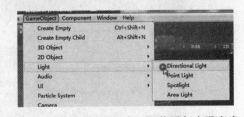

实验图 12-8　添加平行光，调节平行光强度为 1

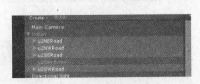

实验图 12-9　在层次视图同时选择多条道路

实验图 12-10　添加道路的面碰撞检测，选择 Add Component → Physics → Mesh Collider

实验图 12-11　再次导入角色资源

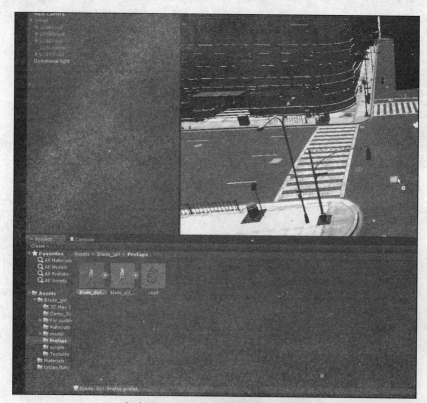

实验图 12-12　将人物模型拖入场景

实验图 12-13　调整人物角色大小

实验图 12-14　去除角色动画组件

实验图 12-15　单击添加组件添加动画控制器（Animator）

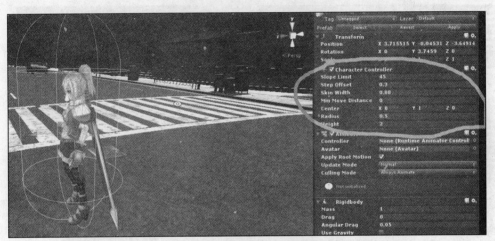

实验图 12-16　更改角色控制器参数，调整至符合人物模型大小

实验图 12-17　注意角色的高度

实验图 12-18　保存场景

5）编辑动画，如实验图 12-19 ~ 实验图 12-60 所示。

实验图 12-19　选择 Assets-Blade_girl_model 中的
blade_girl@Idle 模型动画

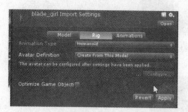

实验图 12-20　动画类型选择 Humanoid，单击应
用按钮确定

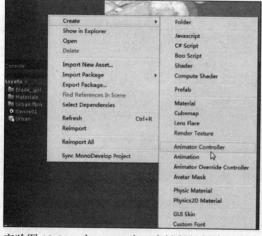

实验图 12-21　在 Assets 窗口右键鼠标创建创建动
画控制器

实验图 12-22　命名为 PlayerAnimator

实验图 12-23　将其拖到人物动画组件的控制器槽位

图 12-24　单击 Avatar

实验图 12-25　选择 Assets 下的 blade_girlAvator

实验图 12-26　双击动画控制器 PlayerAnimator

实验图 12-27　进入动画控制器编辑窗口

实验图 12-28　创建新的空的动画状态

实验图 12-29　创建两个，一个命名为 Idle，另一个命名为 Run

实验图 12-30　选择 Idle，并将其运动选项（Motion）选择为 Motion

实验图 12-31　选择 Assets 下的 Idle

实验图 12-32　单击 run 状态机找到 blade_girl@Run00

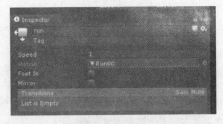

实验图 12-33　选择 run 状态机，运动设置改为"Run00"（注意，动画类别选择"类人形"（Humanoid））

实验图 12-34　单击 Idle 选择创建过渡（Transition）指向 run

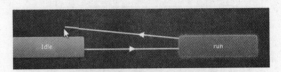

实验图 12-35　从 run 创建过渡到 Idle

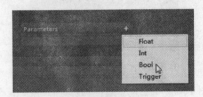

实验图 12-36　创建变量参数布尔类型

实验图 12-37　布尔变量命名为 Idle_run

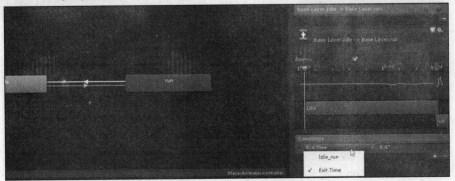

实验图 12-38　单击过渡条件选择 Idle_run，值选择为 False

实验图 12-39　创建脚本 PlayeAnimator

实验图 12-40　将创建的脚本 PlayeAnimator 拖给 Blade_Girl_Prefab

实验图 12-41　双击 PlayeAnimator 脚本打开编写代码保存（注意：文件名需与类名一致）

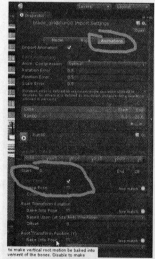

实验图 12-42　选择 Assets → Blade_girl → model 下的 blade_girl@Run00 模型

实验图 12-43　选择 Animation 选项卡，勾选 Loop time 表示循环播放

实验图 12-44　在 Assets → Blade_girl → model 下选择 blade_girl@B_Run00

实验图 12-45　在其属性面板 Rig 选项卡上，动画类型选择类人型

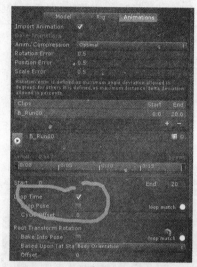

实验图 12-46　在 Animations 选项卡上勾选 Loop Time 表示循环播放

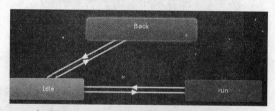

实验图 12-47　创建新的动画状态机 Back

实验图 12-48　Back 状态机 Motion 的参数设为 B_Run00

实验图 12-49   创建新的参数 Idle_Back

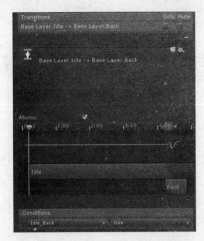

实验图 12-50   Idle → Back 下的条件 Idle → Back 设为 true

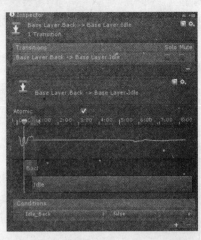

实验图 12-51   Back → Idle 下 的 条 件 Idle → Back 设为 false

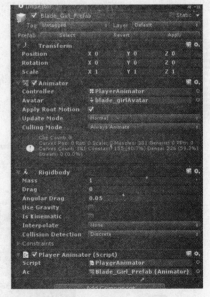

实验图 12-52   更改 PlayerAnimator 脚本

实验图 12-53   选择人物模型 Blade_Girl_Prefab，将 Animator 拖拽给 PlayerAnimator 的 AC

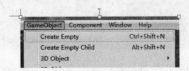

实验图 12-54   创建一个空物体，命名为 Player

实验图 12-55　将人物模型 Blade_Girl_Prefab 拖拽为其子物体

```
1 using UnityEngine;
2 using System.Collections;
3
4 public class PlayerMove : MonoBehaviour {
5     //表示移动速度的变量
6     public float speed = 10.0F;
7     //表示旋转速度的变量
8     public float rotationSpeed = 100.0F;
9     //自身的人物角色控制器组件
10    public CharacterController m_c;
11    //向下移动的重力
12    public float g = 8.0f;
13    float ym;
14    void Update()
15    {
16        //接受用户的输入参数
17        float translation = Input.GetAxis("Vertical") * speed;
18        float rotation = Input.GetAxis("Horizontal") * rotationSpeed;
19        //乘以deltaTime 产生每秒运动的平滑效果
20        translation *= Time.deltaTime;
21        rotation *= Time.deltaTime;
22
23        //控制旋转
24        transform.Rotate(0, rotation, 0);
25
26        //每秒受到的重力
27        ym -= g * Time.deltaTime;
28        //控制移动
29        m_c.Move (transform.TransformDirection (new Vector3 (0, ym, translation)));
30    }
31 }
32
```

实验图 12-56　新建脚本命名为 PlayerMove

实验图 12-57　为 Player 添加组件 PlayerMove 脚本和 Character Controller，并且将 Chara-
cterController 拖拽给 PlayerMove 脚本的 C

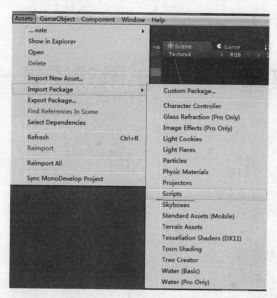

实验图 12-58   导入相机跟随脚本

实验图 12-59   选择主相机，为其添加相机跟随脚   实验图 12-60   调整参数 Target 选择 Player
本 Smooth Follow

6）创建立方体，检测碰撞检测，如实验图 12-61 所示。

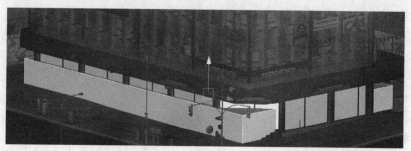

实验图 12-61   创建一个立方体，将其调整为楼层大小，这样角色就不会穿过

实验十三　小游戏设计一

一、实验目的

1. 进一步了解 Unity3D 引擎。
2. 掌握小游戏子弹发射基本技巧。
3. 掌握 Unity 碰撞检测技能。
4. 掌握时间函数使用。
5. 掌握物体触发函数技能。
6. 进一步了解物体运动。

二、实验环境

硬件要求：PC，主流配置，最好为独立显卡，显存为 512MB 以上。

软件环境：

- 操作系统：Windows 7、Windows 8、Windows 10。
- 游戏引擎软件：Unity3D 4.0 ~ 5.3 版本。

三、实验内容与要求

实验要求：

- 将实验的源文件、执行程序打包上传。打包格式：学号姓名 - 实验序号 - 实验名称 .rar。
- 将实验小结（包括收获、自我评价、建议与问题）填到内容空白处。

实验内容：

1）开启 Unity3D 引擎，打开已有的项目文件 Small Game，整个游戏有 7 个场景，分别是：

- 菜单场景 mainmenu
- 关卡一 test1
- 关卡二 test2
- 退出场景 quit
- 胜利场景 Congratulation
- 时间到场景 Timeup
- 帮助场景 Help

游戏内容：游戏场景为迷宫。螃蟹为玩家，其他动物为敌人，螃蟹在场景中通过 WSAD 键前进、后退、左转、右转，按空格键发射子弹。前进过程中必须消除其他动物障碍，子弹如果射中动物，动物和子弹都消失。如果到达终点，则出现是否进入下一关，下一关过关后，则出现胜利画面。如实验图 13-1 ~ 实验图 13-5 所示。

2）游戏制作与脚本编写。

步骤 1：创建菜单脚本 MainMenu.cs，拖给菜单场景 MainMenu。

步骤 2：创建球体，调整球体大小，材质为子弹材质、刚体，如实验图 13-6 所示。

实验图 13-1　菜单画面

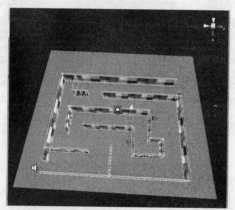

实验图 13-2　迷宫场景

实验图 13-3　帮助画面

实验图 13-4　胜利画面

实验图 13-5　时间到画面

步骤 3：Assets 下创建脚本碰撞检测脚本 Bullet.cs，将脚本拖给球体；

步骤 4：制作一个 prefab，取名 Bullet，将场景里的球体拖给这个预设，再删除球体，如实验图 13-7 所示。

步骤 5：给场景里所有其他动物勾选触发器功能，如实验图 13-8 所示。

步骤 6：添加一个空物体，命名为 FirePoint（火力发射点），使其位置对准螃蟹腹部，如实验图 13-9 所示。

实验图 13-6 创建球体

实验图 13-7 创建 prefab

步骤 7：再添加一个空物体，命名为 Player（玩家），添加刚性物体、盒碰撞器属性，并勾选 Is Trigger 功能。位置对齐螃蟹，螃蟹和空物体 FirePoint 拖到 Player 下。

步骤 8：调整相机视角，添加相机跟随脚本，相机目标点为玩家，使得相机始终跟随玩家，如实验图 13-10 所示。

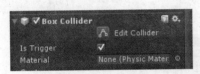

实验图 13-8 勾选触发器   实验图 13-9 添加空物体   实验图 13-10 添加相机跟随脚本

步骤 9：找到迷宫终点的平面（Plane），将平面的渲染属性关闭，并添加 BoxCollider 属性，勾选 Is Trigger 功能，如实验图 13-11 所示。

实验图 13-11 设置渲染属性

步骤 10：创建子弹发射脚本 Fire.cs，拖给玩家，将 FirePoint 物体拖给 FirePoint 变量，将预设 Bullet 拖给 Bullet 变量，如实验图 13-12 所示。

步骤 11：创建逻辑脚本 GameLogic.cs，拖给玩家，将玩家物体拖给插入（Insert）变量，如实验图 13-13 所示。

游戏逻辑脚本 GameLogic.cs

```
using UnityEngine;
using System.Collections;

public class GameLogic : MonoBehaviour {

    public GameObject Insert;
    public GUIStyle myStyle;
    private float mytime;
```

```
//Use this for initialization
void Start () {
    mytime =120.0f;
    InvokeRepeating("count",0,1);
}

//Update is called once per frame
void Update () {
    //如果实例化失败,直接返回
    if(Insert == null){
        return ;
    }

    //以下代码控制 Insert 运动
    if(Input.GetKey(KeyCode.W)){
        Insert.transform.Translate(Vector3.forward*Time.deltaTime*80);
    }else if(Input.GetKey(KeyCode.S)){
        Insert.transform.Translate(Vector3.forward*Time.deltaTime*-80);
    }else if(Input.GetKey(KeyCode.A)){
        Insert.transform.Rotate(Vector3.up*Time.deltaTime*-50);
    }else if(Input.GetKey(KeyCode.D)){
        Insert.transform.Rotate(Vector3.up*Time.deltaTime*50);
    }

}


void OnGUI(){
        GUI.Label (new Rect (10, 10, 100, 20), "Time : "+mytime.ToString(),myStyle);
}

void count(){
    if(mytime <=120){
        mytime -=1;
    }
    if(mytime == 0){
        Application.LoadLevel(5);
    }
}
}
```

实验图 13-12　设置玩家的子弹发射脚本

实验图 13-13　设置玩家的逻辑脚本

步骤 12：给玩家物体添加胜利脚本 Win.cs。关卡 2 操作步骤同上述步骤 5 ~ 12。关卡 1 和关卡 2 可以共用同一个预设 Bullet

菜单脚本 MainMenu.cs

```
using UnityEngine;
using System.Collections;
```

```
public class MainMenu: MonoBehaviour {

    private bool menushow;
    // Use this for initialization
    void Start () {
        DontDestroyOnLoad (this);
        menushow = true;          // 初始化为 true, 即显示菜单
    }


    // Update is called once per frame
    void Update () {
        if(Input.GetKey(KeyCode.Escape)){
            menushow = true;
            }
    }


    void OnGUI(){
        if(menushow == false){
            return;
            }
        if(GUI.Button(new Rect( Screen.width/2-30,Screen.height/2-90,60,30 ),"Level 1")){
            Application.LoadLevel(1);
            menushow = false;      // 隐藏菜单
            }else if(GUI.Button(new Rect(Screen.width/2-30,Screen.height/2-50,60,30),"Level 2")){
            Application.LoadLevel(2);
            menushow = false;      // 隐藏菜单
            }else if(GUI.Button(new Rect(Screen.width/2-30,Screen.height/2-10,60,30),"Help")){
            Application.LoadLevel(6);
            menushow = false;      // 隐藏菜单
            }else if (GUI.Button(new Rect(Screen.width/2-30,Screen.height/2+30,60,30),"Quit")){
            // Application.Quit();
            Application.LoadLevel(3);
            menushow = false;      // 隐藏菜单
            }

    }

}
```

子弹发射脚本 Fire.cs

```
using UnityEngine;
using System.Collections;

public class Fire : MonoBehaviour {

    public Transform FirePoint;
    public Rigidbody Bullet;

    // Update is called once per frame
    void Update () {
        // 按空格键发射子弹
        if(Input.GetKey(KeyCode.Space)){
            Rigidbody clone;
            clone = Instantiate(Bullet,FirePoint.position,FirePoint.rotation) as
Rigidbody;
```

```
                clone.velocity = transform.TransformDirection(Vector3.forward*500);
        }
    }

}
```

碰撞检测脚本 Bullet.cs

```
using UnityEngine;
using System.Collections;

public class Bullet : MonoBehaviour {

        Collider otherObject;

    void OnCollisionStay(Collision collisionInfo)
    {
                Destroy(gameObject);
        }


    void  OnTriggerEnter( Collider otherObject)
{
        Destroy(otherObject.collider.gameObject);
    }

}
```

胜利脚本 Win.cs

```
using UnityEngine;
using System.Collections;

public class Win : MonoBehaviour
{
     void OnTriggerEnter(Collider otherObject)
    {
        if  (otherObject.name=="Plane")
        Application.LoadLevel(4);
    }
}
```

四、实验素材

给定的打包工程文件 small game。

五、参考资源

1)《Unity3D 游戏开发》，宣雨松编著，人民邮电出版社

2）http:// www.unitymanual.com/

3）http:// game.ceeger.com/

4）http:// unity3d.9ria.com/

5）http:// www.u3dchina.com/forum.php

6）http:// www.cgjoy.com/unity3d-1

7）http:// www.unitygame.cn/

实验十四 小游戏设计二

一、实验目的

1. 进一步了解 Unity3D 引擎。
2. 掌握小游戏子弹发射基本技巧。
3. 掌握 Unity 碰撞检测技能。
4. 掌握时间函数使用。
5. 掌握物体触发函数技能。
6. 进一步了解物体运动。

二、实验环境

硬件要求：PC，主流配置，最好为独立显卡，显存为 512MB 以上。

软件环境：

- 操作系统：Windows 7、Windows 8、Windows 10。
- 游戏引擎软件：Unity3D 4.0 ~ 5.3 版本。

三、实验内容与要求

实验要求：

- 将实验的源文件、执行程序打包上传。打包格式为"学号姓名 – 实验序号 – 实验名称 .rar"。
- 将实验小结（包括收获、自我评价、建议与问题）填到内容空白处。

实验内容：

1）开启 Unity3D 引擎，打开已有的项目文件，整个游戏有 6 个场景，分别是：

- 菜单场景 MainMenu
- 游戏场景 Game
- 胜利场景 Win
- 帮助场景 Help
- 失败场景 Lose
- 设置场景 Option

游戏内容：螃蟹为玩家，其他动物为敌人，螃蟹在场景中通过 AD 键左右移动，按空格键向上发射子弹。子弹如果射中动物，动物和子弹都消失，计分。时间到出现结束画面，统计总分。如实验图 14-1 ~实验图 14-5 所示。

2）游戏制作与脚本编写。

步骤 1：创建选项脚本，拖给选项场景。

Music 变量设为 begin，设置返回键贴图，如实验图 14-6 所示。

实验图 14-1 菜单画面

实验图 14-2 游戏场景

实验图 14-3 帮助画面

实验图 14-4 胜利画面

实验图 14-5 失败画面

实验图 14-6 创建选项脚本

```
using UnityEngine;
using System.Collections;

public class Option : MonoBehaviour {

    private int HSliderWidth = 180;
    private int HSliderHeight = 45;

    public GameObject Music;
    public Texture ReTexture;

    static public float MusicValue = 5.0f;
    static public float SoundValue = 5.0f;
    //Use this for initialization
    void Start () {

        Music.audio.Play();
```

```
    }

    // Update is called once per frame
    void Update () {

        Music.audio.volume = MusicValue / 10;

    }

    void OnGUI()
    {
        MusicValue = GUI.HorizontalSlider(new Rect(Screen.width / 2 - HSliderWidth /
5, Screen.height/2 - HSliderHeight / 2,
                                               HSliderWidth, HSliderHeight),
MusicValue, 0.0f, 10.0f);

        SoundValue = GUI.HorizontalSlider(new Rect(Screen.width / 2 - HSliderWidth
/ 5, Screen.height / 2 + HSliderHeight / 2,
                                               HSliderWidth, HSliderHeight),
SoundValue, 0.0f, 10.0f);

        if (GUI.Button(new Rect(Screen.width - 150, Screen.height - 100, 90, 45),
ReTexture))
        {
            Application.LoadLevel("MainMenu");
        }

    }
}
```

步骤 2：创建菜单脚本 MainMenu.cs，拖给菜单场景 MainMenu 的 MainCamera。

主菜单脚本中的 Music 变量设为 begin，贴图大小设为 4。四个按钮贴图分别如实验图 14-7 所示。

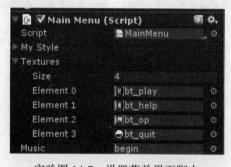

实验图 14-7　设置菜单界面脚本

主菜单页面 MainMenu.cs

```
using UnityEngine;
using System.Collections;

public class MainMenu : MonoBehaviour
{
    private int buttonWidth = 150;
    private int buttonHeight = 45;
```

```
    public GUIStyle myStyle;
    public Texture[] Textures;
    public GameObject Music;

    void Start()
    {
        Music.audio.volume = Option.MusicValue / 10;
        Music.audio.Play();
    }

    void OnGUI()
    {

        if (GUI.Button(new Rect(Screen.width / 2 - buttonWidth / 2,
                            Screen.height / 2 - buttonHeight / 2, buttonWidth,
buttonHeight),
                    Textures[0]))
        {
            Application.LoadLevel("Game");
        }

        if (GUI.Button(new Rect(Screen.width / 2 - buttonWidth / 2,
                            Screen.height / 4 * 3 - buttonHeight - 10, buttonWidth,
buttonHeight), Textures[1]))
        {
            Application.LoadLevel("Help");
        }

        if (GUI.Button(new Rect(Screen.width / 2 - buttonWidth / 2,
                                Screen.height - 2*buttonHeight, buttonWidth,
buttonHeight), Textures[2]))
        {
            Application.LoadLevel("Option");
        }

        if (GUI.Button(new Rect(Screen.width - 100, Screen.height - 90, 75, 60),
Textures[3], myStyle))
        {
            Application.Quit();
        }
    }
}
```

步骤 3：创建帮助脚本 Help.cs，拖给帮助场景的主相机。

帮助音乐设为 help，按钮贴图设为 bt_back，如实验图 14-8 所示。

实验图 14-8　设置帮助界面脚本

帮助界面

```
using UnityEngine;
using System.Collections;
public class Help : MonoBehaviour {
```

```
    public GameObject Music;
    public Texture ReTexture;

    void Start()
    {
        Music.audio.volume = Option.MusicValue / 10;
        Music.audio.Play();
    }

    void OnGUI()
    {
        if (GUI.Button(new Rect(Screen.width - 120, Screen.height - 100, 100, 30), ReTexture))
        {
            Application.LoadLevel("Game");
        }
    }
    }
```

步骤 4：在游戏场景中创建子弹预制件

创建胶囊体，设置刚体属性，设置胶囊碰撞器，标签设置为 Bullet，创建子弹脚本 Bullet.cs，拖给胶囊体，创建预制件 BulletPrefab，将创建的胶囊体拖给预制件。如实验图 14-9 ～实验图 14-10 所示

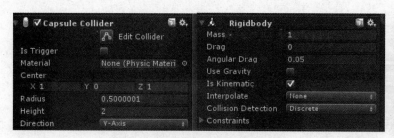

实验图 14-9　设置胶囊碰撞器参数

实验图 14-10　创建子弹预制件

子弹脚本 Bullet.cs

```
using UnityEngine;
using System.Collections;

public class Bullet : MonoBehaviour {

    public float currentSpeed;
    private Transform myTransform;

    // Use this for initialization
    void Start()
    {
        currentSpeed = 90.0f;
        myTransform = transform;
    }

    // Update is called once per frame
    void Update()
    {
```

```
        float amtToMove = currentSpeed * Time.deltaTime;
        transform.Translate(Vector3.up * amtToMove);

        if (myTransform.position.y > 179.0f)
        {
            Destroy(this.gameObject);
        }
    }
}
```

步骤 5：在游戏场景创建敌人预制件（EnemyPrefab）。

创建蜗牛游戏对象，设置刚体属性、包围盒碰撞器，打开触发器，设置敌人标签。如实验图 14-11 ~实验图 14-14 所示。

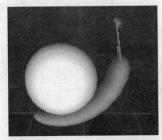

实验图 14-11 创建蜗牛对象

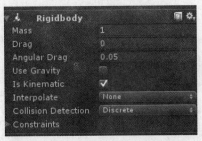

实验图 14-12 设置蜗牛碰撞器参数

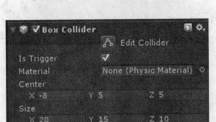

实验图 14-13 设置盒碰撞器参数

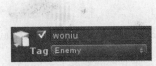

实验图 14-14 设置敌人 Enemy 标签

创建敌人脚本 Enemy.cs，拖给场景的蜗牛，设置脚本变量，如实验图 14-15 所示。再创建敌人预制件 EnemyPrefab，将蜗牛拖给此预制件。如实验图 14-16 所示。

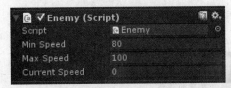

实验图 14-15 设置敌人脚本变量

实验图 14-16 设置敌人预制件

// 敌人脚本 Enemy.cs

```
using UnityEngine;
using System.Collections;
using System.Threading;
```

```
public class Enemy : MonoBehaviour
{
    public float MinSpeed;
    public float MaxSpeed;

    public float currentSpeed;
    private float x, y, z;

    //Use this for initialization
    void Start()
    {
        MinSpeed = 80.0f;
        MaxSpeed = 100.0f;
        SetPositionAndSpeed();
    }

    //Update is called once per frame
    void Update()
    {
        //获取速度
        float amtToMove = currentSpeed * Time.deltaTime;
        //赋予方向，让敌人动起来
        transform.Translate(Vector3.up * -amtToMove);

        //下滑超出屏幕就reset敌人位置
        if (transform.position.y < -78.0f)
        {
            SetPositionAndSpeed();
        }
    }

    void SetPositionAndSpeed()
    {
        currentSpeed = Random.Range(MinSpeed, MaxSpeed);
        x = Random.Range(-257.0f, 100.0f);  //随机变换x坐标使敌人不要再同一个地方掉落
        y = 120.0f;
        z = 0.0f;

        transform.position = new Vector3(x, y, z);

    }
    //碰撞测试
    void OnTriggerEnter(Collider otherobject)
    {
        if (otherobject.tag == "Bullet") //与子弹碰撞
        {
            Destroy(otherobject.gameObject); //销毁子弹
            SetPositionAndSpeed();            //重新掉落
            BackGround.score = BackGround.score + 5;//加五分
            //后续步骤修改再加上这句话
        }
    }
}
```

步骤6：创建背景脚本 BackGround.cs，拖给游戏场景的两个背景。

注意背景脚本中的变量设置 Speed 为 10，Music 为 game，Enemy Prefab 为 EnemyPrefab，如实验图 14-17 所示。

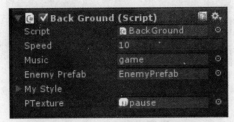

实验图 14-17　设置背景脚本变量

背景脚本　Background.cs

```csharp
using UnityEngine;
using System.Collections;
using System.Threading;

public class BackGround : MonoBehaviour
{
    static public int score;
    public float Speed;
    public GameObject Music;
    public GameObject EnemyPrefab;
    public GUIStyle myStyle;
    public Texture PTexture;

    void Start()
    {
        Music.audio.volume = Option.MusicValue / 10;

        Music.audio.Play();
        score = 0;
        Instantiate(EnemyPrefab);

    }

    //Update is called once per frame
    void Update()
    {
        float amtToMove = Speed * Time.deltaTime;
        transform.Translate(Vector3.down * amtToMove, Space.World);

        if (transform.position.y < -266.0f)
        {
            transform.position = new Vector3(transform.position.x, 328.0f, transform.
position.z);
        }
    }

}
```

步骤 7：创建玩家脚本 Player.cs，拖给游戏场景的玩家。

注意脚本 Player.cs 变量设置，如实验图 14-18 所示。

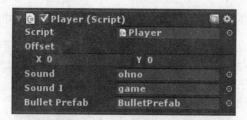

实验图 14-18   设置脚本变量

玩家设定 Player.cs

```csharp
using UnityEngine;
using System.Collections;
using System.Threading;

public class Player : MonoBehaviour {


    public GameObject Sound;//游戏失败的声音
    public GameObject Sound1;//发射子弹的声音
    public GameObject BulletPrefab;

    private float xspeed = 120.0f;
    private float yspeed = 100.0f;
    private Vector2 pos;
    private bool move = true;
    private float mytime;


    // Use this for initialization
    void Start () {

        Sound1.audio.volume = Option.SoundValue / 10;
        Sound.audio.volume = Option.SoundValue / 10;

        pos = gameObject.transform.position;

        mytime =120.0f;
        InvokeRepeating("count",0,1);



    }

    // Update is called once per frame
    void Update()
    {
        if (move)
        {
            //按右方向键，右移
            if (Input.GetKey("right") && pos.x < 93.0f)
            {
                pos.x += xspeed * Time.deltaTime;
                gameObject.transform.position = pos;
            }
```

```
              // 按左方向键，左移
              if (Input.GetKey("left") && pos.x > -252.0f)
              {
                  pos.x -= xspeed * Time.deltaTime;
                  gameObject.transform.position = pos;
              }
              // 按空格键，发射子弹
      if (Input.GetKeyDown(KeyCode.Space))
              {
                  Sound1.audio.Play();
                  Vector3 position = new Vector3(transform.position.x, transform.
position.y + (transform.localScale.y / 2));
                  Instantiate(BulletPrefab, position, Quaternion.identity);
              }
          }
      }


      // 碰撞测试
      void OnTriggerEnter(Collider otherobject)
{
      if (otherobject.tag == "Enemy" && move)
      {
          Destroy(otherobject.gameObject);
          move = false;
          Sound.audio.Play();
        Destroy(gameObject);
          Application.LoadLevel("Lose");
      }
  }

void count(){
      if(mytime <=120){
          mytime -=1;
      }
      if(mytime == 0){
          Application.LoadLevel("win");
      }
  }

}
```

步骤 8：创建胜利脚本 Win.cs，拖给胜利场景。

游戏胜利的界面

```
using UnityEngine;
using System.Collections;

public class Win : MonoBehaviour {

    private string instructionText = "You're Win!!\nScore:"+BackGround.score;
    private int buttonWidth = 130;
    private int buttonHeight = 39;

    public GUIStyle myStyle;
```

```
    public  Texture[]  Textures;
    public GameObject Music;

    void Start()
    {
        Music.audio.volume = Option.MusicValue/10;
        Music.audio.Play();
    }

    void OnGUI()
    {
        GUI.Label(new Rect(Screen.width / 2 - buttonWidth / 2,
        Screen.height / 4 - 60, 180, 60), instructionText, myStyle);

        if (GUI.Button(new Rect(Screen.width - 180,
            Screen.height / 2 + buttonHeight / 2, buttonWidth, buttonHeight),
                        Textures[0]))
        {
            BackGround.score = 0;
            Application.LoadLevel("game");
        }

        if (GUI.Button(new Rect(Screen:width - 180,
            Screen.height / 4 * 3 - 20 , buttonWidth, buttonHeight), Textures[1]))
        {
            BackGround.score = 0;
            Application.Quit();
        }
    }
}
```

步骤 9：创建失败脚本 lose.cs，拖给失败场景。

将失败音乐赋给 Music，将贴图变量 Textures 的 size 设为 2。

脚本 lose.cs

```
using UnityEngine;
using System.Collections;

public class Lose : MonoBehaviour {

    // Use this for initialization
    private string instructionText = "Lose！ Score: " + BackGround.score;
    private int buttonWidth = 150;
    private int buttonHeight = 45;

    public GUIStyle myStyle;
    public Texture[] Textures;
    public GameObject Music;

    void Start()
    {
        Music.audio.volume = Option.MusicValue / 10;
        Music.audio.Play();
    }
```

```
    void OnGUI()
    {
        GUI.Label(new Rect(Screen.width / 2 - buttonWidth / 2,
        Screen.height / 4 - 5, buttonWidth, 60), instructionText, myStyle);

        if (GUI.Button(new Rect(Screen.width / 2 - buttonWidth / 2,
            Screen.height / 2 - buttonHeight / 2, buttonWidth, buttonHeight),
        Textures[0]))
        {
            BackGround.score = 0;
            Application.LoadLevel("game");
        }

        if (GUI.Button(new Rect(Screen.width / 2 - buttonWidth / 2,
            Screen.height / 4 * 3 - buttonHeight, buttonWidth, buttonHeight), Tex
tures[1]))
        {
            BackGround.score = 0;
            Application.Quit();
        }
    }
}
```

四、实验素材

给定的打包项目文件 small game。

五、参考资源

1)《Unity3D 游戏开发》，宣雨松编著，人民邮电出版社

2）http:// www.unitymanual.com/

3）http:// game.ceeger.com/

4）http:// unity3d.9ria.com/

5）http:// www.u3dchina.com/forum.php

6）http:// www.cgjoy.com/unity3d-1

7）http:// www.unitygame.cn/

实验十五　基于 Unity 的 Web 车展系统

一、实验目的

1. 进一步了解 Unity3D 引擎。
2. 掌握 Unity 鼠标操作物体运动基本技巧。
3. 掌握 Unity 碰撞检测技能。
4. 掌握 Unity 材质切换功能。
5. 掌握物体触发函数技能;

二、实验环境

硬件要求:PC,主流配置,最好为独立显卡,显存为 512MB 以上。

软件环境:

- 操作系统:Windows 7、Windows 8、Windows 10。
- 游戏引擎软件:Unity3D 4.0 ~ 5.3 版本

三、实验内容与要求

实验要求:

- 将实验的源文件、执行程序打包上传。打包格式为"学号姓名 – 实验序号 – 实验名称 .rar"。
- 将实验小结(包括收获、自我评价、建议与问题)填到内容空白处。

实验内容:

1)开启 Unity3D 引擎,打开已有的项目文件,整个游戏有 6 个场景,分别是:

- 车展主场景 Main
- 宝马车场景 BMW
- 奥迪车场景 Audi
- GTO 车场景 GTO
- GTR 车场景 GTR
- Masha 车场景 Masha

车展系统:用户可以第一人称上下左右漫游车展空间。鼠标单击每个车旁边的控制台,则出现每个车的细节场景,拖动滚动条可以切换车的颜色,单击相应按钮可以切换轮胎颜色,按住 introduce 按钮可以弹出该车的详细介绍。按鼠标右键可以旋转小车模型,按鼠标中键可以放大、缩小模型,按鼠标左键播放模型动画。共有奥迪 Audi、尼桑 GTR、玛莎拉蒂 Masha、庞蒂亚克 GTO 和宝马 BMW 等车型。主界面如实验图 15-1 所示。

如实验图 15-2 所示,显示车展系统中汽车的主界面。

如实验图 15-3 所示,可以给车身换漆。

实验图 15-1　车展系统主界面

实验图 15-2　汽车主界面

实验图 15-3　显示给车身换漆的效果

实验图 15-4　显示给轮毂换材质的效果

如实验图 15-4 所示，可以给轮毂换材质。

如实验图 15-5 所示，显示汽车的介绍。

品　牌	奥迪R8		制动方式	四轮碟刹
生产厂商	大众集团		车身重量	1700kg
参考价格	162万~263万		轴　距	2650mm
车型尺寸	长4441mm 宽1930mm 高1244mm		行李舱容积	90L
油　耗	综合工况油耗13.2L 市区工况油耗21.2L 市郊工况油耗		油箱容积	90L
	8.6L		标准座位数	2个
引擎类型	V型10缸15.2升分层燃料直喷技术 无涡轮增压		座位材质	真皮
最高时速	316km/h		最大功率转速	8000RPM r/min
加速时间	4.6秒（0-100km/h）		压缩比	12.5:1
驱动方式	全时四驱		最大马力	525Ps
			变速箱	7速 S tronic双离合、6速手动

实验图 15-5　汽车的介绍

2）场景制作与脚本编写。

①进门脚本 Door.cs 给门 door。

```
using UnityEngine;
using System.Collections;
public class Door: MonoBehaviour {
    bool open =false ;
   void OnTriggerEnter(Collider other)
   {
            if(open== false)
     {
        // 碰撞信息获取
        Debug.Log(other.name+ " come in!");
          audio.Play();
        animation["opendoor"].speed= 1.0f;
          animation.Play("opendoor");
           open= true;
           }
   }
  void OnTriggerExit(Collider other)
   {
       if(open== true)
     {
            Debug.Log(other.name+ " go out!");
            audio.Play();
                // 对动画播放状态进行判断
                // 若开门动画播放完成，则从最后一帧倒回播放
                // 若开门动画还在播放，则从当前所在帧倒回播放
                if(!animation.IsPlaying("opendoor"))
                 animation["opendoor"].normalizedTime= 1.0f;
                animation["opendoor"].speed= -1.0f;
                animation.Play("opendoor");
                open= false;
           }
       }
```

```
    }
```

②切换场景脚本 Transition.cs 给主场景中的每一个 touch。

```
using UnityEngine;
using System.Collections;
public class Transition : MonoBehaviour
{
    public Rect windowRect = new Rect(20, 20, 320, 300);
    public bool Window=false;
    private string scenename;

    void OnMouseDown()
    {
        Debug.Log("Click");
        Window = true;
    }
    void OnGUI()
    {
        if (Window)
            windowRect = GUI.Window(0, windowRect, DoMyWindow, "查看小车详情");
    }
    void DoMyWindow(int windowID)
    {
        if (GUI.Button(new Rect(10, 100, 100, 20), "查看小车详情"))
        {
            scenename=gameObject.name.Substring(0,gameObject.name.Length-5);
            Application.LoadLevel(scenename);
        }

        if (GUI.Button(new Rect(10, 160, 100, 20), "Close"))
            Window = false;

    }
}
```

③车身的材质切换脚本 carbody.cs 给每个小车场景的主相机。

（注意：脚本中 car 的变量指车身，将车身拖给 car 变量。masha 的车身：MaSha-carpaint；奥迪车身：HDM_03_03_doors；GTO 车身：HDM_01_03_body；gtr 车身：HDM_04_03_carpaint；宝马车身：HDM_01_06_body。）

```
using UnityEngine;
using System.Collections;
public class carbody : MonoBehaviour
{
    public GUIStyle style;
    public float val1 = 1;
    public float val2 = 1;
    public float val3 = 1;
    public Transform car;

    //Update is called once per frame
    void Update () {
        car.renderer.material.SetColor("_Color",new Color(val1,val2,val3,1));
    }
    void OnGUI(){
```

```
        GUI.Label(new Rect(10,170,150,20),"Choose your Color",style);
        GUI.Label(new Rect(10,190,150,20),"R",style);
        GUI.Label(new Rect(10,210,150,20),"G",style);
        GUI.Label(new Rect(10,230,150,20),"B",style);
        val1 = GUI.HorizontalSlider(new Rect(20,190,150,20),val1,0,1);
        val2 = GUI.HorizontalSlider(new Rect(20,210,150,20),val2,0,1);
        val3 = GUI.HorizontalSlider(new Rect(20,230,150,20),val3,0,1);
        GUI.Label(new Rect(180,190,30,20),"(" +val1.ToString("f2") + ")",style);
        GUI.Label(new Rect(180,210,30,20),"(" +val2.ToString("f2") + ")",style);
        GUI.Label(new Rect(180,230,30,20),"(" +val3.ToString("f2") + ")",style);
    }
}
```

④车轮轮毂的材质脚本 carwheel.cs 给每个小车场景的主相机。

（注意：每个小车车轮轮毂的名字不同。将每个车的 4 个轮毂分别拖给 wheel1、wheel2、wheel3、wheel4。）

奥迪车轮毂：

```
HDM_03_03_rim_1
HDM_03_03_rim_2
HDM_03_03_rim_2 1
HDM_03_03_rim_4
```

宝马轮毂：

```
HDM_01_06_rim
HDM_01_06_rim01
HDM_01_06_rim02
HDM_01_06_rim03
```

GTO 轮毂：

```
HDM_01_03_Cylinder05
HDM_01_03_Cylinder06
HDM_01_03_Cylinder07
HDM_01_03_Cylinder08
```

GTR 轮毂：

```
HDM_04_03_rim_fl
HDM_04_03_rim01_fr
HDM_04_03_rim02_rl
HDM_04_03_rim03_rr
```

Masha 轮毂：

```
HDM_04_10_rim_fl
HDM_04_10_rim_fr
HDM_04_10_rim_rl
HDM_04_10_rim_rr
```

```
using UnityEngine;
using System.Collections;
public class carwheel: MonoBehaviour
{
```

```
public GameObject wheel1;
public GameObject wheel2;
public GameObject wheel3;
public GameObject wheel4;

void ChangeColor(string color)
{
        switch(color)
                {
                case "red":
                    wheel1.renderer.material.color=Color.red;
                    wheel2.renderer.material.color=Color.red;
                    wheel3.renderer.material.color=Color.red;
                    wheel4.renderer.material.color=Color.red;
                    break;
                case "blue":
                    wheel1.renderer.material.color=Color.blue;
                    wheel2.renderer.material.color=Color.blue;
                    wheel3.renderer.material.color=Color.blue;
                    wheel4.renderer.material.color=Color.blue;
                    break;
                case "black":
                    wheel1.renderer.material.color=Color.black;
                    wheel2.renderer.material.color=Color.black;
                    wheel3.renderer.material.color=Color.black;
                    wheel4.renderer.material.color=Color.black;
                    break;
                case "white":
                    wheel1.renderer.material.color=Color.white;
                    wheel2.renderer.material.color=Color.white;
                    wheel3.renderer.material.color=Color.white;
                    wheel4.renderer.material.color=Color.white;
                    break;
                }
        }

void OnGUI()
{
    if(GUI.Button(new Rect(10, 10, 100, 40), "Blue"))
        ChangeColor("blue");
    if(GUI.Button(new Rect(10, 50, 100, 40), "Red"))
        ChangeColor("red");
    if(GUI.Button(new Rect(10, 90, 100, 40), "Black"))
        ChangeColor("black");
    if(GUI.Button(new Rect(10, 130, 100, 40), "White"))
        ChangeColor("white");
    if(GUI.Button(new Rect(10, 330, 100, 40), "Back"))
        Application.LoadLevel("main");
}
}
```

⑤鼠标左右键旋转模型，中键缩放模型脚本 MouseRotate.cs。

```
using UnityEngine;
using System.Collections;
```

```
public class MouseRotate : MonoBehaviour
{
    public Transform target;
    private int MouseWheelSensitivity = 5;
    private int MouseZoomMin = 18;
    private int MouseZoomMax = 60;
    private float normalDistance = 32;

    private float xSpeed = 250.0f;
    private float ySpeed = 120.0f;

    private int yMinLimit = - 0;
    private int yMaxLimit = 80;

    private float x = 0.0f;
    private float y = 0.0f;

    private Vector3 screenPoint;
    private Vector3 offset;

    private Quaternion rotation = Quaternion.Euler(new Vector3(30f,0f,0f));
    private Vector3 CameraTarget;

    public GameObject car;
    Vector2 p1, p2;                  // 用来记录鼠标的位置，以便计算旋转幅度
    Vector3 originalPosition;

    void Start ()
    {
        originalPosition = transform.position;
        CameraTarget = target.position;

        transform.LookAt(target);

        var angles = transform.eulerAngles;
        x = angles.y;
        y = angles.x;
    }

    void Update ()
    {
        if (Input.GetMouseButtonDown(1))
        {
            p1 = new Vector2(Input.mousePosition.x, Input.mousePosition.y);
            // 鼠标左键按下时记录鼠标位置 p1
        }
        if (Input.GetMouseButton(1))
        {
            p2 = new Vector2(Input.mousePosition.x, Input.mousePosition.y);
            // 鼠标左键拖动时记录鼠标位置 p2
            // 下面开始旋转，仅在水平方向上进行旋转
                float dx = p2.x - p1.x;
        transform.RotateAround(car.transform.position, Vector3.up, dx * Time.deltaTime);
        }
        if(Input.GetMouseButton(0))
```

```
            {
                x += Input.GetAxis("Mouse X") * xSpeed * 0.02f;
                y -= Input.GetAxis("Mouse Y") * ySpeed * 0.02f;

                y = ClampAngle(y, yMinLimit, yMaxLimit);

                var rotation = Quaternion.Euler(y, x, 0);
                var position = rotation * new Vector3(0.0f, 0.0f, -4.0f) + CameraTarget;

                transform.rotation = rotation;
                transform.position = position;
            }
        if (Input.GetAxis("Mouse ScrollWheel")>0 || Input.GetAxis("Mouse ScrollWheel")<0)
        {
            Debug.Log(1);
            Debug.Log(Input.GetAxis("Mouse ScrollWheel"));

            if (normalDistance >= MouseZoomMin && normalDistance <= MouseZoomMax)
            {
                normalDistance -= Input.GetAxis("Mouse ScrollWheel") * MouseWheelSensitivity;
            }
            if (normalDistance < MouseZoomMin)
                normalDistance = MouseZoomMin;
            if (normalDistance > MouseZoomMax)
                normalDistance = MouseZoomMax;

            transform.camera.fieldOfView = normalDistance;
        }
    }

    static float ClampAngle (float angle , float min ,float  max)
    {
        if (angle < -360)
            angle += 360;
        if (angle > 360)
            angle -=360;
        return Mathf.Clamp (angle, min, max);
    }
}
```

⑥介绍小车详情脚本 Introduce.cs。

```
using UnityEngine;
using System.Collections;

public class Introduce : MonoBehaviour
{
    private bool toggle ;
    public Texture2D img;

    void OnGUI()
    {
        float buttonWidth =580;
        float buttonHeight = 290;

        float buttonX = (Screen.width - buttonWidth) / 2.0f;
```

```
        float buttonY = (Screen.height - buttonHeight) / 2.0f;

        toggle = GUI.Toggle(new Rect(10, 270, 100, 40),toggle, "Introduce", "button");
        if (toggle)
            GUI.Button(new Rect(buttonX,buttonY,buttonWidth,buttonHeight), img,"box");
    }
}
```

将调试好的执行程序输出为网页形式。

四、实验素材

给定的打包工程文件 test。

五、参考资源

1)《Unity3D 游戏开发》，宣雨松编著，人民邮电出版社

2) http:// www.unitymanual.com/

3) http:// game.ceeger.com/

4) http:// unity3d.9ria.com/

5) http:// www.u3dchina.com/forum.php

6) http:// www.cgjoy.com/unity3d-1

7) http:// www.unitygame.cn/

参考文献

［1］ 黄静.计算机图形学及其实践教程［M］.北京：机械工业出版社，2015.

［2］ 唐泽圣.计算机图形学基础［M］.北京：清华大学出版社，2006.

［3］ 刘正东，姜延，丁恒.虚拟现实制作与开发［M］.北京：清华大学出版社，2012.

［4］ 张凡，等.3DS Max 2009 中文版基础与实例教程［M］.4 版.北京：机械工业出版社，2009.

［5］ 中视典数字科技有限公司.VRP 培训中心［EB/OL］.http:// www.vrp3d.com.

［6］ 黄静，等.数字媒体制作［M］.北京：北京邮电大学出版社，2013.

［7］ 宣雨松.Unity3D 游戏开发［M］.北京：人民邮电出版社，2012.

［8］ 游戏蛮牛.关于 Unity［EB/OL］.http:// www.manew.com/.

［9］ 松田浩一，罗杰·李.WebGL 编程指南［M］.北京：电子工业出版社，2014.

［10］ WebGL 教程.Three.js 教程［EB/OL］.http:// www.hewebgl.com/.

［11］ 杜晓荣.HTML 5 交互动画开发实践教程［M］.北京：清华大学出版社，2014.

［12］ HTML 5 打造最美 3D 机房［EB/OL］.https:// segmentfault.com/a/1190000002866653.

［13］ Tony Paris.Learning Virtual Reality［M］.O'Reilly Media, Inc, 2015.

［14］ Jonathan Linowes.Unity Virtual Reality Projects［M］.Packt Publishing, 2015.

［15］ 喻晓和.虚拟现实技术基础教程［M］.北京：清华大学出版社，2015.

［16］ William R Sherman, Alan B Craig. Understanding Virtual Reality: Interface, Application, and Design
［M］. Elsevier, 2002.

［17］ Jason Jerald. The VR Book: Human-Centered Design for Virtual Reality［M］. Morgan & Claypool
Publishers, 2015.

［18］ Dunn F, Parberry I. 3D 数学基础［M］.史银雪，陈洪，王荣静，译.北京：清华大学出版社，
2005.

推荐阅读

深入理解Java虚拟机：JVM高级特性与最佳实践

作者：周志明 著　ISBN：978-7-111-34966-2　定价：69.00元

Java领域超级畅销书，9个月7次印刷，繁体版即将在中国台湾发行

围绕内存管理、执行子系统、编程编译与优化、高效并发等核心内容
对JVM进行全面而深入的分析，深刻揭示JVM的工作原理

Java加密与解密的艺术

作者：梁栋 著　ISBN：978-7-111-29762-8　定价：69.00元

构建安全Java应用的权威经典，5大社区一致鼎力推荐！

Java领域畅销书，繁体版在中国台湾同步发行

Java安全领域的百科全书和权威经典，开发企业级Java应用的必备参考手册

推荐阅读

数据挖掘：概念与技术（原书第3版）

作者：Jiawei Han 等 ISBN：978-7-111-39140-1 定价：79.00元

数据挖掘：实用机器学习工具与技术（原书第3版）

作者：Ian H. Witten 等 ISBN：978-7-111-45381-9 定价：79.00元

大数据管理：数据集成的技术、方法与最佳实践

作者：April Reeve ISBN：978-7-111-45905-7 定价：59.00元

大规模分布式系统架构与设计实战

作者：彭渊 ISBN：978-7-111-45503-5 定价：59.00元

推荐阅读

Oracle E-Business Suite：ERP DBA实践指南

　　本书是国内资深Oracle技术专家和ERP技术专家10余年工作经验的完美呈现，国内数位资深Oracle技术专家和专业社区联袂推荐。本书重在授人以渔，而不是授人以鱼，专注于如何才能让读者受到启发，而不仅仅只是解决某个具体的问题。宏观上高屋建瓴，系统讲解了Oracle ERP系统的架构、规划和部署；微观上鞭辟入里，细致地讲解了Oracle ERP系统的管理、运维和性能优化。理论与实践相结合，在强调理论的同时，更注重启发读者解决实际工作中各种难题的思路；广度与深度兼备，既能满足ERP DBA需要掌握大量知识的需求，又对解决某些关键的问题进行了深入地阐述。

构建最高可用Oracle数据库系统：Oracle 11gR2 RAC管理、维护与性能优化

　　资深Oracle技术工程师兼ITPub社区技术专家撰写，从硬件和软件两个维度系统且全面地讲解了Oracle 11g R2 RAC的架构、工作原理、管理及维护的系统理论和方法，以及性能优化的技巧和最佳实践，能为构建最高可用的Oracle数据库系统提供有价值的指导。它实践性非常强，案例都是基于实际生产环境的，为各种常见疑难问题提供了经验性的解决方案，同时阐述了其中原理。

Oracle数据库：性能优化的艺术

　　本书是资深数据库专家、UNIX系统专家、系统架构师近20年工作经验的结晶。

　　本书内容高屋建瓴，用辩证法中的系统化分析方法，不仅从硬件（服务器系统、存储系统、网络系统等）、软件（操作系统、中间件系统、应用软件等）和应用场景（用户访问模式、用户使用频度、数据承载压力等）等多个相关联的维度深入阐述了具有普适意义的数据库性能评估与优化的思维方法和工作流程，而且还从流程的角度详细讲解了应该如何在数据库系统的架构阶段、设计阶段、开发阶段、部署阶段、运行阶段等各环节中去寻找性能问题的瓶颈和解决方案。